DIE ABWASSERREINIGUNG

EINFÜHRUNG ZUM VERSTÄNDNIS
DER KLÄRANLAGEN
FÜR STÄDTISCHE UND GEWERBLICHE
ABWÄSSER

VON

DR. H. BACH

OBERCHEMIKER DER EMSCHERGENOSSENSCHAFT
ESSEN

ZWEITE VERBESSERTE UND ERWEITERTE AUFLAGE

MIT 120 ABBILDUNGEN

MÜNCHEN UND BERLIN 1934
VERLAG VON R. OLDENBOURG

Druck von R. Oldenbourg, München

Vorwort zur ersten Auflage.

Das vorliegende Werkchen versucht eine Lücke auszu-
füllen, die ich während meiner Tätigkeit im Dienste der
Emschergenossenschaft im technischen Schrifttum zu
bemerken glaubte. Die Emschergenossenschaft hat die Aufgabe, im Emschergebiete, dem Kernstück des niederrheinisch-
westfälischen Industriebezirkes, die Vorflutverhältnisse zu
regeln und die Abwässer der Städte, des Bergbaues und der
Industrie zu reinigen. Zur Erfüllung dieser Aufgabe erbaute
u. a. die Genossenschaft nach und nach zahlreiche Kläranlagen, zu deren Beaufsichtigung und Bedienung geeignetes
Personal erforderlich wurde. Dieses mußte fast ausnahmslos
dem hinsichtlich dieser Tätigkeit „ungelernten" Arbeiterstande
entnommen und durch den betriebsleitenden Ingenieur bzw.
seine Gehilfen herangebildet werden. Für das betreffende noch
verhältnismäßig junge Sonderfach gibt es nämlich keine vorgebildeten, mit einem gewissen Maß von Kenntnissen ausgestatteten Arbeitskräfte, weil für Klärwärter, Klärmeister
u. dgl. nirgends, zumindestens nicht in Deutschland, eine
systematische Ausbildungsstätte vorhanden ist. Vor allem
fehlt es aber an volkstümlich geschriebenen Erläuterungen
des Abwasserreinigungswesens, die auch dem Verständnis des
einfachen Arbeiters, dessen Wissen nur auf Volksschulbildung
beruht, entgegenkommen würden. Unser einschlägiges, zum
Teil ausgezeichnetes technisches Schrifttum, setzt zum vollen
Verständnis höhere bzw. Hochschulbildung voraus, einer einfach gehaltenen Einführung in das Gebiet bin ich nicht begegnet. Der nächste Zweck dieses kleinen Buches ist also,
demjenigen, der nur mit Volksschulbildung ausgestattet den
verantwortungsvollen Beruf eines Klärwärters, Klärmeisters,
Klärbetriebsaufsehers usw. ergreifen möchte oder in dem Be-

rufe als Anfänger bereits tätig ist, die Möglichkeit zu geben, eine einigermaßen richtige Vorstellung von dem betreffenden Arbeitsgebiete und den Anforderungen, die es an seine Anwärter stellt, zu erlangen. Daß die Aufgabe, die ich mir gestellt habe, nicht einfach ist, wird jeder zugeben, der es versucht hat, einen zum Teil hochwissenschaftlichen Stoff, in dem noch viele Streitfragen der Klärung harren, dem Verständnis des einfachen Laien näherzubringen. Inwiefern mir dies geglückt ist, muß ich berufenen Beurteilern zu entscheiden überlassen.

Die Anordnung des Stoffes, Ausdrucksweise, rechnerische Beispiele, zeichnerische Darstellungen usw., sind dem Verständnis und Bildungsumfang des Kreises, für den das Büchlein in erster Linie bestimmt ist, nach Möglichkeit angepaßt. Auch mitunter vorkommende Wiederholungen von Dingen, auf deren Einprägung ich Wert legen zu müssen glaubte, mögen unter obigem Gesichtspunkte entschuldigt werden. Trotzdem dürfte der Inhalt dieser Einführung auch dem höher vorgebildeten Tiefbautechniker, Gesundheitstechniker usw. manches Wissenswerte bringen. Ja vielleicht wird auch der von der Hochschule kommende Ingenieur und Chemiker, sowie der Medizinalbeamte, der sich im Abwasserbeseitigungswesen schnell zurechtfinden möchte, das Werkchen zur ersten Einführung in die Hand nehmen, bevor er zum Schrifttum höherer Art, wie z. B. Dunbars „Leitfaden", greift.

Mein Wissen um das Lehrmäßige und die Praxis des modernen Abwasserbeseitigungswesens habe ich zum großen Teil im Dienste der Emschergenossenschaft erworben. Wenn ich auch stets bemüht war und sein werde, auch die außerhalb meines dienstlichen Wirkungskreises geübten Verfahren der Abwasserreinigung zu verfolgen und mir in der Beurteilung der verschiedenen Fragen der Abwasserreinigung ein selbständiges Urteil wahre, so ist es doch nur selbstverständlich, daß der Inhalt dieser Einführung vor allem den Niederschlag meiner bei der Emschergenossenschaft gesammelten Kenntnisse und Erfahrungen darstellt. Ich hoffe, daß einsichtige Beurteiler, denen auch das bedeutende Kulturwerk, das die Emschergenossenschaft im Laufe von noch nicht drei Jahrzehnten trotz der Störung durch den Weltkrieg geleistet hat, bekannt ist, das besondere Kolorit nicht als Schwäche des Werkchens werten werden [1].

Es ist mir eine angenehme Pflicht, an dieser Stelle meinen Dank abzutragen an diejenigen, die mich bei meinem Vorhaben unterstützt haben. In entgegenkommender und verständnisvoller Weise hat Herr Baudirektor der Emschergenossenschaft, Dr.-Ing. e. h. H. Helbing, mir gestattet, amtliches Material für das Buch zu benutzen, und hat das Zustandekommen desselben in jeder Weise gefördert. Wertvolle sachliche Winke gelegentlich der ersten Niederschrift der Arbeit verdanke ich Herrn Dr.-Ing. K. Imhoff, unter dessen Leitung seinerzeit die meisten Kläranlagen der Emschergenossenschaft erbaut wurden. Die Zeichnungen für die Bildvorlagen hat größtenteils mit viel Verständnis für die besondere von mir gewünschte Darstellungsweise Herr Ortmann angefertigt, einige stammen von Herrn Hünninger. Der schwierigen Arbeit der Herstellung des Sachregisters hat sich Herr Studienrat a. D. Wigger unterzogen. Die genannten drei Herren sind Beamte der Emschergenossenschaft. Mehrere Firmen des Abwasserreinigungsfaches haben mir Zeichnungen ihrer Anlagen zur Verfügung gestellt. Ihnen allen gebührt mein Dank und last not least dem Verlag R. Oldenbourg, der sich in entgegenkommender Weise der Herausgabe des Werkchens annahm und für rasche Drucklegung und gute Ausstattung Sorge trug.

Essen, im Juli 1927.

Hermann Bach.

Vorwort zur zweiten Auflage.

Seit der ersten Auflage dieses Buches hat sich im Abwasserreinigungswesen eine kräftige Entwicklung vollzogen. Dies betrifft sowohl die biologischen Reinigungsverfahren, besonders das Belebtschlammverfahren, wie auch die Errungen-

---

[1] Über die Leistungen der Emschergenossenschaft auf dem Gebiete der Abwasserbeseitigung unterrichtet ausführlich die von Helbing herausgegebene Denkschrift „25 Jahre Emschergenossenschaft". (Zu beziehen von der Emschergenossenschaft in Essen.)

schaften in der Aufarbeitung des Klärschlammes, besonders in getrennten Ausfaulbehältern. In mancher Beziehung konnte hinsichtlich der Fragen der zweckmäßigsten Behandlungsweise des Abwassers und der Vorgänge, die die Abwasserreinigung stofflich beherrschen, eine Klärung bzw. Ergänzung der Kenntnisse gewonnen werden.

Dieser Sachlage mußte bei der zweiten Auflage durch z. T. weitgehende Überarbeitung fast sämtlicher Kapitel und zahlreiche Erweiterungen Rechnung getragen werden. Zwei Kapitel, über die Kleinlebewesen (XVI) und über die Fortschritte in der Klärschlammbehandlung (XXX), sind neu hinzugekommen. Die Anzahl der Abbildungen ist von 64 in der ersten Auflage auf 120 vermehrt worden.

Unbeschadet der notwendig gewordenen Erweiterung ist die Grundlinie des Werkes beibehalten worden. Es soll eine Einführung bleiben zum Verständnis der Abwasserkläranlagen, kein Handbuch mit möglichst vollständiger Erfassung aller in Betracht kommender Verfahren. Es soll ein Buch zum Lesen und Lernen auch für den „Nichtvorgebildeten" bleiben, kein Nachschlagewerk für höhere Ansprüche. Ich darf jedoch mit Genugtuung die Tatsache verzeichnen, daß schon die erste Auflage über den ursprünglich gedachten Kreis hinaus auch „nach oben" Eingang gefunden hat, und wie ich aus zahlreichen Zuschriften zu meiner Freude feststellen konnte als nützliches Hilfsmittel zur Erlernung der Abwasserreinigungskunst erachtet worden ist.

Von den im Vorwort zur ersten Auflage genannten Persönlichkeiten, die mein Werk gefördert haben, weilt Heinrich Helbing nicht mehr unter den Lebenden. Sein Andenken wird in der deutschen Fachwelt hochgehalten bleiben. An Stelle des zur Leitung des Ruhrverbandes berufenen Herrn Dr.-Ing. K. Imhoff hat s. Z. Herr Marinebaurat a. D. Dr.-Ing. M. Prüß die Leitung des technischen Abwasserreinigungswesens der Emschergenossenschaft übernommen. Seiner Leistungen ist an verschiedenen Stellen dieses Buches gedacht, wie ich denn auch jetzt, ebenso wie in der ersten Auflage hervorheben muß, daß meine Ausführungen in erster Linie auf den bei der Emschergenossenschaft gesammelten Erfahrungen fußen. Bei der Bereitstellung der zusätzlichen Abbildungen hat mich wie bei der ersten Auflage Herr Ortmann bestens unterstützt. Das Sachverzeichnis hat mein langjähriger Mitarbeiter, Herr Gläser fertiggestellt. Für Hergabe von Abbildungsvorlagen möchte ich den bei jeder Abbildung genannten Firmen auch an dieser Stelle meinen verbindlichen Dank sagen.

Der Verlag R. Oldenbourg hat meinem Vorschlag einer wesentlichen Erweiterung der zweiten Auflage verständnisvoll zugestimmt, die erhöhten Kosten der Neuausgabe nicht gescheut und alles getan, um das Buch in traditionell würdiger Form technisch auszustatten. Ich bin dafür dem Verlag R. Oldenbourg zu herzlichem Dank verbunden.

Der Abwasserreinigung wird, dessen kann man wohl sicher sein, im erneuten und geeinten Deutschland eine erhöhte Bedeutung zukommen. Die Reinhaltung der öffentlichen Gewässer bildet einen zu wichtigen Bestandteil der Maßnahmen zur Förderung des öffentlichen Wohles, als daß sie noch länger in der bisherigen vielfach unzureichenden Weise dem „Fortwursteln" überlassen werden dürfte. Möge dieses Buch an der Lösung der zahlreichen Aufgaben der Abwasserreinigung, die schon in naher Zukunft der deutschen Technik gestellt sein dürften, wenn auch in bescheidenem Maße mitarbeiten helfen.

Essen, im April 1934.

Hermann Bach.

Inhaltsverzeichnis.

Verzeichnis der Abbildungen.

I. Kreislauf des Wassers.

Zu den wichtigsten Lebensbedingungen für Mensch, Tier und Pflanze zählt die Gegenwart von Wasser. Ohne Wasser kein Leben, kein Gedeihen. Dürre, Trockenheit, bedeutet Verfall und Tod.

Das Wasser, das uns im Leben in verschiedener Gestaltung begegnet und in der mannigfaltigsten Weise dienstbar ist, kann verschiedene Umwandlungen durchmachen und dabei allerlei Aufgaben erfüllen, ohne sein eigentliches Wesen zu verändern. Das Wasser des Meeres, der Flüsse, Dampf, Regen, Schnee, Hagel, der Saft der Früchte, Wein, Bier, Tinte, Harn, der Schweiß des Menschen sind gewiß ganz verschiedene Dinge. Und doch ist ihnen allen, wie überhaupt den meisten Dingen, die uns in der Natur umgeben oder Erzeugnis des menschlichen Gewerbefleißes sind, eins gemeinsam, nämlich der Gehalt an Wasser, das aus allen diesen Stoffen, wie verschieden sie auch sonst sein mögen, in gleicher Reinheit, wenn auch in ungleichen Mengen, gewonnen werden kann. Nachdem das Wasser einmal als Meereswoge, dann wieder als Regen, im Saft der Früchte, Blut der Tiere usw. in Erscheinung trat, wird es schließlich wieder zu Wasser, kann als Strom dem Meere zufließen, von der Sonne in die Wolken gesogen werden und neuen Verwandlungen unterliegen. Das Wasser befindet sich nämlich, wenn es nicht eben in einer verkorkten Flasche aufgehoben wird, in beständigem Kreislauf, indem es nach mannigfaltigen Verwandlungen immer wieder, früher oder später, zu seiner einfachen Form als „Wasser" zurückkehrt.

Betrachten wir nun irgendeinen Kreislauf des Wassers näher, so finden wir, daß die Verwandlungen, die es durchmacht und die es zur Erfüllung verschiedener Aufgaben befähigen, im Grunde genommen dreierlei Art sein können. Die eine Art dieser Verwandlungen wird ausschließlich durch Einfluß der Wärmeschwankungen hervorgerufen, sei es unmittelbar von der Natur aus oder künstlich durch Mitwirkung des Menschen. Es handelt sich da um Verwandlung des Wassers in Dampf, Verflüssigung zu Regen, Schnee, Hagel, Schmelzen, Gefrieren und Wiederauftauen. Es sind dies gewissermaßen innere Vorgänge des Wassers, die in seiner eigenen Substanz stattfinden. Die zweite Art der Verwandlung betrifft die Beteiligung des Wassers am Aufbau und an dem Gedeihen anderer auf der Erde vorkommenden Dinge. So setzen sich z. B. alle Pflanzen zu einem beträchtlichen Teile aus Wasser zusammen, ja in vielen, z. B. im Obst, ist viel mehr Wasser enthalten, als aller übrigen Stoffe zusammen genommen. Ebenso sind im Körperbau des Menschen und der Tiere beträchtliche Mengen Wasser enthalten, ohne welches der Aufbau eines lebenden Körpers gar nicht denkbar ist. Ja sogar in Gesteinen ist oft Wasser enthalten, das einen wesentlichen Bestandteil dieser Gebilde ausmachen kann. In allen Fällen ist das Wasser, sei es durch Aufnahme aus dem Boden oder aus der Feuchtigkeit der Luft oder als Getränk oder in irgendeiner anderen Weise in den Bereich anderer Stoffe eingetreten, um in inniger Verbindung mit diesen verschiedene Gebilde zu schaffen, die auf den ersten Blick anscheinend nichts Gemeinsames mit Wasser haben, aus denen allen man aber, gegebenenfalls allerdings durch Zerstören bzw. Abtöten dieser Gebilde, das Wasser zurückgewinnen kann.

Von dem hohen Wassergehalte, namentlich der verschiedenen Nahrungsmittel, geben die im folgenden angeführten Zahlen[1]) eine Vorstellung. Es enthalten Wasser in Gewichtsprozenten:

Lebende Tiere:		Körpersäfte:	
Fetter Ochse	46	Menschenblut	78
Fettes Schwein	41	Frauenmilch	87—89
Mageres Schwein	55	Kuhmilch (Vollmilch)	87
„ Schaf	57	Ziegenmilch	87
Pferd	75		

Das Pferd besteht demnach zu $3/4$ seines Gewichtes aus Wasser.

Fleischarten:	
Ochsenfleisch	72—76
Hammelfleisch	75

[1]) Nach König: Zusammensetzung der menschlichen Nahrungs- und Genußmittel.

Schließlich gibt es eine dritte Gruppe von Verwandlungen des Wassers, die gewissermaßen zwischen den beiden vorerwähnten die Mitte hält. Es handelt sich um diejenigen Vorgänge, bei denen sich das Wasser mit anderen Stoffen, denen es begegnet, mischt oder sie auflöst, ohne an ihrem Aufbau teilzunehmen. Sind es Abfall- oder Unratstoffe, so sagen wir, daß das Wasser durch diese Stoffe „verunreinigt", „verschmutzt" wird, und daß es also kein reines Wasser mehr ist. Um es „rein" zu gewinnen, müßte man es von den zugemischten Stoffen befreien.

Es sei hier gleich bemerkt, daß es ganz „reines" Wasser in der Natur überhaupt nicht gibt, und daß es nur unter großen Schwierigkeiten künstlich hergestellt werden kann. Das Wasser löst nämlich viele Stoffe, mit denen es in Berührung kommt, seien sie nun fest, flüssig oder gasförmig, in geringerem oder größerem Maße auf. Wasser ist das wichtigste „Lösungsmittel". Völlig unlöslich im Wasser sind nur ganz wenige Stoffe. Der kristallklare Quell, das Regenwasser, das spiegelblanke Eis enthalten immerhin noch gewisse Stoffe, die nicht Wasser sind, also das Wasser „verunreinigen". Mehr oder weniger verunreinigt ist also genau genommen jedes Wasser, dem wir begegnen. Legen wir jedoch an die Reinheit des Wassers den praktischen Maßstab an, so finden wir klares Quellwasser „rein", während uns z. B. Flußwasser unter Umständen „getrübt", Kanalwasser „stark verschmutzt" erscheint. Wir nennen also Wasser dann „rein", wenn es zum menschlichen Genuß oder Gebrauch geeignet erscheint und „unrein", wenn unser natürliches Gefühl sich gegen die Verwendung dieses Wassers sträubt. Hieraus ergibt sich ohne weiteres, daß je nach dem Kulturzustand der Menschen, die Ansprüche an die „Reinheit" des Wassers sehr verschieden sein und in recht weiten Grenzen schwanken können. Der hohe Stand der deutschen Kultur berechtigt zu hohen Forderungen an die Reinheit der Trink- und der verschiedenen Brauchwässer sowie an die Reinhaltung der öffentlichen Gewässer.

II. Abwasser.

Betrachten wir die verschiedenen Vorkommen, namentlich des fließenden Wassers und stellen uns die Frage, wann uns ein Wasser, ein Wasserlauf, eine Wasseransammlung „rein" oder „unrein" erscheint, so zwar, daß uns ohne weiteres das natürliche Empfinden sagt, hier ist „reines" Wasser, da aber „unreines", das durch seine Färbung oder Trübung unangenehm auffällt, oder durch seinen Geruch unseren Widerwillen erregt, so finden wir in der praktisch weitaus überwiegenden Anzahl der Fälle, daß Wasser dann „unrein", „verschmutzt" ist, wenn es der Mensch irgendwie benutzt hat, sei es unmittelbar für seine Lebenshaltung, sei es im Zuge der gewerblichen oder landwirtschaftlichen Tätigkeit usw.

Im großen ganzen kann nämlich der Mensch für seine Zwecke nur reines Wasser brauchen. Ist es durch den Gebrauch soweit unrein geworden, daß es nicht mehr verwendungsfähig ist, dann wird es abgestoßen und dem weiteren Kreislauf der Natur übergeben, in dem es nach und nach durch eine Reihe natürlicher Vorgänge, an denen neben Luft und Sonne namentlich die Lebenskräfte der niedersten Pflanzen- und Tierwelt beteiligt sind, zu „reinem" Wasser wird. Das verbrauchte, durch den Gebrauch verschmutzte, ohne weiteres als solches auffallende, abgestoßene Wasser, nennt man „Abwasser".

Dieses kann, wie oben gesagt, durch natürliche Vorgänge, ohne Zutun des Menschen, zu reinem Wasser werden.

Staut sich beispielsweise schmutziges Wasser über durchlässigem Boden auf, so daß es Gelegenheit findet, in den Boden
einzusickern, dann werden unter bestimmten Voraussetzungen
die Verunreinigungen des Wassers so weit beseitigt, daß
das Wasser, wenn es schließlich auf einer undurchlässigen
Bodenschicht anlangt, sich als reines „Grundwasser" ansammelt
und etwa beim Anbohren eines Brunnens oder als Quelle für
den Menschen nutzbar werden kann. Das Wasser hat dann
einen Kreislauf beendet, es hat den Zustand zurückerlangt,
in dem es sich ursprünglich befand. Ebenso kann ein Fluß,
dem Abwasser übergeben wird, nach anfänglicher Verunreinigung, durch die erwähnten natürlichen, später noch näher
zu erläuternden Vorgänge, nach und nach reiner werden, bis
schließlich nach genügend langem Laufe die oberhalb statt-
gefundene Abwasserzufuhr nicht mehr erkennbar ist.

Es entsteht demnach die Frage, warum man denn Abwasser künstlich reinigen soll, wenn es durch natürliche
Vorgänge gewissermaßen „von selbst" rein wird. Die Antwort
lautet, daß oft Verhältnisse obwalten, die es nicht gestatten
solange zu warten, bis das Abwasser auf natürlichem Wege
rein geworden ist. Sehr oft muß dieser Vorgang beschleunigt
werden, und es müssen zu dem Zweck die natürlichen Reini-
gungsmöglichkeiten des Abwassers durch geeignete Mittel
unterstützt werden. Diese Notwendigkeit ergibt sich namentlich durch Zusammenleben großer Menschenmassen auf
verhältnismäßig engem Raume, wie z. B. in den Großstädten,
dann auch durch Entwicklung der Gewerbe und Zusammen-
fassung derselben zu großen, oft ebenfalls auf engem Raume
untergebrachten Industrieunternehmungen. Es sind demnach im allgemeinen gesagt „örtliche" Verhältnisse, die zur
künstlichen Reinigung des Abwassers gebieterisch zwingen.
Je nach der Verschiedenheit der örtlichen Verhältnisse wird
auch die Reinigung des Abwassers verschieden durchzuführen
sein. In Dörfern, auf dünn besiedeltem Lande wird das Abwasser ganz anders behandelt werden können, wie z. B. in
der Großstadt mit 100 000 Einwohnern oder im eng besiedelten
Industriebezirk. Wo man noch das Abwasser dem Kreislauf
der Natur unbedenklich überlassen kann, wird man keine
unnützen Kosten für die künstliche Reinigung aufwenden,

anderseits aber keine Kosten scheuen dürfen, wenn die Erhaltung der Gesundheit und des Gedeihens großer Massen zusammenlebender Menschen und ihrer Gewerbe, die Errichtung besonderer Reinigungsanlagen für das Abwasser notwendig machen.

III. Die Schmutzstoffe des Abwassers.

Die „Verschmutzung" des Abwassers entsteht durch Beimengung verschiedener Abfall- oder Unratstoffe. Das schließt nicht aus, daß im Abwasser noch mitunter nutzbare Stoffe enthalten sein können. Um die Aufgabe der Reinigung des Abwassers zu verstehen, müssen wir vor allem die dem Abwasser beigemengten, oft verschiedenartigen „Schmutzstoffe" kennen und unterscheiden lernen. Zweckmäßig erscheint hierbei eine Einteilung dieser Stoffe, die ihren Eigenschaften und auf diesen Eigenschaften sich aufbauenden Grundsätzen der Abwasserreinigung Rechnung trägt.

Eine solche Einteilung der Schmutzstoffe des Abwassers in Gruppen kann aus verschiedenen Gesichtspunkten erfolgen. Zunächst kann man die Schmutzstoffe hinsichtlich ihres augenfälligen Verhaltens zum Wasser betrachten. Wir finden so sichtbare, mit dem Auge unterscheidbare Teilchen, das sind die im Wasser „ungelösten" Stoffe. Andere Stoffe dagegen sind im Wasser gelöst, ganz in der Art wie Salz oder Zucker sich im Wasser lösen, ohne daß man es mit dem Auge dem Wasser anmerkt, was sich in ihm befindet. Dies sind die „gelösten" Stoffe des Abwassers.

Aus einem zweiten Gesichtspunkte unterscheiden wir die Schmutzstoffe darnach, ob sie im Wasser längere Zeit unverändert bleiben oder aber der „Fäulnis" unterliegen, d. h. unter hierzu günstigen Umständen, wie warmer Witterung und Stillstand bzw. nur geringer Bewegung des Abwassers, sich unter Entwicklung übelriechender Gase zersetzen. Darnach gibt es „fäulnisunfähige" und „fäulnisfähige" Stoffe. Fäulnisunfähig sind z. B. Sand, Kohle, Glasscherben, Metallstücke, Holzstücke, Kork, dann von löslichen Stoffen z. B. Kochsalz, Salpeter usw. Fäulnisfähig sind im allgemeinen alle Stoffe, die zur Ernährung von Mensch und Tier dienen, dann alle Abgänge von Mensch und Tier wie Kot, Harn, auch die Tierleichen selbst. Es gibt Stoffe, die sehr leicht faulen, wie z. B. Fleisch, Harn, Eier, dann wieder welche, die der Fäulnis etwas länger widerstehen, schließlich auch solche, die erst unter besonders hierfür günstigen Umständen verfaulen, z. B. Horn. Manche Stoffe wie z. B. Kot und Harn stinken in der Fäulnis unerträglich, bei anderen ist der Geruch weniger belästigend. Es hängt dies alles von der inneren Zusammensetzung dieser Stoffe, von den Grundstoffen, aus denen sie aufgebaut und der Art, in der sie miteinander verbunden sind, ab.

Da Geruchsbelästigung infolge Fäulnisfähigkeit des Abwassers einen der wichtigsten Anlässe zur künstlichen Behandlung von Abwasser in Kläranlagen bildet, so muß hier auf das Wesen der Fäulnis etwas näher eingegangen werden.

Der Fäulnisvorgang läßt sich bequem z. B. an einem Stück Fleisch verfolgen. Legen wir ein solches in einen Glastiegel, übergießen es mit reichlich Wasser, dessen Verdunstung wir von Zeit zu Zeit ersetzen und lassen es im warmen Zimmer unter zeitweisem Umrühren stehen, so wird der Inhalt des Tiegels nach einigen Tagen unangenehm riechen, das Fleisch gerät in Fäulnis. Zugleich bemerken wir, daß sich das Wasser stark trübt und Gasbläschen an die Oberfläche der Flüssigkeit aufsteigen. Der üble Geruch verstärkt sich zunächst von Tag zu Tag, wobei das Fleisch allmählich schwindet. Nach Wochen bis Monaten nimmt der Geruch ab, die trübe Flüssigkeit wird klarer, und nach einer genügend langen Zeit ist vom Fleisch nur verhältnismäßig wenig Bodensatz verblieben, der kein Fleisch mehr ist, sondern nur gewisse dauerhafte Stoffe enthält, die als Rest der Fleischzersetzung verblieben sind. Über dem Bodensatz steht aber eine klare Flüssigkeit, die keinen belästigenden Geruch mehr aufweist. Das Fleisch ist vollständig „ausgefault", es hat sich durch die Fäulnis zersetzt, wurde in andere Stoffe umgewandelt, die sich teils im Wasser lösten, teils in die Luft entwichen sind, was an den aufsteigenden Gasbläschen und an dem Geruch bemerkt werden konnte. Es erhellt daraus, daß durch die Fäulnisvorgänge der fäulnisfähige Stoff schwindet, unter Zurücklassung von Resten, die nicht mehr fäulnisfähig sind.

Bringen wir jedoch ein ähnliches Stück Fleisch mit Wasser in den Tiegel, schließen aber letzteren mit einem passenden Deckel luftdicht ab, z. B. in dem bekannten Weckglas, und erhitzen das Glas mehrere Stunden in siedendem Wasser oder noch besser in strömendem Dampf, so können wir den geschlossenen Tiegel mit dem Fleischinhalt beliebig lange stehen lassen, ohne daß eine weitere Veränderung mit dem abgesottenen Fleisch vor sich geht. Würden wir aber das Glas öffnen, und im warmen Zimmer stehen lassen, dann würde sich nach einiger Zeit die Fäulnis des Fleisches bemächtigen und dieselben Erscheinungen hervorrufen, auf die oben hingewiesen wurde.

Hängt man in der Winterkälte ein Fleischstück an die Luft, so bleibt es längere Zeit unverdorben. Ebenso kann man bekanntlich Fleisch vor Fäulnis bewahren, wenn man es stark einsalzt oder mit Salpeter einstreut. Es kann auch nicht faulen, wenn man es in eine Karbolsäurelösung legt, wird aber freilich dadurch ungenießbar.

Ähnlich wie mit Fleisch kann man Fäulnisversuche mit anderen Nahrungsmitteln, z. B. abgekochten Eiern, geschälten Kartoffeln usw. anstellen.

Aus dem Vorgesagten geht hervor, daß an sich fäulnisfähige Stoffe nur unter gewissen Bedingungen der Fäulnis unterliegen. Bei Ausschaltung dieser Bedingungen tritt Fäulnis nicht ein. Zu diesen Bedingungen gehört vor allem die Anwesenheit von Fäulniserregern, der Fäulnisbakterien. Diese sind äußerst kleine und daher mit freiem Auge nicht sichtbare Kleinlebewesen, die an der Grenze zwischen Pflanzen- und Tierreich stehen, meist jedoch den Pilzen zugezählt und als „Spaltpilze" bezeichnet werden. Sie sind in der Natur außerordentlich verbreitet, so daß sie sich stets dort einfinden, wo die Bedingungen für ihre Lebenstätigkeit gegeben sind. Starke Kälte schaltet ihre Tätigkeit aus, ohne sie zum Absterben zu bringen, hohe Hitze, wie die des siedenden Wassers, tötet sie ab. Auch in sog. „entkeimenden", d. i. für die Bakterien giftigen Lösungen, gehen sie zugrunde. Starkes Einsalzen, Salpetern usw. behindert ihre Tätigkeit. Sie brauchen aber vor allem für ihre Entwicklung und Lebenstätigkeit viel Wasser. Daher sind nur Stoffe mit hohem Wassergehalt oder im

Wasser befindliche der Fäulnis zugänglich. Entzug von Wasser bewahrt vor Fäulnis. Dies ist der Grund, weshalb schon durch einfaches Ausdörren, d. i. Herabsetzung des Wassergehaltes, verschiedene Nahrungsmittel erhalten werden können, zumindest solange, als sie an einem trockenen Orte aufgehoben werden.

Über den Bau und Ernährungsweise der Bakterien wird noch später näheres zu sagen sein. Hier genügt zunächst zu wissen, daß sie die Nahrung in Gestalt wässeriger Lösungen aufnehmen, und daß ihre Ausscheidungen teils in flüssiger Form teils als Gase auftreten. Letztere sind es, die den üblen Geruch verursachen. Die Bakterien vermehren sich in großen Massen und sterben ebenso in großen Massen ab. Ihre abgestorbenen Leiber unterliegen ebenfalls der Fäulnis.

Nebst der „Fäulnis" können verschiedene Stoffe durch Kleinlebewesen noch andersartige Zersetzungen erleiden, bei denen übler Geruch nicht auftritt. Wichtig ist hier die sog. „Gärung", wie sie z. B. in der Vergärung von Kartoffeln zu Spiritus, von Traubensaft zu Wein bekannt ist.

Eine andere Art Zersetzung, der gewisse Stoffe unter dem Einfluß besonderer Bakterien unterliegen können, ist die „Säuerung", wie wir sie im Ranzigwerden von Fetten, Herstellung von Sauerkraut usw. kennen. Solche Vorgänge wie „Gärung" und „Säuerung" können auch in Abwässern stattfinden, sie sind jedoch, soweit häusliches, städtisches Abwasser in Betracht kommt, der Gestank erzeugenden Fäulnis meist untergeordnet.

„Fäulnis", „Gärung", „Säuerung" nebst verschiedenen anderen Vorgängen, die durch die Lebenstätigkeit der Kleinlebewesen, der Bakterien, bedingt sind, nennt man mit einem der altgriechischen Gelehrtensprache entlehnten Worte „biologische", d. i. dem Sinne nach möglichst getreu ins Deutsche übersetzt „durch die Lehre vom Leben erklärte", also durch Lebenstätigkeit veranlaßte Vorgänge.

Schließlich unterscheiden wir, aus einem dritten Gesichtspunkte, die Schmutzstoffe nach ihrer Zusammensetzung aus Grundstoffen und berücksichtigen hierbei zunächst nur ihre Zugehörigkeit zu zwei großen Stoffgruppen, die die Chemie, d. i. die Lehre von der inneren Beschaffenheit der

Stoffe, sog. „mineralische" und „organische" Stoffe nennt. Die Ausdrücke „mineralisch" und „organisch" sind ebenfalls der altgriechischen Sprache entlehnt, wie noch manche andere wissenschaftliche Ausdrücke, denen wir begegnen werden und für die vorläufig ein ihren Sinn vollkommen deckender deutscher Ausdruck noch nicht gefunden wurde. Mineralische Stoffe enthalten in ihrem Aufbau, in ihrer „chemischen Zusammensetzung" keinen Kohlenstoff. Man erkennt sie gemeinhin dadurch, daß sie beim starken Erhitzen nicht „verkohlen". Mineralisch sind z. B. Sand, Kochsalz, Kreide, Glas, Kalk, Lehm, Metalle. Es gibt darunter Stoffe, die im Wasser unlöslich sind, wie Sand und wieder solche, die sich im Wasser vollkommen auflösen, wie Salz. Organisch sind Stoffe, die in ihrem Aufbau Kohlenstoff enthalten, gleichgültig mit welchen Grundstoffen dieser sonst noch verbunden ist. Da nun die organischen Stoffe zum großen Teil durch die Lebenstätigkeit der Pflanzen, Tiere, Menschen, also mit „Organen" ausgestatteten Wesen, entstehen und in Beobachtung dieser Lebenstätigkeit zuerst kennengelernt und gewonnen wurden, so hat sich der Name „organische Stoffe" für sie erhalten, trotzdem sie eigentlich richtig „Kohlenstoffverbindungen" heißen sollten. Alle organischen Stoffe können durch Verkohlen bei starkem Erhitzen erkannt werden, wobei also das Gerüst ihres Aufbaues, der Kohlenstoff, zum Vorschein kommt. Derartige Stoffe sind z. B. Zucker, Papier, Eiweiß, Holz, Stärke u. a. m. Auch hier unterscheiden wir im Wasser unlösliche und lösliche Stoffe. Ergänzend ist zu bemerken, daß die pflanzlichen und tierischen Bestandteile sowie Abgänge usw., nie rein organisch sind, d. h. nicht lediglich aus Kohlenstoffverbindungen bestehen. Zunächst ist, wie wir schon wissen, in allen diesen Gebilden Wasser enthalten. Das Wasser selbst ist aber „mineralisch", da es keinen Kohlenstoff in seinem Aufbau enthält, vielmehr nur aus Sauerstoff und Wasserstoff zusammengesetzt ist. Sodann sind in dem betreffenden Pflanzenteil usw. stets in größerer oder geringerer Menge mineralische Stoffe enthalten, in der Regel gewisse Salze, Eisen- und Kalkverbindungen und andere nicht kohlenstoffhaltige Stoffe. Wenn wir irgendeinen Pflanzenteil „verkohlen" und dann noch dafür sorgen, daß die Kohle ganz

verbrennt, so verbleiben die mineralischen Stoffe als „Asche"
zurück. Nur manche künstlich erzeugten Kohlenstoffverbindungen, wie z. B. Zucker, Alkohol, sind so gut wie frei
von mineralischen Bestandteilen. Der stinkenden Fäulnis
können ausschließlich organische Stoffe unterliegen, bzw.
solche Körper, die vorwiegend aus organischen Stoffen zusammengesetzt sind. Bedingung ist hierbei, daß sie in ihrem
Aufbau Schwefel enthalten, der den Grundstock der weitaus meisten uns bekannten stinkenden Gase bildet. Schwefel-
sowie stickstoffhaltig sind insbesondere die, die Ernährungs-
grundlage bildenden Eiweißstoffe, die sowohl aus Küchen-
abfällen ins Abwasser gelangen, wie auch vom menschlichen
und tierischen Körper als unverdaute Reste mit dem Kot
und Harn abgestoßen werden. Gären Stoffe ohne Schwefel-
gehalt, dann sind die bei ihrer Zersetzung entstehenden Gase
meist frei von unangenehmem Geruch. Mineralische Stoffe
sind fäulnisunfähig und bleiben bei der Ausfaulung als Rest
zurück. Organische Stoffe, die die Bakterien nicht ernähren
können oder ihnen schädlich sind, wie z. B. Steinkohlen, Erdöl,
Teer, Pech, Karbolsäure u. dgl., sind der Fäulnis oder sonstigen
biologischen Zersetzung nicht oder doch nicht unmittelbar zugänglich.

Im Abwasser aufgeschwemmte Kartoffelreste z. B. stellen
daher eine Verschmutzung mit ungelösten Stoffen dar, und
zwar zum größeren Teile organischen, zu einem kleineren Teil
mineralischen, weil in den Kartoffeln bei der chemischen
Untersuchung, d. i. Nachforschung nach ihrem inneren Aufbau, sowohl organische Stoffe, vor allem Stärke, wie auch
geringe Mengen mineralischer Stoffe (Asche) vorzufinden
sind.

Im Unrat des Abwassers können demnach folgende
Stoffe enthalten sein:

1. ungelöste mineralische Stoffe } nicht fäulnisfähig
2. gelöste   ,,   ,, }
3. ungelöste organische   Stoffe } meist mehr oder weniger
                         fäulnisfähig bzw. der Gä-
                         rung, Säuerung usw. zu-
4. gelöste   ,,   ,, } gänglich.

In stark verschmutzten Abwässern von Häusern, Städten usw., die der Reinigung unterworfen werden, sind in der Regel Stoffe aller dieser vier Gruppen in innigem Gemenge enthalten. Hierbei wird zwischen dem „ungelösten" und dem „gelösten" Anteil der Verunreinigung nicht immer klar unterschieden werden können. Es gibt nämlich unter den im Abwasser vorkommenden Abfällen gewisse Stoffe, die sich als feine „Trübe" im Wasser verteilen, ohne daß man erkennen kann, ob diese Stoffe im Wasser gelöst sind oder nicht. So verhält sich z. B. Seifenlösung oder fein aufgeschlämmter gelber Lehm. Andere Stoffe wieder, tierischen oder pflanzlichen Ursprunges, erleiden im Abwasser gewisse Veränderungen, bei denen sie aus dem ungelösten allmählich in gelösten Zustand übergehen, wobei im Übergangszustand ebenfalls trübe Flüssigkeiten entstehen. Man nennt solche Aufschwemmungen „kolloide", d. i. leimartige. Sie kommen im Abwasser sehr oft vor und bilden einen Übergang von „echten" Lösungen zu ungelösten Stoffen. Die ganz kleinen aufgeschwemmten Teilchen, die während der Ruhe des Wassers weder zu Boden fallen, noch nach oben aufschwimmen, pflegen auch durch die feinen Poren des Fließpapiers (Filtrierpapier) durchzulaufen. Der gewöhnliche Tischlerleim ist ein Hauptvertreter dieser Stoffe. Von ihm ist der Name (griechisch „Kolla" = Leim) abgeleitet worden. Eine „kolloide" Aufschwemmung bildet z. B. die Auflösung von Hühnereiweiß oder Seife im Wasser. Ähnliche Aufschwemmungen können unter gewissen Umständen infolge feiner Verteilung von Flüssigkeiten, die sich mit Wasser nicht mischen, z. B. verschiedenen Ölen, entstehen. Man nennt sie dann „Emulsionen", d. i. durcheinander gemischte Flüssigkeiten. Milch ist z. B. eine Emulsion, da in der Milch winzige Fettkügelchen in feinster Verteilung im Wasser schweben.

IV. Abwasserarten.
Häusliches, städtisches Abwasser.

Je nach dem Ursprunge sind verschiedene Abwasserarten, wie „häusliches", „städtisches Abwasser", Abwasser verschiedener Fabriken, Bergwerke usw. zu unterscheiden. Im großen ganzen kann man einerseits vom „städtischen" oder „häuslichen", anderseits vom „gewerblichen" Abwasser sprechen. Zunächst beansprucht städtisches Abwasser unser Interesse, da das Bedürfnis nach Reinigung dieser Abwasserart am meisten verbreitet ist. Demgemäß sind auch die Reinigungsverfahren und die hierzu erforderlichen Anlagen, die „Kläranlagen", für städtisches Abwasser am vielseitigsten durchgebildet.

Man darf sich aber, wie gleich hervorgehoben werden soll, nicht etwa vorstellen, daß „städtisches" und „gewerbliches" Abwasser zwei streng getrennte Begriffe sind. Da wohl fast jede Großstadt irgendwelche Fabriken besitzt, die Abwasser abstoßen, das in städtischen Kanälen aufgefangen wird, so enthält auch städtisches Abwasser in der Regel mehr oder weniger Beimengungen von gewerblichen Abläufen. Sind diese der Menge nach erheblich, so können sie sogar dem gesamten Abwasser gewisse Eigentümlichkeiten verleihen. Anderseits kann z. B. in einem Werke, das Arbeiterkolonien an seinen Abwasserkanal angeschlossen hat, ebenfalls ein aus gewerblichem und häuslichem gemischtes Abwasser anfallen.

Das häusliche Abwasser entsteht am häuslichen Ausguß. Es ist das Trink- und Brauchwasser vermehrt um diejenigen unnützen und belästigenden Stoffe, deren sich der betreffende Haushalt mit Absicht entledigt. Küchenspülicht, Wasch- und Badewasser, Scheuerwasser, Seifenlaugen der Wäsche einerseits, Abflüsse von Abortgruben oder Klosetts mit Wasserspülung andererseits, bilden im wesentlichen das „häusliche" Abwasser. Kommt noch Regenwasser, das verschiedenen Unrat in die Kanäle spült, Wasser der Straßenreinigung, der Schlachthöfe, Stallungen, verschiedener Gewerbebetriebe dazu, so ist aus dem häuslichen „städtisches" Abwasser geworden. Die Beschaffenheit des Abwassers wird naturgemäß von der Lebensweise der Einwohner, d. i. der Abwassererzeuger, beeinflußt. Wichtig ist zunächst die Menge des Wassers, die, auf den Kopf der Bevölkerung gerechnet, verbraucht wird. Bei hohem Wasserverbrauch entsteht „dünnes", bei sparsamem „dickes" Abwasser[1]). Von Be-

---

[1]) Der Wasserverbrauch in deutschen Städten bis etwa 50 000 Einwohner dürfte 50 bis 100 l, in größeren Städten und Großstädten

lang ist ferner, auf welche Weise in der fraglichen Stadt die Beseitigung der trockenen Abfallstoffe, des „Mülls", erfolgt. Wird der Müll weitgehend gesammelt oder gar verwertet, so kommen weniger Abfälle ins Abwasser als bei sorgloser Behandlung des Hausmülls. Entscheidend für die Beschaffenheit des Abwassers ist jedoch die Art und Weise, in der die Abgänge des menschlichen Körpers, Kot und Harn, beseitigt werden. Abortgruben mit Überläufen halten die Kotmassen dem Abwasser fern, bringen aber die widerlich stinkende, faulige Flüssigkeit der Gruben in die Schwemmkanäle, wodurch das Abwasser sofort in fauligen Zustand überführt werden kann. Direkte Anschlüsse der Wasserklosette spülen die frischen, noch nicht angefaulten Kotmassen in reichlicher Aufschwemmung in die Kanäle, wobei das Abwasser „frisch" verbleibt. Es ist anzunehmen, daß die noch wenigen Ausnahmen, in denen bei vorhandener Schwemmkanalisation keine direkten Spülklosettanschlüsse bestehen, bald ganz verschwinden, da eine der größten Annehmlichkeiten der Schwemmkanalisation für die Bewohner gerade in der Beseitigung der Abgänge des Menschen durch Abspülung in die Kanäle besteht.

Das neuzeitliche städtische Abwasser enthält also in den weitaus meisten Fällen neben den S p ü l - , W a s c h - , S e i f e n - usw. -abwässern auch K o t und H a r n , ersteren in noch „frischem", mit Wasser eingespültem Zustande, letzteren stark mit Wasser verdünnt.

Die erste Wegstrecke legt das städtische Abwasser in S c h w e m m k a n ä l e n zurück, und zwar die häuslichen Abläufe in den unter den Straßenzügen verlegten Kanälen, die Regenwässer usw. in Straßenrinnsalen, aus denen sie sich gegebenenfalls durch Einläufe in die geschlossenen Kanäle ergießen. Die Schwemmkanäle einer größeren Stadt bilden ein weitverzweigtes Netz und im Maße, als aus den einzelnen Ästen

─────────

100 bis 150 l, mitunter auch bis 200 l und darüber für den Kopf und Tag betragen. Städte mit wasserverbrauchender Industrie weisen oft viel höheren s c h e i n b a r e n Kopf-Wasserverbrauch auf. In Landgemeinden liegt der tägliche Kopf-Wasserverbrauch oft erheblich unter 50 l, doch ist der Wasserbedarf für die Nutztiere (etwa 50 l für jedes Pferd und Stück Großvieh, 15 l für jedes Stück Kleinvieh) zu berücksichtigen.

der Kanalisation die Flüssigkeit in die größeren Sammelstränge abfließt, entsteht durch Vermischung ein fortschreitend einheitlicheres Abwassergemenge. Unter Umständen werden statt geschlossener auch offene Schwemmkanäle gebaut, wenn die örtlichen Verhältnisse es gestatten oder aus besonderen Gründen notwendig machen.

V. Abwasser und Vorflut.

Laien pflegen sich wohl nur selten die Frage vorzulegen, was eigentlich weiter mit den Schmutzwässern geschieht, die den Schwemmkanälen übergeben worden sind. Ihnen genügt die Tatsache, daß die widerwärtige Flüssigkeit aus den Augen verschwunden ist. Und doch ist die Frage: „Wohin mit dem Abwasser?" oft ungemein schwer zu lösen, und es hängt von ihrer befriedigenden Lösung die Möglichkeit der Anlage von Schwemmkanälen überhaupt ab. Würde das in Schwemmkanälen hinausbeförderte Abwasser außerhalb der Stadt keine weitere Abflußmöglichkeit haben, so müßte das der Stadt vorgelagerte Gelände in kurzer Zeit in einen stinkenden Sumpf verwandelt werden. Es muß also für das Abwasser weitere Abflußmöglichkeit gegeben sein, die „Vorflut" genannt wird. Dort, wo keine Vorflut vorhanden ist, kann man auch keine Schwemmkanäle anlegen bzw. muß man das Siel so weit vortreiben, bis ein Vorfluter erreicht wird. Gegebenenfalls muß das Abwasser, um die Vorflut zu gewinnen, mit Pumpen gehoben werden. Unter „Vorfluter" versteht man in der Regel einen Fluß, in den sich das Abwasser ergießt. Aber auch Seen, Teiche und sonstige natürliche Wasseransammlungen können als Vorfluter in Frage kommen. Für Aufnahme einer bestimmten Abwassermenge kommen nun oft sehr ungleiche Vorfluter in Betracht, von der Größe und Wasserreichtum des Rheinstromes bis zum kleinen, unscheinbaren Bach, der vielleicht obendrein im Sommer austrocknet. Die Wirkung ist aber natürlich sehr verschieden, ob eine gewisse Menge schmutziger Abwässer sich täglich in einen großen Strom ergießt, dessen Wasserführung jene Abwassermenge tausendfach oder noch mehr übertrifft, oder in ein unscheinbares Rinnsal, das nicht viel mehr oder gar weniger Wasser führt, als die zufließende Abwassermenge beträgt. Dieselbe Menge Abwasser, die nach Verdünnung mit dem Wasser eines großen Stromes in diesem so gut wie verschwindet, kann einen kleinen Wasserlauf im höchsten Grade verunreinigen, so daß üble Gerüche entstehen, die den Aufenthalt an den Ufern verleiden, das Wasser haus- und landwirtschaftlich nicht mehr benutzt werden kann, zum Baden und für gewerbliche Verwendungen unbrauchbar wird, die Fischerei geschädigt wird und was solcher Übelstände mehr sind. Zwischen derartigen weit auseinander liegenden Möglichkeiten gibt es eine unendliche Anzahl von Übergängen, in denen Wasserführung und Gefälle des Vorfluters, Menge und Beschaffenheit des Abwassers, die Verwendung des Vorflutwassers für verschiedene Zwecke, Fischereibelange und noch viele andere Umstände für die Art der Abwasserbeseitigung bestimmend sind.

Diese Verschiedenartigkeit der Verhältnisse zwingt fast jeden Fall der Abwasserbeseitigung nach „örtlichen" Gesichtspunkten zu behandeln. Man kann Kläranlagen für Abwasser nicht nach einem festen Muster, etwa wie Lokomotiven, bauen, jede einzelne Kläranlage muß vielmehr, wiewohl sie in der Hauptsache, d. i. was die gewählte Art der Abwasserreinigung anbetrifft, mit vielen anderen übereinstimmen kann, in den Einzelheiten den örtlichen Verhältnissen angepaßt sein, weil auch nicht zwei Fälle, in denen Abwasser behandelt wird, eine vollständige Übereinstimmung aufweisen.

Die Frage, wann ein Abwasser gereinigt werden muß, kann nun dahin beantwortet werden: „wann immer es die Rücksicht auf den Vorfluter erfordert". Als „Vorfluter" ist in diesem Sinne nicht nur unbedingt ein natürlicher Flußlauf oder sonstige Wasseransammlung zu verstehen, da mitunter die auf den Vorfluter zu nehmenden Rücksichten zunächst auf den Abwasserlauf selbst anzuwenden sind. Liegt beispielsweise ein Flußlauf von dem nächstmöglichen Austritt des Sieles aus der Stadt weit entfernt, so kann es vorkommen, daß das Abwasser, um die Baukosten eines sehr langen geschlossenen Kanals zu sparen, in einem offenen Gerinne bis zum Fluß geführt wird. Auf dem langen Wege bis dahin kann aber das Abwasser in starke Fäulnis geraten und üblen Geruch verursachen, oder es kann, wenn das Gefälle gering ist, häßliche Schlammansammlungen ablagern usw. In derartigen Fällen muß in den Lauf des Abwassers eine Kläranlage eingeschaltet werden, die das noch „frische" Abwasser reinigt, so daß es im weiteren Laufe bis zum Flusse keine Schwierigkeiten der oben genannten Art verursacht.

Die Beantwortung der Frage, wo das Abwasser gereinigt werden soll, ergibt sich aus dem Vorstehenden von selbst. Es muß vor dem Vorfluter gereinigt werden, die „Kläranlage" wird also ein Zwischenglied zwischen der Schwemmkanalisation und dem Vorfluter bilden. Das Abwasser muß ferner so schnell wie möglich, d. i. so „frisch" wie möglich, möglichst also sofort hinter dem Sielaustritte gereinigt werden. Der Durchführung dieses Grundsatzes können sich oft Schwierigkeiten in den Weg stellen, da Kläranlagen unter Umständen viel Gelände brauchen und dieses unmittelbar am Stadtrande sehr teuer sein kann, so daß die Kläranlage etwas weitergerückt werden muß. Auch aus anderen, später zu erörternden Gründen, müssen insbesondere solche Kläranlagen, die nicht ganz geruchlos arbeiten, weiter außerhalb der Stadt gelegt werden. Im allgemeinen wird aber sowohl wegen der Behandlung des Abwassers, wie auch wegen der Rücksicht auf den Vorfluter, die Errichtung der Kläranlage so nahe dem Sammelpunkte des Abwassers wie eben möglich anzustreben sein.

Was schließlich die wichtige Frage, wie weitgehend das Abwasser gereinigt werden soll, anbelangt, so kann die Antwort nur lauten: „So weitgehend, wie es die Rücksicht auf den Vorfluter erfordert." Es ist anzustreben, Mißstände infolge Abwassereinleitung im Vorfluter auszuschließen und gleichwohl die Kosten der Abwasserreinigung tragbar zu gestalten. Es sei hier nur kurz erörtert, wie durch Abwasser Mißstände im Vorfluter entstehen und wieweit städtisches Abwasser gereinigt werden kann.

VI. Mißstände, die durch städtisches Abwasser im Vorfluter verursacht werden können.

Wie unter III bereits ausgeführt, enthält städtisches Abwasser ungelöste und gelöste, fäulnisfähige und fäulnisunfähige Stoffe. Die Schwierigkeiten, die fäulnisunfähige Stoffe in einem Vorfluter verursachen können, sind, soweit es sich um städtisches Abwasser handelt, kaum in Betracht zu ziehen. Es könnte allenfalls vorkommen, daß das Gerinne eines kleinen Vorfluters durch Sand, Straßenabschliff u. dgl. „mineralische" Stoffe des Abwassers mit der Zeit eingeengt werden würde. Dem wäre aber nicht schwer abzuhelfen. Die wahren Mißstände in Vorflutern entstehen vielmehr im wesentlichen durch fäulnisfähige Stoffe des Abwassers. Diese können sich, soweit sie ungelöst sind, an der Flußsohle ablagern und faulende Schlammbänke bilden, die Geruchsbelästigungen verursachen, den Wasserpflanzen, die zum Wachstum reines Wasser brauchen, schädlich sind, den Fischen den Aufenthalt im Wasser verleiden usw. In faulendem Wasser sterben Wasserpflanzen bald ab und werden dann selbst von Fäulnis ergriffen. Die genannten Übelstände entstehen also durch ungelöste fäulnisfähige Stoffe des Abwassers, die sich im Vorfluter ablagern und Schlamm bilden, der in Fäulnis gerät. Aber auch der gelöste Anteil der fäulnisfähigen Stoffe des Abwassers kann zu ähnlichen Unzuträglichkeiten führen. Gelangt Abwasser in schon angefaultem Zustande in einen kleinen Vorfluter, dann macht es das Wasser übelriechend und zu jedem praktischen Zwecke unbrauchbar. Fische gehen darin zugrunde. Findet frisches Abwasser im Vorfluter keine genügende Verdünnung, und wird durch schwaches Gefälle des Wasserlaufes, also Mangel an ausreichender Geschwindigkeit des Wassers, das Eintreten der Fäulnis begünstigt, so stellen sich, namentlich in der warmen Jahreszeit, ähnliche Übelstände ein. Als schwere Verletzung des Schönheitsgefühls ist ferner das Treiben von menschlichen Abgängen, wie Kotmassen, Papierfetzen und sonstigen ekelerregenden Dingen auf dem Wasser zu bezeichnen, und zwar gilt dies auch für große Flüsse, die im übrigen eine reichliche Abwasserzufuhr vertragen können. Derartige, auf dem Wasser treibende Abfälle, sind insbesondere in der Nähe von Badeanstalten nicht zu dulden.

Auf allerlei weitere Gefahren, wie Verschleppung von Krankheitserregern der ansteckenden Krankheiten (Seuchen) durch das Abwasser, Verunreinigung von Wasser in Brunnen, die nahe am Vorfluter belegen sind, u. a. m., möchte ich hier nicht eingehen, weil es sich da um besondere Fälle handelt, zu deren Verständnis gründliche Kenntnisse der betreffenden Sondergebiete gehören.

Abb. 1a. Emscher mit Brücke in Essen-Bottrop (alter Zustand).

Abb. 1b. Vertiefte Emscher mit neuer Brücke in Essen-Bottrop.

Kurz zusammengefaßt, werden Abwassermißstände in der Vorflut in der Hauptsache durch den ungelösten fäulnisfähigen Anteil, der „Schlamm" bildet, in zweiter Linie auch durch die in Lösung befindlichen fäulnisfähigen Stoffe verursacht.

2*

Abb. 2a. Wittringer Mühlenbach mit Senkungssumpf.

Abb. 2b. Derselbe Mühlenbach nach Begradigung und Tieferlegung.

Soll demnach das Abwasser mit Rücksicht auf den Vorfluter gereinigt werden, so ist zunächst das Einschwemmen der ungelösten schlammbildenden Stoffe in den Vorfluter zu verhindern, Abwasser also zu „entschlammen", sodann erst sind, von Fällen, in denen darauf verzichtet werden kann, abgesehen, auch die fäulnisfähigen gelösten Stoffe des Abwassers unschädlich zu machen.

Aus dem Gesagten geht hervor, daß schon durch Verbesserung ungünstiger Vorflutverhältnisse sich etwa vorhandene Unzuträglichkeiten u. U. beheben oder mildern lassen, und daß die Vorflutverbesserung die Maßnahmen zur Abwasserreinigung erleichtern und sie unterstützen kann und daher oft den letzteren vorzugehen hat. Vorflutverbesserungen werden namentlich bei kleinen Wasserläufen mit schlechtem Gefälle, also langsamer Wasserbewegung und ungünstiger Ufersowie Sohlengestaltung, die das Absetzen von Schlamm begünstigen (flache, ausgeuferte Bäche), vorzunehmen sein. Schlechtes Gefälle läßt sich durch Begradigung gewundener Wasserläufe und Vertiefung der Sohle bzw. Tieferlegung des ganzen Bachlaufes verbessern, wodurch zugleich Entwässerungsgelegenheit für Flächen geschaffen wird, die zuvor für den Wasserabfluß zu tief gelegen waren. Sümpfe können so trocken gelegt, Überschwemmungsgefahren beseitigt werden. Schlammablagerungen kann man durch Verengung des Bachbettes, Beseitigung der Ausuferungen und Auskleiden des Gerinnes mit glatten Wandungen, z. B. aus Platten od. dgl. entgegenarbeiten. Wenn nun ein Bachlauf soviel Abwasser abzuführen hat, daß die Erhaltung des Baches als natürlichen Wasserlaufes mit unerschwinglichen Kosten verbunden wäre, so erweist es sich oft vorteilhaft, durch Tieferlegung und Begradigung des Baches, sowie Ausführung eines geeigneten glatten Gerinnes, den Bach in einen „offenen Abwasserkanal" umzuwandeln. Dieser Fall kommt namentlich in eng bebauten Industriegebieten, z. B. im rheinisch-westfälischen Bergbaugebiete (Emscherniederung), in Betracht, wo die vorhandenen Bäche nach Lage der Umstände vielfach nur noch der Abwasserbeseitigung zu dienen haben und zu diesem alleinigen Zwecke ausgebaut werden müssen (s. auch S. 16).

Auch bei gewerblichen Abwässern bildet die Fern-
haltung des Schlammes vom Vorfluter vielfach die Haupt-

Abb. 3a. Berne bei Essen (alter Zustand).

Abb. 3b. Dieselbe Bernestrecke nach dem Ausbau.

aufgabe der Abwasserbehandlung. Schlamm aus gewerblichem Abwasser ist meist nicht fäulnisfähig, führt aber oft andere Mißstände für den Vorfluter im Gefolge. An Stelle fäulnisfähiger können giftige gelöste Stoffe treten, die in jedem Falle eine besondere Behandlung erfordern.

Die Abb. 1a bis 3a geben eine Vorstellung von dem unerquicklichen, das natürliche Gefühl verletzenden Anblick von infolge Abwassereinleitung verschlammter Bäche. Es sind dies Wasserläufe im rheinisch-westfälischen Industriegebiete (Emschergebiete), aufgenommen vor ihrer Regulierung. Gegenübergestellt sind Aufnahmen des jetzigen Zustandes, Abb. 1b bis 3b, der durch den Umbau der Bäche zu „offenen Abwasserkanälen" erzielt worden ist[1]).

VII. Reinigungsmöglichkeit städtischer Abwässer.

Die Frage, wieweit städtisches Abwasser gereinigt werden kann, läßt sich dahin beantworten, daß es nach dem heutigen Stande der Technik durchaus möglich ist, die ungelösten Stoffe so weit aus dem Abwasser abzufangen, daß Mißstände durch Abwasserschlamm im Vorfluter mit Sicherheit vermieden werden und die gelösten fäulnisfähigen Stoffe des Abwassers so weit unschädlich zu machen, daß dieses nicht mehr fault, demnach auch im Vorfluter keine Mißstände durch Fäulnis verursachen kann.

Ob es jedoch unbedingt erforderlich ist, mit der Abwasserreinigung in Wirklichkeit so weit zu gehen, wie es technisch möglich ist, wird in jedem einzelnen Falle von der auf den Vorfluter zu nehmenden Rücksicht, d. i. von der Leistungsfähigkeit des Vorfluters im Hinblick auf das aufzunehmende Abwasser, abhängen. Um Kosten der Allgemeinheit zu ersparen, wird die Abwasserreinigung so weit getrieben, als es nach Lage der Umstände notwendig ist. Genügt beispielsweise die Wasserführung des Vorfluters, um nach Entschlammung des Abwassers die gelösten fäulnisfähigen Stoffe durch Verdünnung zuverlässig unschädlich zu machen, so kann es überflüssig erscheinen, besondere Kosten für die Be-

---

[1]) Die Abb. 1a bis 3b sind der Denkschrift „25 Jahre Emschergenossenschaft" entnommen.

seitigung jener, durch Verdünnung von selbst unschädlich werdenden Stoffe, aufzuwenden. Handelt es sich um einen sehr wasserreichen und gut strömenden Vorfluter, der auch die ungelösten Stoffe im Wasser dünn verteilen und fortwälzen kann, so daß Schlammbänke nicht entstehen, so wird es u. U. genügen, nur die gröbsten Unratstoffe, insbesondere Kotballen, Papier u. dgl., dem Strome fernzuhalten und im übrigen dafür zu sorgen, daß sich das Abwasser mit dem Vorflutwasser gut vermischt, was durch technische Maßnahmen zu erreichen ist.

Immerhin wird es sich empfehlen, die Leistungsfähigkeit des Vorfluters betr. die „Verdauung" der zuzuführenden Abwassermenge vorsichtig zu beurteilen, und lieber ein zuviel als ein zuwenig an Abwasserreinigung vorzusehen, zumal die Erfahrung lehrt, daß jene Leistungsfähigkeit oft überschätzt und das Abwasser vieler Städte unzureichend gereinigt wurde.

Weitestgehende Reinigung des Abwassers wird jedoch in der Regel erforderlich, wenn der betr. Fluß usw. zum Baden benützt wird oder sein Wasser, wenn auch mittelbar, zur Speisung von Trinkwasseranlagen dient.

Was die „Leistungsfähigkeit des Vorfluters" anbelangt, so ist am wichtigsten die Wassermenge, die für die Verdünnung der Abwasserstoffe verfügbar ist. Läßt man beispielsweise Harn bei warmer Witterung in einem offenen Gefäße stehen, dann fault die Flüssigkeit schon nach recht kurzer Zeit, unter Entwicklung eines widerwärtigen Geruches. Verdünnt man aber den Harn genügend stark mit reinem Fluß- oder Brunnenwasser, dann wird die dünne Lösung nicht mehr faulen. Durch starken Wasserzusatz verdünnter Harn ist kein Nährboden mehr für fäulniserregende Kleinlebewesen.

Verdünnung mit reinem Wasser ist demnach an und für sich ein geeignetes Verfahren zur Beseitigung der Fäulnisfähigkeit gelöster Stoffe.

Die Wirkung der Verdünnung wird unterstützt durch Licht und Luft. Die Fäulnisbakterien gedeihen am besten im Dunkeln und Dumpfen. Sonne und Luft bzw. deren Sauerstoff sind ihnen feindlich. Außerdem werden sie von anderen Bakterien bekämpft, zu deren Lebensbedingungen Luftzufuhr gehört. Gewinnen letztere die Oberhand, dann wird die Tätigkeit der Fäulnisbakterien unterbunden, und die Zerstörung der organischen Stoffe nimmt eine andere Richtung, die ohne Entwicklung stinkender Gase verläuft. Licht und Luft wirken aber auch an und für sich zerstörend auf die fäulnisfähigen Stoffe, indem sie langsam ihre innere Zusammensetzung lösen. Kommt also zur Verdünnung noch der Einfluß von Licht und Luft und die Tätigkeit jener luftliebenden Bakterien, die in jedem gesunden Flußwasser reichlich enthalten sind, dann werden die fäulnisfähigen gelösten Stoffe sehr bald unschädlich gemacht, ohne daß belästigende Gerüche entstehen. Was die ungelösten Stoffe anbelangt, die viel schwerer angreifbar sind als die dünne Lösung, so ist, um die Wirkung von Licht, Luft und Bakterien möglich zu machen, erforderlich, daß der feste Unrat in kleine Teilchen zerrieben und im Wasser verteilt wird. Es gehört also Wasserbewegung dazu, die die ungelösten Stoffe zermalmt und ihre Ablagerungen in größeren Mengen, d. i. Schlammbildung, verhindert. Günstig ist, wenn die ungelösten Teilchen vielfach an die Oberfläche des Wassers emporgeworfen und so mit Licht und Luft reichlich in Berührung kommen, bevor sie dem Verzehr durch Bakterien und den in natürlichen Wässern vorkommenden winzigen Tierchen unterliegen. Auch solche beteiligen sich nämlich an der Zerstörung der Unratstoffe, die sie mit anderer Nahrung mitverdauen. Die kleinsten Wassertierchen dienen ihrerseits größeren zur Nahrung und diese wiederum anderen und so stufenweise bis zu den höheren Wassertieren, wie Schnecken, Krebsen, Fischen usw. So können die Unratstoffe in richtiger Verdünnung und Verteilung im reineren Wasser noch mittelbar zur Ernährung nutzbarer Wassertiere verwendet werden. Wasserpflanzen nehmen gleichfalls an der Zerstörung der Schmutzstoffe Anteil. Sie verwerten die düngenden Bestandteile dieser Stoffe zu eigenem Wachstum und vermitteln die Einwirkung der Bakterien und des Luftsauerstoffes.

Zur Beseitigung gelöster fäulnisfähiger Stoffe genügt demnach ausreichende Verdünnung mit reinem Wasser. Sollen ungelöste Stoffe im Flusse unschädlich gemacht werden, so ist außer der Verteilung in einer genügend großen Wassermenge, zunächst noch Bewegung des Wassers soweit erforderlich, daß kein Schlamm zum Absetzen gelangt. Sind nun die Stoffteilchen gehörig im Wasser verteilt, dann ist es für die weiteren Vorgänge, die zur Zerstörung, zum „Abbau" dieser Stoffe führen, günstig, wenn nicht zu stark bewegtes Wasser die Tätigkeit der verschiedenen Kleinlebewesen und Pflanzen ermöglicht. Daher können auch Teiche, also stehende Gewässer, sofern nur dafür gesorgt wird, daß die hinein gelangenden Unratmassen sich gut verteilen und keine Schlammbänke entstehen, den Abbau der Abwasserstoffe gut besorgen, weil gerade Teiche großen Reichtum an Lebewesen und Pflanzen, die sich zu dieser Tätigkeit eignen, aufzuweisen pflegen. In Wasserläufen mit mäßig starker Strömung werden die Schwebestoffe des Abwassers besser abgebaut als in reißenden Flüssen, in denen die in Frage kommenden Kleinlebewesen und Pflanzen sich nicht halten können.

Man nennt die Gesamtheit der mannigfaltigen Vorgänge, durch die die Unratstoffe in Flüssen oder sonstigen Gewässern unschädlich gemacht werden, die „Selbstreinigung" der Flüsse oder Gewässer. Das Selbstreinigungsvermögen bildet das Maß der Leistungsfähigkeit eines Wasserlaufes im Hinblick auf die Abwassereinleitung. Das, was man dem Vorfluter an Aufnahme von Abwasser zumutet, darf das Maß seiner Selbstreinigungskraft nicht übersteigen.

VIII. Die Schwemmkanalisation.

Die Einrichtungen zur Beseitigung und Reinigung des Abwassers beginnen am häuslichen Ausguß und Wasserklosett, umfassen die Schwemmkanalisation und die Reinigungsanlagen und die schließliche Übergabe des Abwassers an die Vorflut. Die wichtigsten Einrichtungen der „Schwemmkanalisation" sind hier kurz zu erläutern, da dieses Teilstück der Abwasserbeseitigung in vielerlei Beziehung im innigen Zusammenhange mit der „Kläranlage" steht, und die Kenntnis gewisser Einzelheiten der Schwemmkanalisation für das Verständnis der Kläranlagen unentbehrlich ist.

Schwemmkanäle verdanken ihre Entstehung und Entwicklung dem Bedürfnis, die lästigen Abfälle großer Menschenansammlungen, wie solche in Städten und sonstigen engbewohnten Geländeabschnitten, aus der Lebenshaltung der Bewohner, dem Verkehr und der Gewerbetätigkeit sich ergeben, in bequemer Weise, unter Zuhilfenahme des Wassers als Beförderungsmittel zu beseitigen. Die in Betracht kommenden Abfallstoffe sind zweierlei Art. Einerseits handelt es sich um den mit natürlichen Niederschlägen, also Regen und Schmelzwasser des Schnees, von Straßen, Dächern usw. abgespülten Unrat, dessen rasche Beseitigung erwünscht ist, andererseits um die eigentlichen Abfälle der menschlichen Lebenshaltung, also das, was unmittelbar aus den Häusern kommt, in erster Linie um die Abgänge der Aborte. Die Kanalisation kann nun entweder so eingerichtet sein, daß die Siele die natürlichen Niederschläge und die häuslichen Abläufe aufnehmen und wird dann Mischkanalisation genannt, oder aber es können für die häuslichen Abwässer und für die Niederschlagswässer je besondere Kanäle vorgesehen sein, dann liegt Trennkanalisation vor. Letztere wird mitunter auch so durchgeführt, daß nicht das gesamte Regenwasser, sondern nur ein Teil desselben, der die Hauptschmutzmengen aus gewissen Straßen, Plätzen, Höfen abschwemmt, im Kanal abgeleitet wird, während das übrige, wenig verunreinigte Regenwasser in Rinnsalen nach dem Vorfluter, Teichen oder Geländestücken, auf denen es versickern kann, abfließt.

Sowohl bei der Misch- wie bei der Trennkanalisation können die Abgänge der Aborte angeschlossen sein oder nicht. In großen Gemeinwesen, namentlich Mittel- und Großstädten, wird das erstere in der Regel der Fall sein. Indessen gibt es noch heute einige Städte in Deutschland, die es vorziehen, den Inhalt der Aborte abzufahren und der Landwirtschaft als Dünger zur Verfügung zu stellen oder auf Kunstdünger zu verarbeiten. Es werden dieser Ausnahmen immer weniger. Nur in kleineren Gemeinwesen, die Landwirtschaft bzw. Gemüsebau in der Nähe der Behausungen oder doch nicht in zu weiter Entfernung von den Anfallstellen der häuslichen Abgänge betreiben, ist noch die unmittelbare landwirtschaftliche Verwertung des Inhaltes der Abortgruben üblich und hat da auch wirtschaftliche Berechtigung.

Großstädte wenden im allgemeinen die Mischkanalisation an, unter Aufnahme der gesamten Niederschlagswässer und flüssiger Abgänge, mit Einschluß der Abgänge der Aborte und der öffentlichen Bedürfnisanstalten sowie der Abwässer der verschiedenen Gewerbe. Die Trennkanalisation hat im allgemeinen nur für kleinere bis mittelgroße Städte wirtschaftliche Berechtigung, indem es in solchen Gemeinwesen mitunter wirtschaftlich angemessener ist, die einmaligen erheblichen Kosten für den Bau großer Mischkanäle zu vermeiden und für die Abgänge der Häuser, also die eigentlichen Schmutzwässer, besondere, kleiner bemessene Kanäle zu bauen. Da diese die Häuser entwässern sollen, so müssen sie tiefer in den Untergrund verlegt werden als die Regenwasserkanäle, die unmittelbar unter der Straßendecke angeordnet werden können und daher geringere Kosten verursachen. Man nimmt in derartigen Fällen auch die Nachteile der Trennkanalisation gegenüber der Mischkanalisation mit in Kauf, nämlich daß jene doppelte Anschlüsse der Kanäle an die Häuser voraussetzt, und daß die Kosten der Reinigung von zweierlei Kanälen sich höher stellen als die eines einheitlichen Kanalstranges. Auch müssen besonders schmutzige Straßenwässer gleichwohl den Schmutzwasserkanälen zugeführt werden. Bei tiefgelegenen Höfen ist ferner die Trennkanalisation überhaupt nicht anwendbar, da solche Flächen in höher gelegene Regenwasserkanäle nicht entwässern könnten. Vorteilhaft ist hingegen die Trennkanalisation mit Rücksicht auf die Reinigung des Abwassers in Kläranlagen, wenn das wenig verschmutzte Regenwasser ungeklärt in den Vorfluter abgeleitet werden kann. Die Kläranlage hat dann weniger Abwasser aufzunehmen und stellt sich dementsprechend billiger. Insbesondere werden bedeutende Kosten erspart, wenn den Geländeverhältnissen zufolge das verschmutzte Abwasser zur Kläranlage hochgepumpt werden muß, während das Regenwasser mit freiem Gefälle in den Vorfluter abfließen kann.

Andererseits aber lehrt die Erfahrung, daß die Reinhaltung eines Vorfluters bei vorhandener Trennkanalisation meist schwieriger ist als bei Mischkanalisation mit angemessener Kläranlage, weil mit dem Wasser der Regenkanäle oft Schmutzmassen unmittelbar in den Vorfluter gelangen, die der Kläranlage zugeführt werden sollten, es sei denn, daß besondere „Regenwasserkläranlagen" (s. S. 97) vorgesehen werden.

Eine neuzeitliche Kanalisationsanlage besteht im allgemeinen aus den Ableitungen der Schmutzwässer aus den Häusern und den Straßen, und den geschlossenen, unter der Straße verlegten Kanälen. Die Verbindungen zwischen Ableitungen und Kanälen müssen so durchgebildet sein, daß die Schmutzstoffe restlos in den Kanal gespült werden. Ferner dürfen keine Gase aus dem Kanal in das Innere der Wohnräume gelangen, es darf nicht in letzteren nach dem Kanal riechen. Man erreicht dies durch Anordnung von „Geruchsverschlüssen" unter jedem Ausguß, d. h. in ihrer einfachsten Form, U-förmig gebogenen Rohrstücken, die stets mit

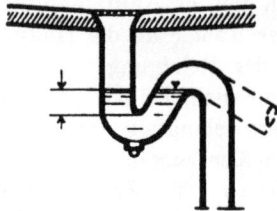

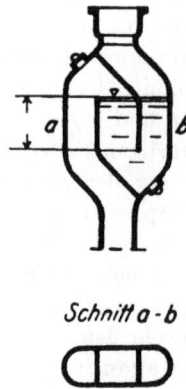

Abb. 4 und 5. Geruchsverschlüsse.

Wasser gefüllt bleiben (Abb. 4 u. 5). Die Fallrohre für Schmutzwässer werden nach oben bis über die Hausdächer geführt, wodurch die Lüftung der Kanäle gefördert wird und die Gase über die Dächer entweichen,. ohne durch Geruch in den Wohnräumen zu belästigen. Abb. 6 zeigt die Entwässerungsanlage eines mehrstöckigen Hauses. Betriebe, die mit ihren Abwässern größere Mengen Fett abstoßen, z. B. Volksküchen, Gastwirtschaften, Metzgereien, schalten zweckmäßig vor dem Einlauf in den Kanal gußeiserne „Fettfänge" ein, in denen das Fett vom übrigen Abwasser abgesondert und zurückgewonnen wird. Derartige Fettfänge, deren es mannigfaltige Ausführungsarten gibt, erleichtern die Reinhaltung der Kanäle.

Als Material für Hausentwässerungen werden für den Anschluß der Ausgüsse in der Regel Bleirohre, für die Fallrohre gußeiserne, innen und außen asphaltierte Rohre, die

an den Stoßflächen mit Blei abgedichtet sind, verwendet. Die
Verbindungsstücke der Fallrohre mit dem Kanal, die Ablei-
tungsrohre, werden ebenfalls aus asphaltiertem Gußeisen,
außerhalb der Fundamentmauern mitunter wohl auch aus
Steinzeug hergestellt. Die Ausführung der gesamten Ent-
wässerungseinrichtungen in den Häusern regeln sehr eingehende behördliche Bestimmungen.

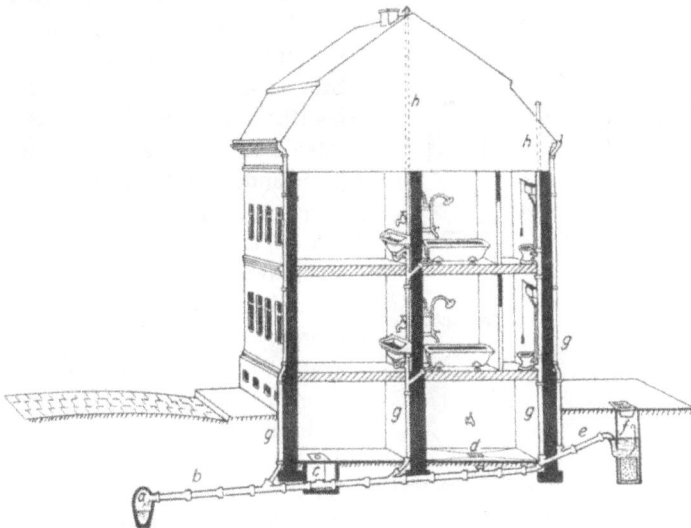

a = Straßenkanal, *b* = Anschlußleitung, *c* = Putzöffnung, *d* = Einlauf mit Ge-
ruchverschluß, *e* = Nebenleitung, *f* = Hofeinlauf, *g* = Fallrohre, *h* = Entlüftung.
Abb. 6. Entwässerungsanlage eines mehrstöckigen Hauses.

Form und Material der Kanäle kann je nach den ab-
zuführenden Abwassermengen, den Verhältnissen des Bau-
grundes, den ortsüblichen Baustoffen usw. sehr verschieden
sein. Die Form, die sich aus dem Querschnitt ergibt, wird
„Profil“ genannt. Das gebräuchlichste für kleine und mittlere
Wassermengen ist das kreisrunde Profil. Dieses nimmt im
Verhältnis zu seinem Umfange mehr Wasser auf als jede andere
Profilform. Eiförmige Profile sind beliebt, weil sie schmale
Baugruben erfordern und, mit dem verjüngten Ende nach
unten gestellt, kleinere Wassermengen besser abführen als
Kreisprofile, was bei wechselnden Wasserständen vorteilhaft

ist. Für ganz große Abwassermengen werden oft Kanäle gebaut, die mit einem begehbaren Seitensteg versehen sind. Die Profile solcher Kanäle können sehr verschieden sein. Abb. 7 zeigt einige gebräuchliche Kanalprofile.

Das beste Kanalmaterial ist unstreitig glasiertes Steinzeug, weil es in seinen glatten Wandungen das Abwasser am raschesten abführt und gegen Eindringen von Grundwasser von außen vollkommen dicht ist. Auch ist Steinzeug gänzlich unempfindlich gegen ätzende Stoffe, die im Abwasser, namentlich in gewerblichen Abflüssen vorkommen können und jedes andere Material mehr oder minder angreifen. Steinzeugrohre lassen sich jedoch über eine gewisse Profilgröße hinaus nicht herstellen, sie sind auch teurer als z. B. Zementbetonrohre, daher ist ihr Anwendungsbereich beschränkt. Das Abdichten der Steinzeugrohre an den Stoßflächen erfolgt durch Muffendichtung mittels Teerstricken und Vergießen mit Röhrenkitt, einer asphaltartigen Masse. Das am meisten gebrauchte Kanalmaterial sind zur Zeit Zementbetonrohre, die in den verschiedensten und zwar bis zu recht großen Profilen durch Einstampfen in Formen hergestellt werden. Die Dichtung erfolgt mit Zementmörtel, der die ineinander passenden Nutenränder verbindet. Zementkanäle sind indes gegen gewisse gewerbliche Abläufe, namentlich solche, die Säuren enthalten, sehr empfindlich. Derartige Flüssigkeiten können daher erst nach Abstumpfung der Säuren mit Kalk in die Zementkanäle aufgenommen werden. Die unteren Teile des Profiles können auch durch Sand u. dgl. abgescheuert werden. Man schützt daher gegebenenfalls die Kanalsohle,

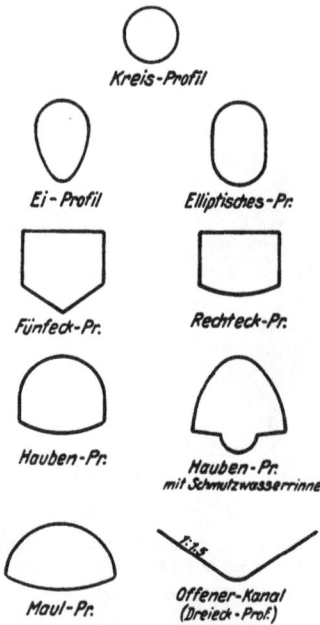

Abb. 7. Kanalprofile.

jedoch nur bei großen in der Baugrube hergestellten Betonkanälen, durch Auslegen mit säurefesten Klinkern oder Steinzeugplatten. Zementrohre werden zweckmäßig im Inneren, oft aber auch an der Außenseite mit Asphalt ausgegossen, zum Schutze des Materials gegen Angriffe durch Schmutzwässer von innen und durch Grundwasser von außen. Äußerlich werden auch Umkleidungen von Asphaltjute sowie verschiedenartige Anstriche angewendet. Meist bildet sich im Zementrohrkanal mit der Zeit eine Art Schutzschicht aus, indem die Wandungen von einem schleimigen Belag, der sog. „Sielhaut", überzogen werden, die den unmittelbaren Wasserzutritt zum Zementbeton und damit auch den Angriff durch die Schmutzwässer behindert oder doch mildert.

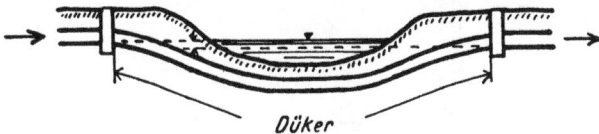

Abb. 8. Düker.

Kanäle von ganz großen Profilen werden in der Baugrube entweder aus Beton oder besser, aber teurer aus Mauerwerk (gebrannten Klinkern mit fettem Zementmörtel verbunden) ausgeführt.

Guß- oder schmiedeeiserne Rohre kommen als Kanalisationsmaterial nur selten in Betracht und dann nur auf ganz kurzen Strecken, wenn es besondere Verhältnisse erfordern, z. B. bei sehr steilen Gefällen, wenn zeitweise bei Gußregen starker Wasserdruck auf die Kanäle sich geltend macht, bei schwierigen Unterführungen unter Flüssen (sog. „Dücker", Abb. 8) u. dgl.

Beim Bau von Schwemmkanälen hat man oft mit Grundwasserandrang zu kämpfen. Dieses wird ausgepumpt oder abgesenkt, indem man es in Rohren gesondert der Vorflut zuführt. Oft kann das Grundwasser in tiefer gelegene Strecken der Schwemmkanalisation eingeführt und so mit dem Abwasser vereinigt werden. Sind die Grundwassermengen nur geringfügig, so genügt es, die Schwemmkanäle mit Kies, Schlacken u. dgl. zu unterpacken. Das Grundwasser sickert dann in die Unterpackung, während der Kanal ins Trockene zu liegen kommt.

Die Aufnahme des Regenwassers und der sonstigen Abschwemmungen der Straßen, z. B. bei Reinigung derselben, erfordert sog. Straßeneinläufe, d. i. Schächte aus Zement oder Mauerwerk oder Steinzeugrohren, die mit eisernen Gittern abgedeckt sind. Die Verbindung mit dem Kanal wird durch Rohre, unter Anwendung von Geruchsverschlüssen bewerkstelligt, um Ausdünstungen, die Fußgänger auf den Bürgersteigen belästigen könnten, zu verhindern. Da nun mit den Straßenabschwemmungen Sand, Steine u. dgl. Material, das die Kanäle beschädigen oder in ihnen Ablagerungen bilden

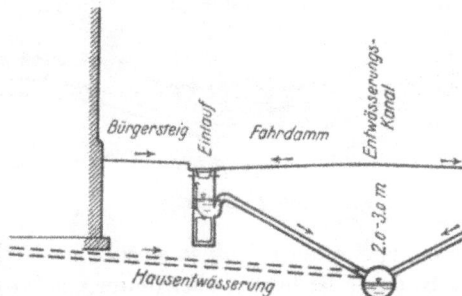

Abb. 9. Straßeneinlauf mit Sinkkasten.

könnte, in die Straßeneinläufe gelangen kann, so pflegt man in die Einlaufschächte herausnehmbare Eimer, sog. „Straßensinkkästen", einzusetzen (Abb. 9). In diesen lagert sich das schwere Material ab und wird in gewissen Zeitabständen mit dem Eimer herausgeholt, während das Abwasser durch das höher angeordnete Verbindungsrohr in den Kanal fließt. Sand, Straßenabschliff u. dgl. den Kanälen gänzlich fernzuhalten gelingt durch derartige Vorrichtungen allerdings nicht. Immerhin schützen jedoch Straßensinkkästen die Schwemmkanäle vor Überlastung mit derartigen Stoffen. Die Entleerung der Sinkkästen erfolgt oft mit besonderen Fuhrwerken, die mit einem Flaschenzug zum Herausholen des „Schlammeimers" versehen sind, und den Inhalt in geschlossenen eisernen Kästen aufnehmen und abfahren. Da Sinkkästen nur den Zweck haben, Sand, Steine usw. abzufangen, nicht aber den

weichen Schlamm den Schwemmkanälen fernzuhalten, so
pflegt man wohl auch vor dem Herausnehmen des Eimers
den Inhalt desselben mit einem Wasserstrahl aufzurühren.
Hierdurch kommen die Schlammstoffe ins Schwimmen und
gelangen in den Kanal, die schweren Stoffe verbleiben im
Eimer und werden mit diesem herausgeholt.

Es gibt mannigfaltige Bauarten der Straßeneinläufe und
der Sinkkästen, darunter solche, die besondere Verhältnisse
der Straßenlage berücksichtigen. Auf
diese Einzelheiten kann hier nicht näher
eingegangen werden.

Die Instandhaltung der Kanalisation macht es erforderlich, die
Kanäle in gewissen Zeitabständen nachzusehen und zu reinigen. Hierzu dienen
„Einsteigschächte", die in der
Regel in Abständen von 40—60 m angeordnet werden (Abb. 10). Es sind dies
senkrechte, mit gußeisernen Platten
abgedeckte Schächte. Unter dem Deckel
erweitert sich der Schacht meist bis zu
etwa 1 m Durchmesser. Steigeisen
gestatten den Abstieg zur Kanalsohle.
Je nach der Größe des Kanalprofiles
ist der untere Teil der Einsteigschächte
baulich verschieden gestaltet, es handelt sich stets darum, dem unten beschäftigten Manne die nötige Bewe-
gungsfreiheit für die zu verrichtenden

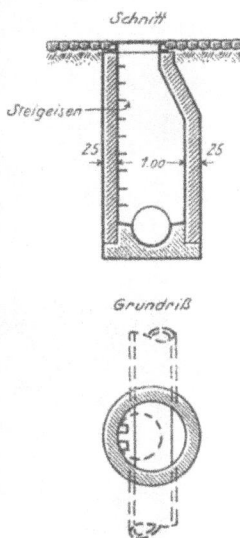

Abb. 10.
Einsteigeschacht.

Arbeiten zu schaffen. Die Möglichkeit des Nachsehens der
Kanäle hängt von der Größe ihres Profiles ab. Sie müssen
hierzu mindestens bekriechbar sein. Abb. 11 zeigt einen
Kanal-Besichtigungswagen. Größere Profile sind begehbar
und können zu diesem Zwecke mit einem seitlichen Gehpfade
(„Bankett") versehen sein. Kanäle von kleineren Profilen, die
nicht bekriechbar sind, können, falls zur Reinigung Wasserspülung nicht genügt, mit auf lange Seile gezogenen Bürsten
gereinigt werden. Verstopfungen solcher engen Kanäle sind meist
schwierig zu beseitigen, es sind hierzu Gestängevorrich-

3*

tungen nötig, deren Zusammensetzung im Kanal selbst bzw.
im Einsteigeschacht erfolgen muß. Das Arbeiten in Kanälen
setzt gute Lüftung derselben voraus. Die Luft tritt durch
Schlitze in den Deckeln der Einsteigeschächte ein und wird durch
Fallrohre, die über die Dächer der Häuser hinaufführen und
Luftzug bewirken, ausgesogen. Auch können Kanäle zwecks
Lüftung mittels Röhren an hohe Schornsteine angeschlossen

Abb. 11. Geigerscher Kanalbesichtigungswagen.
(Breuer-Werke A. G., Frankfurt a. M.-Höchst.)

werden. Außerdem werden mitunter zwischen je zwei Einsteigeschächten senkrecht auf den Kanal Lüftungsrohre eingesetzt,
die zugleich zum Hinunterlassen von Lampen zur Beleuch-
tung des Kanals dienen können. Um die Besichtigung der
Kanalstrecke von der Öffnung des Einsteigeschachtes aus zu
ermöglichen, versenkt man in den Einsteigeschacht einen
Spiegel und stellt diesen im Winkel von 45⁰ zur Längsachse
des Kanals. Man kann dann von oben senkrecht nach unten
in den Spiegel blickend den Kanal der Länge nach übersehen
(Abb. 12).

Nie darf der Einstieg in einen Abwasserkanal stattfinden,
bevor in geeigneter Weise festgestellt worden ist, daß keine
giftigen oder entzündbaren (explosiven) Gase in der Kanalluft
anwesend sind, bzw. bevor die schädlichen Gase mittels künstlicher Durchlüftung zuverlässig entfernt worden sind.
Zur Reinigung der Kanäle dient vor allem Spülung mit Wasser. Je enger die Profile und je schwächer
das Gefälle, desto wichtiger ist die Spülung, um in den Kanälen Ablagerungen zu vermeiden. Diese pflegen unter
Entwicklung stinkender Gase zu faulen, sowie Verzögerungen
im Abfluß der Abwässer zu bewirken, die sich unter Umständen
zu Stauungen und gänz-
lichem Verstopfen der Ka-
näle auswachsen können.
Zur Spülung wird
Wasser verwendet, das der
Lage des Kanals entspre-
chend zur Hand ist. In
der Regel wird es Leitungs-
wasser sein, in den unteren
Lagen der Kanalisation

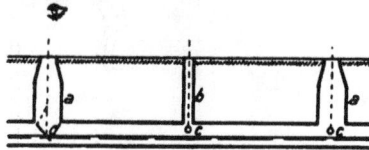

a = Einsteigeschacht, b = Entlüftungsschacht, c = Lampen, d = Spiegel.
Abb. 12. Entlüftung und Spiegelbesich-
tigung einer Kanalstrecke.

wohl auch Wasser aus dem Vorfluter. Gegebenenfalls kann
auch hierzu aufgefangenes Regenwasser benutzt werden. Man
kann von den Einsteigeschächten aus spülen, die zu diesem
Zweck mit besonderen Einrichtungen zu versehen sind, oder
es werden besondere Spülschächte, oft mit selbsttätig
wirkenden Spülvorrichtungen (Abb. 13), vorgesehen. Kanäle
von großen Profilen kann man mit dem Abwasser selbst spülen,
das man streckenweise aufstaut, um es dann stoßweise in
den nächsttieferbelegenen Abschnitt ablaufen zu lassen. Nebst
der Spülung muß man zeitweise die Kanäle mit Bürsten
oder sonstwie geeigneten Geräten von fest anhaftenden Verunreinigungen befreien, um die Kanalwandungen zwecks
flotten Abflusses des Abwassers glatt zu erhalten. Das Ab-
bürsten usw. von Zementkanälen soll jedoch nicht gar zu scharf
durchgeführt werden, um die S. 33 erwähnte „Sielhaut"
nicht zu zerstören, die die Rauhigkeit der Kanalwand mildert
und gegen zerstörende Einwirkungen etwaiger ätzender Stoffe
schützt.

Soll das gesammelte Abwasser des Sielnetzes vor der
Übergabe an den Vorfluter gereinigt werden, so wird es meist
unwirtschaftlich, die Kläranlage so groß zu bemessen, daß sie
auch die bei starken Regenfällen auf ein Vielfaches ange-
schwollene Abwassermenge aufnehmen könnte. Es ist daher
erforderlich, im unteren Abschnitte des Schwemmkanals, kurz
vor der Kläranlage, einen „Regenauslaß" anzuordnen, der den
Zweck hat, diejenigen Abwassermengen, die die Kläranlage
nicht mehr bewältigen kann, unmittelbar dem Vorfluter zuzuführen. Mit Rücksicht auf die Reinhaltung des Vorfluters

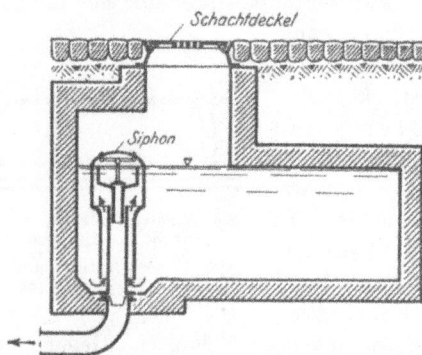

Abb. 13. Spülschacht mit selbsttätiger Spülvorrichtung.
(System u. Patent Geiger.)

ist dieses Verfahren nicht immer unbedenklich, wiewohl bei
längerem Regen die Abwässer stark verdünnt sind und dann
naturgemäß viel weniger Schmutzstoffe enthalten als im un-
verdünnten Zustande.

Man nennt diejenige Abwassermenge, die an regenlosen
Tagen in den Schwemmkanälen abgeführt wird, den „Trockenwetterabfluß". Kläranlagen können z. B. so bemessen sein,
daß sie die dreifache Menge des Trockenwetterabflusses aufzunehmen imstande sind. Bei starken Regengüssen fließt somit der den dreifachen Betrag des Trockenwetterabflusses
überschreitende Anteil des Abwassers durch den Regenauslaß
unmittelbar zur Vorflut.

Der Regenauslaß besteht im wesentlichen aus einer seitlichen Ausnehmung in der Kanalwand, an die ein

Abflußkanal oder offene Abflußrinne anschließt (Abb. 14). Man berechnet, wie hoch die Überfallkante dieser seitlichen Ausnehmung angebracht werden muß, um der Kläranlage die in ihr zu behandelnde Abwassermenge zuzuführen und den Wasserüberschuß unmittelbar in den Vorfluter ablaufen zu lassen. Vor dem Wehr (Dammbalken) des Regenauslasses

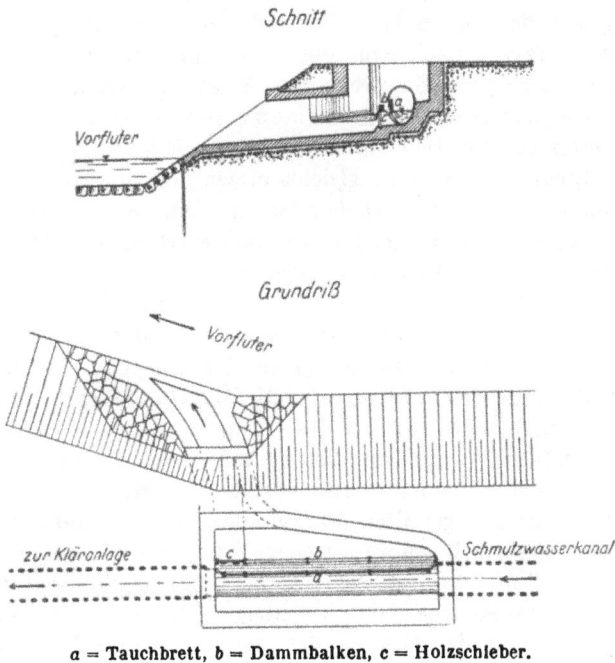

a = Tauchbrett, b = Dammbalken, c = Holzschieber.
Abb. 14. Regenauslaß.

pflegt man meist ein Tauchbrett anzuordnen, um schwimmende Kotballen, Papierfetzen, Lumpen und sonstige ekelerregenden Dinge dem Vorfluter fernzuhalten. Wenn jedoch nach längerer Trockenwetterzeit plötzliche Regengüsse niedergehen, die große Mengen von Straßenunrat auf einmal abschwemmen, so kann das Wasser namentlich zu Anfang des Regengusses so stark verschmutzt sein, daß eine einfache Vorrichtung wie ein Tauchbrett u. dgl. zum Zurückhalten der Unratstoffe nicht ausreicht. Es sind daher Einrichtungen zur Klärung des Regenauslaßwassers sowie zur Beschränkung der Regenauslaßtätigkeit geschaffen worden, über die weiter unten die Rede sein wird.

Richtige Bemessung der Kanäle erfordert genaue Kenntnis der abzuführenden Wassermengen. Zum „Einzugsgebiet" der Kanalisation gehört die ganze Geländefläche, die nach Lage der Wasserscheide auf die Entwässerung auf dem kürzesten, durch die Kanalisationsanlage gegebenen Talweg nach dem Vorfluter angewiesen ist. Die aus den Häusern, den Gewerben, der Straßenreinigung usw. abzuleitenden Schmutzwassermengen sind verhältnismäßig unschwer zu ermitteln, da sie höchstens dem Betrage an verbrauchtem Reinwasser gleichkommen können. Durch Aufzeichnungen der wasserliefernden Stellen, Wassermesser in den Häusern usw., pflegt der Reinwasserverbrauch recht genau bekannt zu sein. Viel schwieriger gestaltet sich die Feststellung der abzuführenden Regenwassermengen. Es gehören hierzu zunächst langjährige Beobachtungen der auf dem einzuziehenden Gebiet niedergehenden Regenmengen. Die innerhalb einer gewissen Zeit, z. B. 24 Stunden, fallende Regenwassermenge wird mittelst des „Regenmessers" ermittelt. Diese einfache Vorrichtung besteht im wesentlichen aus einem Trichter, der auf einem Auffanggefäß aufsitzt, und einem in Kubikzentimeter geteilten Meßzylinder. In das Auffanggefäß fließt diejenige Regenwassermenge, die in der Meßzeit auf eine der Einfallöffnung des Trichters gleiche Fläche niedergeht. Nach Abheben des Trichters wird das aufgefangene Regenwasser in den Meßzylinder gegossen und die Menge festgestellt. Durch Verbindung der Einrichtung mit einem Uhrwerk wurden selbsttätige „Regenschreiber" geschaffen, die die Regenmengen auf einen Papierstreifen auftragen, der auf eine durch das Uhrwerk in gleichmäßige Umdrehung versetzte Walze gespannt ist, so daß lediglich einmal in 24 Stunden der Papierstreifen mit der „Regenkrummen" zu erneuern ist (Abb. 15). Bei dauernden Messungen erfährt man auf diese Weise mit annähernder Genauigkeit, wieviel Niederschläge in einem Jahre auf die in Betracht kommenden Geländeflächen insgesamt niedergehen und wie sie sich auf das Jahr verteilen, insbesondere welchen Anteil an der gesamten Niederschlagsmenge die stärksten Regengüsse haben. Durchschnittswerte von Messungen aus einer Anzahl von Jahren erlauben es, nach den Gesetzen der Wahrscheinlichkeitsrechnung anzunehmen, daß auch in den folgenden Jahren in dem betreffenden Gebiete die Regenverhältnisse ähnlich sein werden. Die Kenntnis der Niederschlagsmengen gibt aber noch nicht unmittelbar Auskunft darüber, wieviel von den betreffenden Wassermengen zum Abfluß in die Kanäle gelangen wird. Es ist vielmehr damit nur die überhaupt mögliche Höchstmenge des Abflusses gegeben. Auf diese Höchstmenge die Kanalisation einzurichten, wäre jedoch unwirtschaftlich, da tatsächlich nur ein Bruchteil des Niederschlagswassers zum Abfluß in die Kanäle gelangen kann. Die Höhe dieses Bruchteiles kann nun je nach der Art der Bebauung des Geländes und der Gestaltung desselben sehr verschieden sein. Von gepflasterten Straßen sowie von Häusern gelangt fast das gesamte Niederschlagswasser zum Abfluß. Von unbebautem und unbefestigtem Gelände dagegen viel weniger. Abschüssige Flächen liefern reichlicheren Regenabfluß als solche, die weniger Gefälle aufweisen. Auf ganz flachem und durchlässigem Boden können auch größere Regenmengen vollständig versickern[1]). Alle diese Umstände müssen bei der Schätzung des zu erwartenden Regenwasserabflusses sorgfältig in Betracht gezogen und es muß auch berücksichtigt werden, wie sich diese Abflußmengen in der Zu-

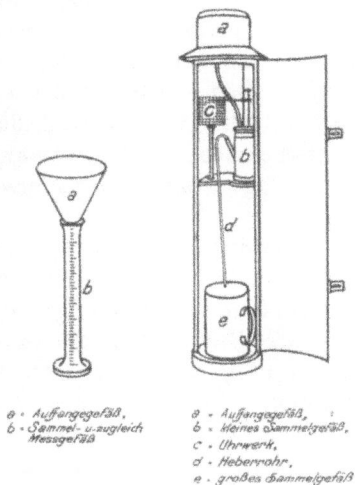

a – Auffanggefäß.
b – Sammel- u. zugleich Meßgefäß

a – Auffanggefäß,
b – kleines Sammelgefäß,
c – Uhrwerk,
d – Heberrohr,
e – großes Sammelgefäß

Abb. 15. Selbsttätiger Regenmesser und Schreiber. (System Hellmann.)

---

[1]) Abflußwerte bei verschiedener Bebauung werden rechnerisch ermittelt. Eine für die meisten praktischen Fälle brauchbare Anleitung zur Feststellung der Regenwasserabflußmengen findet sich in Imhoffs „Taschenbuch der Stadtentwässerung" Verl. R. Oldenbourg, München, VI. Aufl. 1932, S. 6 ff. sowie Tafel 2.

kunft voraussichtlich gestalten, demnach also auf die weitere Entwicklung des Gemeinwesens, die in Aussicht genommene Bebauung usw., Bedacht genommen werden. Alles in allem eine sehr schwierige und in Anbetracht der hohen Kosten, mit denen eine Schwemmkanalisationsanlage das Gemeinwesen belastet, recht verantwortungsvolle Aufgabe. Man hilft sich bei der Lösung derselben für Neuanlagen im allgemeinen mit den Erfahrungen, die anderswo unter ähnlichen Verhältnissen gemacht worden sind, und verwertet das Zahlenmaterial, das durch langjährige Beobachtungen und beim Bau von Kanalisationen an anderen Orten gewonnen wurde, ohne daß dadurch in dem auszuführenden Fall neue sorgfältige Prüfungen zu vermeiden wären. Schließlich wird zu den ermittelten wahrscheinlichen „Abflußwerten" eine Sicherheitszahl zugeschlagen, um unvorhergesehenen Möglichkeiten zu begegnen.

Sind die Unterlagen dafür gewonnen, wieviel Regenwasser und Schmutzwasser in die einzelnen Kanalstränge aufzunehmen sein wird, so ist zur Bemessung der erforderlichen Profilgröße noch die Bestimmung des für den Kanal verfügbaren Gefälles nötig, ferner der Entschluß über die Wahl des Kanalmaterials. Je besser das Gefälle, desto kleinere Profile sind in einem gewissen Verhältnis zur Ableitung der gleichen Wassermenge erforderlich. Aber auch das Kanalmaterial und die Form der Profile sind auf die Schnelligkeit des Wasserabflusses von Einfluß. Glatte Steinzeugrohre führen Wasser schneller ab als Betonrohre, deren Wandungen rauh sind und dem Wasser einen höheren „Reibungswiderstand" entgegensetzen als jene. Eiförmige, auf den Scheitel gestellte Profile vermögen, wie bereits oben erwähnt, kleine Wassermengen rascher abzuführen als runde oder mehr flache Gerinne, da die Reibungsfläche im engen Profil geringer ist als in den breiteren Formen.

Bei Bemessung der Kanäle hinsichtlich der aufzunehmenden Regenwassermengen werden in der Regel sehr starke, vielleicht nur ein- oder zweimal im Jahre oder noch seltener vorkommende Sturzregen nicht berücksichtigt, da eine Erweiterung der Profile für so große, nur selten vorkommende Abflußmengen unwirtschaftlich wäre. Man findet sich damit ab, daß in derartigen Ausnahmefällen die Straßen gegebenenfalls für kurze Zeit überschwemmt werden. Mitunter können zur Entlastung der Kanäle „Regenaufhalteteiche", „Regenversickerungsanlagen" angeordnet und ähnliche durch die örtlichen Geländeverhältnisse sich bietenden Möglichkeiten ausgenutzt werden.

Nicht immer ist für das Einzugsgebiet der Kanalisationsanlage natürliches Gefälle bis zum Vorfluter vorhanden. Das Abwasser muß in solchem Falle mit Pumpen gehoben werden, wobei es entweder aus einzelnen Kanalisationsabschnitten in die höher gelegenen Siele, oder am Ende des Sammelkanales zur Kläranlage bzw. hinter dieser zur Vorflut übergepumpt wird. Namentlich in großen, ausgedehntes, flaches Gelände bedeckenden Städten, wie z. B. in Berlin, sind Pumpstationen für das Abwasser erforderlich. Eine Beschreibung derartiger Anlagen ist hier nicht angängig, es sei nur soviel erwähnt, daß es für Zwecke des Überpumpens kleinerer Mengen von Abwasser innerhalb der Kanalisation selbsttätig arbeitende Pumpen gibt, bei denen die Kraft, die die Pumpen betätigt, z. B. der elektrische Strom, mittels sog. „Schwimmer", d. i. Hohlkörper, die sich mit dem Wasserstand im „Pumpensumpf" heben und senken, ein- und ausgeschaltet wird. Pumpstationen großer Sammelkanäle sind mächtige Betriebe, die neben den regelmäßig arbeitenden noch Reservepumpen besitzen, die bei starken Regengüssen in Tätigkeit treten. Über den Schutz der Pumpen gegen Beschädigung durch mit dem Abwasser angeschwemmte Sperrstoffe wird später die Rede sein. Statt das Abwasser mit Pumpen zu saugen, kann man es auch mit Preßluft drücken. Hierzu sind ebenfalls Anlagen mit selbsttätig wirkenden Vorrichtungen gebaut worden.

IX. Die mechanischen Kläranlagen.

Wie oben dargelegt, bildet eine Kläranlage für städtisches Abwasser das Mittelstück zwischen Kanalisation und Vorfluter. Die Ausgestaltung dieses Mittelstückes hängt einerseits von den Vorflutverhältnissen, wie Belastungsfähigkeit des Vorfluters, Verwendung des Wassers usw., andererseits von

der Menge und Verschmutzung des Abwassers ab. Als die
wichtigste Maßnahme für Reinhaltung des Vorfluters wurde
oben das Ausfangen der ungelösten Stoffe, d. i. die Entschlammung des Abwassers bezeichnet, mit der man sich in
jeder Art von Kläranlagen zu allererst zu befassen haben wird.
Genügt jedoch mit Rücksicht auf den Vorfluter das Ausfangen des Schlammes nicht, muß vielmehr die Fäulnisunfähigkeit des Abwassers angestrebt werden, dann kommt
die Reinigung des — entschlammten — Abwassers unter Zuhilfenahme der Tätigkeit von Kleinlebewesen in Betracht.
Darnach unterscheidet man Kläranlagen, die nur dem Ausscheiden der ungelösten Stoffe dienen, als sog. „mechanische" Kläranlagen, weil in diesen Anlagen in Hauptsache
nur mechanische Kräfte in Anspruch genommen werden, im
Gegensatz zu „biologischen" Anlagen, in denen Lebenskräfte von Kleinlebewesen die Zerstörung der fäulnisfähigen
Stoffe ausschlaggebend besorgen. Biologische Wirkungen sind
indes auch bei der mechanischen Klärung mit im Spiele,
namentlich was die Behandlung des abgeschiedenen Schlammes
anbelangt.

Die ungelösten Stoffe können nun in zweierlei Weise
aus dem Abwasser beseitigt werden:

1. durch Absieben („Abfischen"),
2. durch Absetzen.

Demnach unterscheidet man unter den mechanischen
Kläranlagen „Absiebanlagen" und „Absetzanlagen". Als
eine Abart der letzteren sind Kläranlagen anzusehen, bei denen
der Absetzvorgang durch Zusatz von Fällungsmitteln
unterstützt wird. Über die Behandlung des anfallenden
„Klärschlamms" wird später zu sprechen sein.

X. Absiebanlagen.

Was ein Sieb ist, ist jedermann bekannt. Gießt man
Wasser, das ungelöste Bestandteile enthält, durch ein Sieb,
so bleiben diejenigen Stoffteilchen zurück, die größer sind als
die Maschen des Siebes, alle kleineren Teilchen gehen durch.
Dies, solange das Sieb nicht verstopft ist. Statt das Wasser

durch das Sieb zu gießen, kann man letzteres in geeigneter Stellung ins fließende Wasser eintauchen, es wird dann ebenfalls alle ungelösten Stoffe, die größer sind als seine Maschenweite, zurückhalten. Nur im Maße, als sich das Sieb vollsetzt, werden auch Stoffteilchen, die kleiner sind als die Maschen des Siebes zurückgehalten.

„Gitter" und „Rechen" sind weite Siebe, in der Regel aus parallelen Stäben bestehend.

Mit Sieben, die in den Abwasserstrom getaucht oder unter einem solchen angeordnet sind, kann man demnach alle ungelösten Stoffe abfangen, die größer sind als die Maschen des Siebes, soweit nicht diese Stoffe auf dem Siebe zerrieben und durch die Maschen gedrückt werden. Da es nun nicht möglich ist, Abwassersiebe über eine gewisse Mindestweite der Maschen hinaus herzustellen, der Kleinheit der ungelösten Stoffteilchen im Abwasser jedoch praktisch keine Grenze gesetzt ist, so folgt daraus zunächst, daß unmöglich der gesamte feste Unrat des Abwassers absiebbar sein, daß vielmehr mittels Absiebanlagen nur ein Bruchteil der ungelösten Stoffe des Abwassers beseitigt werden kann.

Das Bestreben, durch enge Maschenweiten möglichst viel der ungelösten Stoffe aus dem Abwasser abzufangen, wird ferner praktisch durch den Umstand begrenzt, daß je enger die Siebmaschen sind, desto schneller sie sich auch verstopfen. Das Freimachen der Maschen (Schlitze), d. i. die Reinigung der Siebe, muß jedoch Schritt halten mit der Verstopfung derselben, soll der Absiebvorgang laufend aufrechterhalten werden. Auf welche Weise nun die Reinigung des Siebes stattfindet, ob von Hand aus, oder mittels sinnreich erdachter Vorrichtungen, in jedem Fall ist Arbeit darauf aufzuwenden, die Kosten verursacht. Unter einer gewissen Maschenweite (Schlitzweite) sind aber die Reinigungskosten nicht mehr gerechtfertigt, weil dann billigere Möglichkeiten der Beseitigung der ungelösten Stoffe in Betracht kommen.

Zu beachten ist auch, daß der Unrat des Abwassers zum größten Teil aus weichen, leicht zerreiblichen Massen besteht. Beträchtliche Teile dieser Massen werden durch den Druck des Abwassers auf dem Sieb zertrümmert und durch die Maschen gedrückt. Unter Umständen kann die Zerkleinerung der ungelösten Stoffe beim Durchgang durchs Sieb erwünscht sein, wenn es sich z. B. darum handelt, den ekelerregenden Anblick schwimmender Kotmassen u. dgl. in solchen Vorflutern, die im übrigen eine größere Menge ungelöster Stoffe vertragen können, zu vermeiden.

Aus dem Gesagten geht hervor, daß man beim Betriebe von Absiebanlagen im vornherein darauf verzichten muß, die ungelösten Stoffe aus dem Abwasser sehr weitgehend auszuscheiden, daß man vielmehr nur mit dem Abfangen eines gewissen, nicht sehr hohen Bruchteiles dieser Stoffe rechnen darf. Somit können Absiebanlagen nur dort angewendet werden, wo der Restgehalt an ungelösten Stoffen in den Siebabläufen dem wasserreichen Vorfluter nicht schadet, es sei denn, daß hinter der Siebanlage noch eine weitere Reinigung der Siebabläufe vorgesehen ist.

Die Erfahrung hat gelehrt, daß einfachere Absiebanlagen bis etwa den zehnten Teil der im Abwasser enthaltenen ungelösten Stoffe im regelmäßigen Betriebe zurückhalten können, und daß nur hochwertige, mechanisch sinnreich durchgearbeitete Siebvorrichtungen mehr, ausnahmsweise bis etwa 45 % herauszufischen vermögen. Innerhalb dieser Grenzen leisten aber Siebanlagen, um deren Ausbildung sich namentlich deutsche Maschinenfabriken verdient gemacht haben, ganz Vorzügliches, sei es, daß sie als selbständige Anlagen vor wasserreichen Vorflutern, oder zur Vorreinigung des Abwassers vor weiterer Behandlung verwendet werden. Die einfachsten Siebformen, wie Rechen und Gitter, sind in den meisten Kläranlagen zum Zurückhalten grober Sperrstoffe in den Abwassereinläufen vorzufinden und auch sonst bei großen Kläranlagen an verschiedenen Stellen anwendbar, bzw. erforderlich.

Im allgemeinen haben wir bei einer Absiebanlage drei Teile zu unterscheiden. Das Sieb, die Siebreinigungsvorrichtung, die Siebschlammbeseitigung. Das Sieb kann aus gelochtem Blech oder aus Drahtgewebe oder aus einer „Drahtharfe" bestehen (die, wenn sie aus Eisenstäben gebaut ist, „Rechen" genannt wird). Es kann entweder fest eingebaut oder beweglich sein. Die Reinigungsvorrichtung für feste Siebe ist stets beweglich, sei es, daß die

Reinigung von Hand aus mit einer Drahtbürste oder Harke erfolgt oder mit mechanisch betätigten Bürsten, Harken, Abkratzern u. dgl.

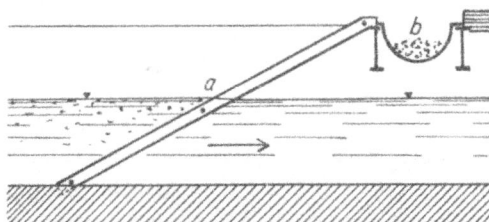

a = Rechen, b = Sammelkasten.
Abb. 16. Einfaches festes Rechen mit Sammelkasten für das Rechengut.
(„Triton" Berlin.)

Bewegliche Siebe bringen den Siebrückstand, den „Siebschlamm", der Reinigungsvorrichtung zu, und tauchen, nachdem sie diese Rückstände losgeworden sind, ins Abwasser

Abb. 17. Geigerscher Schlitzrechen mit maschineller Abbürstvorrichtung auf einer Kläranlage der Emschergenossenschaft.
(Breuer-Werk A. G., Frankfurt a. M., Höchst.)

zurück. Hierbei gibt es Siebe, die in einzeln auswechselbare Teile zerfallen, die nacheinander ins Abwasser tauchen und mit Siebschlamm beladen nach der Reinigungsvorrichtung zu sich bewegen, und welche, die aus einem Stück bestehen, z. B. einer runden, um ihre Achse drehbaren, mit einem Teil ihrer

Fläche schräg ins Wasser tauchenden Scheibe. Die Reinigung der beweglichen Siebe findet entweder von Hand aus mit geeigneten Geräten oder mit besonderen Reinigungsvorrichtungen, wie mechanisch betriebenen Bürsten, Harken u. dgl. statt. Auch kann man Druckwasser, Druckluft, Dampfstrahl u. a. m. zur Reinigung von Sieben verwenden. Die abgesiebten Stoffe werden schließlich entweder in einfacher Weise mit Schubkarren oder in größeren Absiebanlagen mit mechanischen Fördervorrichtungen weggebracht.

Da im Vergleich mit dem Klärschlamm der Absetzanlagen die Menge der durch Absiebanlagen zurückgehaltenen Rückstände meist gering ist, so pflegt sich dementsprechend ihre schließliche Unterbringung einfacher zu gestalten, als die des frischen Klärschlammes aus Absetzbecken. Vielfach werden die Siebrückstände einfach vergraben. Ist Landwirtschaft in der Nähe, so kommt die Abgabe des Siebschlammes zu Düngezwecken in Frage. Wenn Rechen und Gitter nur dazu dienen, grobe Sperrstoffe den Abwasserpumpen fernzuhalten, um sie nicht zu verstopfen und zu beschädigen, dann können u. U. die Siebrückstände mechanisch zerkleinert und hinter dem Rechen ins Abwasser zurückgeführt werden, wenn sie nunmehr den Pumpenbetrieb nicht mehr stören. Im übrigen ist Siebschlamm erheblich wasserärmer als frischer Klärschlamm aus Absetzbecken und daher leichter zu behandeln als dieser.

Der in der Nachkriegszeit sind im Bau von Abwassersieben wichtige Fortschritte in Amerika erzielt worden. Die neuen amerikanischen Siebe sind als drehbare Trommeln ausgebildet

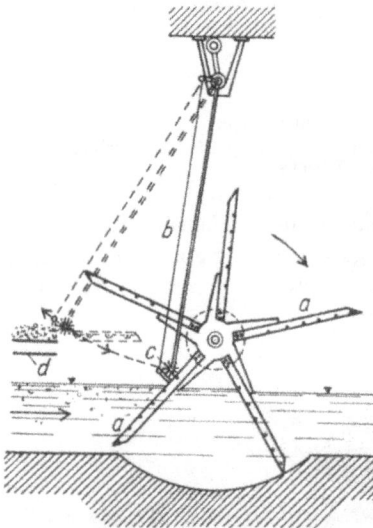

a = Flügel, b = Abstreicher, c = Bürste, d = Förderband.
Abb. 18. Flügelrechen (nach Uhlfelder).

und werden „Spülsiebe" genannt. Sie zeichnen sich dadurch aus, daß im Betriebe die Siebrückstände nicht aus dem

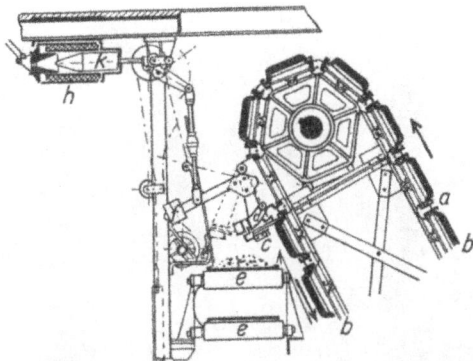

a = Rahmen aus Winkeleisen, b = Laschenkette, c = Gummikamm, d = Abstreifer, e = Förderband, f = Gegengewicht, h = Hubmagnet, k = Eisenkern.

Abb. 19. Hamburger Rechen.

Wasser geholt, sondern mit einem Teil des Abwassers zwecks weiterer Behandlung in Ausfaulbehältern u. dgl. laufend fort-

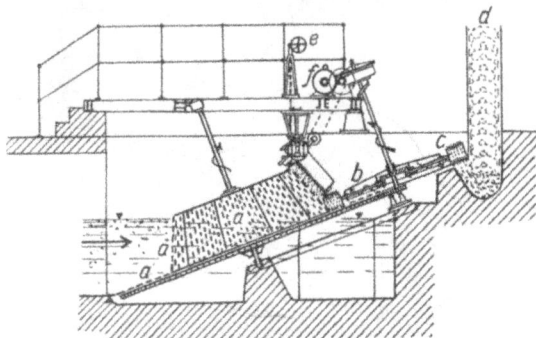

a = Siebblech, b = Abstreichvorrichtung, c = Walzenbürste, d = Förderrinne mit Förderschnecke, e = Drehspindel für Bürsteneinstellung, f = Elektromotor.

Abb. 20. Riensch-Wurlscheibe.

gespült, wobei gleichzeitig die Öffnungen des Siebes infolge Durchspülens mit Abwasser offen gehalten werden, so daß sich die Reinigung mit Bürsten u. dgl. erübrigt. Seit einigen

Jahren haben auch deutsche Firmen den Bau von Spülsieben aufgenommen.

a) Siebtrommel auf dem Werkstand.

b) Inneres der Absiebanlage.

Abb. 21. Geigersche Siebtrommel.
(Breuer-Werk A.G., Frankfurt a.M.-Höchst.)

In den Abb. 16—23 sind einige der wichtigsten Typen von Absiebvorrichtungen aufgeführt. Es sind aus den zahl-

reichen Bauarten die im Betriebe besonders bewährten aus-
gewählt worden.

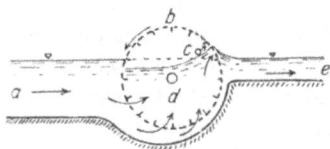

a = Zulauf, b = Siebtrommel mit
Rippen zum Hochheben des Abwassers, c = Spritzwasser, d = Seitlicher Ablauf, e = Siebstoffe mit
Spülwasser ($^1/_4$ der Abwassermenge
zum Absetzbecken).

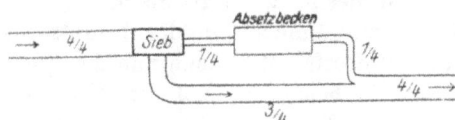

Abb. 22. Siebtrommel
von Hurd. (Spülsieb.)
Längsschnitt und
Grundriß.

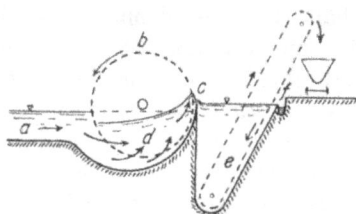

a = Zulauf, b = Siebtrommel,
c = Siebstoffe mit Spülwasser
(5 vH der Abwassermenge), d =
seitlicher Ablauf, e = Absetzbecken mit Becherwerk, f = Rücklauf des geklärten Spülwassers
zum Sieb.

Abb. 23. Siebtrommel nach Dorr.
(Spülsieb.) Längsschnitt.

XI. Absetzanlagen.

Absetzanlagen sind die wichtigsten, leistungsfähigsten
und daher verbreitetsten Reinigungsanlagen für häusliches
sowohl, wie auch für die meisten gewerblichen Abwässer.
In manchen Fällen genügt die Absetzklärung, d. i. die Ausscheidung der ungelösten Stoffe aus dem Abwasser zur Reinigung häuslicher, städtischer und verschiedener Fabriksabwässer.
In der Regel ist es zwar erforderlich, das von den ungelösten Stoffen möglichst befreite Abwasser noch weiter zu
reinigen, jedoch bildet auch dann die gute „Entschlammung"
die Grundlage und Voraussetzung einer erfolgreichen „Nachbehandlung" des Abwassers.

Zum Verständnis des Absetzvorganges ist das Verhalten
der ungelösten Schmutzstoffe etwas eingehender zu betrachten.
Die im Abwasser aufgeschwemmten Stoffe können im allgemeinen entweder leichter oder schwerer als Wasser sein. Die
ersteren nennt man „Schwimmstoffe", die letzteren „Sink-

4*

stoffe". Da aber auf der Kläranlage ankommendes Abwasser, bevor es sich beruhigt, die ungelösten Stoffe in Schwebe hält, so pflegt man gemeinhin die Gesamtheit der ungelösten Stoffe als „Schwebestoffe" zu bezeichnen. Verlangsamt man nun die Bewegung des Abwassers, indem man den Querschnitt des Gerinnes vergrößert, dann setzt sofort der Absetzvorgang ein. Diejenigen Schwebestoffe, die am schwersten sind, setzen sich zu allererst ab. Es sind dies in der Regel Sand, Abschleifungen der Straßendecke und ähnliche in der Hauptsache steinerne, „mineralische" Stoffe. Man kann nun die Querschnittserweiterung gerade so bemessen, daß der Abwasserstrom diese schwersten, mineralischen Stoffe nicht mehr zu tragen vermag, jedoch die anderen leichteren, zumeist organischen Stoffe noch in Schwebe hält. Es findet dann eine Scheidung des „Sandes" von den anderen ungelösten Stoffen statt, der Sand wird gesondert abgefangen. Eine derartige Querschnittserweiterung wird daher „Sandfang" genannt.

Der in richtig bemessenen Sandfängen angesammelte Bodensatz überwiegend mineralischer Art wird nicht oder nur wenig faulen und ist wasserärmer bzw. läßt sich leichter entwässern, als der eigentliche aus organischem Unrat gebildete Klärschlamm, von dem weiter unten die Rede sein wird. Sandfangrückstände pflegen daher bei weiterer Behandlung keine derartigen Schwierigkeiten zu verursachen wie Klärschlamm.

Um die Sandscheidung in der besprochenen Weise zu bewerkstelligen, ist es erfahrungsgemäß erforderlich, den Querschnitt des Gerinnes nur soweit zu vergrößern, daß die Geschwindigkeit des Abwasserstromes, die im Schwemmkanal mindestens 80 cm in der Sekunde betragen soll, auf etwa 30—40 cm in der Sekunde herabgesetzt wird. Durch noch weitere Herabsetzung der Geschwindigkeit des Abwassers würde ein beträchtlicher Teil der organischen fäulnisfähigen Stoffe schon im Sandfange zu Boden fallen, während bei größerer Geschwindigkeit zuviel mineralische Bestandteile in die für organische Stoffe bestimmten Absetzräume mitgerissen werden würden.

Die Bauweise der Sandfänge kann sehr verschieden sein. Neben Ausscheidung des „Sandes" kommt auch die Art und

Weise, wie die Rückstände aus dem Sandfang herausgeschafft
werden sollen, in Betracht. Einige der üblichen Querschnittsformen von Sandfängen zeigt Abb. 24, aus Abb. 25 ist die Aus-
räumungseinrichtung über einem größeren Sandfang zu ersehen.

Über Sandfänge und besondere Sandfangbauarten wird
auch noch weiter unten zu sprechen sein (vgl. S. 68—70 und
die Abb. 35 u. 36).

Wird Abwasser in ein Gerinne mit sehr großer Querschnittserweiterung, das „Absetzbecken" oder „Klärbecken" genannt wird, geleitet, und dadurch die Fließgeschwindigkeit äußerst verlangsamt, dann fallen auch diejenigen

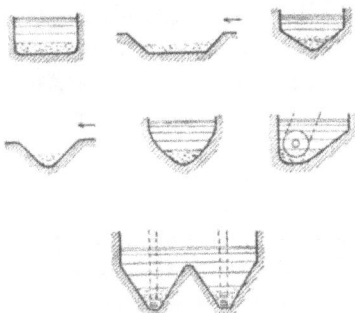

Abb. 24. Querschnittsformen   Abb. 25. Ausräumungsvorrichtung
von Sandfängen.   für Sandfang.

Schmutzstoffe zu Boden, die nur wenig schwerer sind als
Wasser. Die hierzu angemessene Fließgeschwindigkeit des
Wassers wird auf wenige Millimeter bis höchstens 2 cm in
der Sekunde bemessen.

Sind die mineralischen Stoffe vorher zum größten Teil
im Sandfang abgeschieden worden, so fallen nun im Klärbecken in der Hauptsache organische, fäulnisfähige Stoffe zu
Boden, die nach Absetzen den „Klärschlamm" bilden.
Diejenigen Stoffe, die leichter sind als Wasser, z. B. Fett,
Papier, Pflanzenreste usw., schwimmen auf der Oberfläche
des Abwassers auf (Schwimmstoffe). Da aber die verschiedenen ungelösten Bestandteile im Abwasser innig miteinander
vermengt sind, vielfach aneinander kleben oder sich gegenseitig
umhüllen, so pflegt ein Teil derjenigen Stoffe, die nur wenig

schwerer als Wasser sind, von den Schwimmstoffen festgehalten zu werden und auf der Wasseroberfläche zu verbleiben,
während andererseits leichte Stoffe mit zu Boden in den
Schlamm gerissen werden können. Im allgemeinen bildet der
Bodensatz, der eigentliche „Klärschlamm", den weit überwiegenden Teil der so geschiedenen Stoffe, die „Schwimmschicht" nur einen geringen Bruchteil derselben. Die Ausscheidung sämtlicher Schwebestoffe aus häuslichen (städtischen) Abwässern, ist auch durch sehr verlängerte Absetz-
zeiten nicht zu erreichen. Ein gewisser Teil äußerst fein
im Wasser verteilter ungelöster Stoffe verbleibt noch nach
vielen Stunden in Schwebe, so daß auch mechanisch bestens
geklärtes Abwasser noch mehr oder weniger getrübt erscheint.
Diese feinsten Schwebestoffe, die immerhin unter Umständen
einen namhaften Bruchteil des ursprünglich mit dem Abwasser angeschwemmten Unrats bilden können, vermag das
Absetzverfahren nicht zu erfassen. Da sich indes diese feinen
Stoffteilchen während der langsamen Bewegung des Abwassers
im Absetzbecken nicht zu Boden setzen, so werden sie sich.
sofern nicht aus besonderen Gründen eine nachträgliche „Fällung" oder „Ausflockung" dieser Stoffe stattfindet, bei der
im Vorfluter jedenfalls rascheren Bewegung des Wassers erst
recht nicht niedergeschlagen, demnach im Vorfluter keinen
Schlamm bilden. Schlammbildung in Vorflutern zu vermeiden,
ist aber der Hauptzweck der Absetzanlagen. Dieses Ziel wird
schon erreicht, wenn die „absetzbaren" Schwebestoffe des
Abwassers in der Kläranlage abgefangen werden. Ist jedoch
weitergehendere Behandlung des Abwassers erforderlich, so sind
auch jene feinsten, nicht absetzbaren Schwebestoffe von Bedeutung und werden gegebenenfalls bei der biologischen Reinigung des Abwassers mitentfernt.

Die Aufgabe der Absetzanlagen besteht demnach im Zurückhalten der absetzbaren Schwebestoffe, wobei in der Regel die
ungelösten Stoffe in mineralische Sinkstoffe, („Sand" in Sandfängen, falls solche vorgeschaltet werden) in „Klärschlamm"
am Boden und „Schwimmschichten" an der Wasseroberfläche der Klärbecken (Absetzbecken) geschieden werden.

Das „geklärte" Abwasser, das, wie oben ausgeführt,
stets noch gewisse Mengen nicht absetzbarer Schwebestoffe

enthält, wird vom Auslaufende des Absetzbeckens in einem Gerinne so rasch wie möglich dem Vorfluter bzw. der Nachreinigung zugeführt.

Das Absetzverfahren ist demnach im Wesen einfach, soweit die Klärung des Abwassers und die Übergabe der geklärten Flüssigkeit an den Vorfluter oder die nächstfolgende Reinigungsstufe in Betracht kommt. Allerdings ist dafür zu sorgen, daß durch zweckmäßige Anordnung und Bemessung, die einzelnen Teile der Absetzanlage ihre besondere Bestimmung richtig erfüllen. Vor dem Sandfang wird in der Regel ein ins Abwasser eingetauchter, nicht zu enger Rechen anzubringen sein, um ganz grobe „Sperrstoffe", die in der Anlage hinderlich sein würden, abzufangen. Derartige Sperrstoffe sind beispielsweise anschwimmende Blechbüchsen, Holzstücke, Topfscherben, Tierleichen und sonstige Gegenstände, die eigentlich in die Abwasserkanäle nicht hineingehören, erfahrungsgemäß jedoch in Großstädten täglich mit dem Abwasser angeschwemmt werden. Die Menge derartiger Abfälle ist in der Regel gering und die Handhabung einfach. Sie werden vom Rechen ein- oder zweimal im Tage mit einer Harke od. dgl. abgenommen und irgendwo untergebracht oder vergraben, bzw. verbrannt. Sandfänge sollen nur die mineralischen Sinkstoffe aufnehmen; sie müssen also so eingerichtet sein, daß sich weder nennenswerte Mengen der organischen, fäulnisfähigen Stoffe in ihnen ansammeln, noch aber sandartige Anschwemmungen das Becken durchschwimmen, ohne zu Boden zu fallen. Dies bedingt eine sorgfältige Bemessung des Sandfangquerschnittes und eine zweckmäßige Formgebung in der Tiefe, Breite, Einlauf und Auslauf. Es ist naturgemäß schwierig, den „Sand" von dem „Klärschlamm" ganz rein zu scheiden. Auch bei sorgfältigster Bemessung des Sandfanges einerseits und des Absetzbeckens andererseits wird ein geringfügiger Teil der organischen, fäulnisfähigen Stoffe im ersteren zu Boden gerissen und ebenso gewisse Mengen des mineralischen Materials in das Absetzbecken gelangen, ohne daß aber die Gesamtbeschaffenheit des Sandfanggutes und des Klärschlammes dadurch beeinflußt zu werden braucht. Man soll aber immerhin anstreben, in den Sandfängen einen an fäulnisfähigen Stoffen möglichst armen Bodensatz zu gewinnen und darum die Durchflußgeschwindigkeit lieber zu hoch als zu niedrig wählen. Ein geringer Sandgehalt des Klärschlammes ist nämlich für die weitere Behandlung desselben belanglos, während mit zuviel fäulnisfähigen Stoffen beladenes Sandfangmaterial wegen schlechten Geruches Unzuträglichkeiten in der Handhabung verursachen würde.

Namentlich aus letzterem Grunde neigen neuerdings manche Abwasseringenieure dazu, auf Sandfänge ganz zu verzichten und das mineralische Material mit in den Klärschlamm aufzunehmen. Dies Verfahren kann freilich nur dann zweckmäßig sein, wenn das Abwasser keine zu großen Sandmengen führt, da sonst Schwierigkeiten bei der Behandlung des Klärschlammes kaum zu vermeiden sind.

Absetzbecken, in denen das Abwasser geklärt und der Klärschlamm abgesondert wird, können in der Regel nicht unmittelbar hinter dem Sandfang anschließen, oft muß vielmehr das Abwasser dem Klärbecken mittels Zulaufrinne zugeführt werden. In dieser darf sich nun kein Schlamm absetzen, der in Fäulnis geraten und stinken würde. Die Zulaufrinne soll demnach gutes Gefälle zu den Klärbecken aufweisen und von Ecken und Kanten, in denen sich die Schmutzstoffe festklemmen könnten, frei sein. Glatte Wandungen und gerundete Sohle sind daher zu empfehlen. Der Querschnitt einer Zulaufrinne, die vom Sandfang zu den Klärbecken führt, soll bedeutend enger gehalten sein als der des Sandfanges, um das Abwasser sofort hinter diesem in so schnelle Bewegung zu bringen, daß ungelöste Stoffe sich vor dem Klärbecken nicht absetzen. Werden statt einem, mehrere Klärbecken angeordnet, so muß die Zulaufrinne, die das Abwasser auf die einzelnen Becken verteilt, falls diese gleichzeitig betrieben werden, oder sie bei umschichtigem Betriebe nacheinander mit Abwasser speist, mit geeigneten Verteilungs- bzw. Absperrvorrichtungen versehen sein. Das Absetzbecken selbst, der Hauptteil der Anlage, muß richtige Ausmaße aufweisen und zweckentsprechend geformt sein, um die Geschwindigkeit des Abwasserstromes so weit herabzusetzen, daß die Ausscheidung möglichst aller absetzbaren Schwebestoffe tatsächlich erreicht wird. Die hierzu erforderliche „Aufenthaltszeit" des Abwassers, d. i. die Durchflußzeit durch

das Becken darf aber nicht zu lange ausgedehnt werden. Becken
für zu lange Aufenthaltszeiten würden nämlich nicht nur zu
groß und demnach zu kostspielig werden, sondern das Abwasser
könnte auch bei zu langem Aufenthalt in Fäulnis geraten,
was möglichst vermieden werden muß. Die Bemessung der
Aufenthaltszeit hängt von der Beschaffenheit des Abwassers,
namentlich von der Menge und Art der Schwebestoffe ab.
Manche Abwässer setzen in kürzerer, andere in längerer Zeit
den Großteil ihrer Schwebestoffe zu Boden. Die einfachsten
Absetzbecken sind von längsgestrecktem rechteckigem Grundriß und flach im Verhältnis zur Breite und Länge. Man pflegt
der Beckensohle eine gewisse Neigung zur Einlaufseite
zu geben, um den Schlamm nach dieser Seite hin rutschen
und sich sammeln zu lassen, die Ablaufseite aber möglichst
von Schlammansammlungen frei zu halten. So wird verhindert, daß aus irgendeinem Grunde aufgewirbelter Schlamm
mit der geklärten Flüssigleit zum Ablauf gelangt. Man kann
schließlich an der Einlaufseite des Klärbeckens eine Vertiefung,
einen „Schlammsumpf“ ausheben, aus dem der Schlamm
bequem herausgebracht, z. B. herausgepumpt werden kann.
Zum Zusammenschieben des Schlammes unter Wasser sind
mitunter verschiedene mechanische Hilfsnittel wie Kratzer,
Ketten u. dgl. im Gebrauch.[1]).

Um das Abwasser beim Eintritt aus der Zulaufrinne in
die Klärbecken sofort gleichmäßig über den ganzen Querschnitt zu verteilen, also zur Vermeidung sog. „toter Ecken“,
bringt man geeignete Vorrichtungen, z. B. Holzrinnen, die
am Einlauf über dem Wasserspiegel quer zur Längsrichtung
des Beckens befestigt sind, Verteilungsstäbe u. dgl. an. Um
Schwimmstoffe, die sich an der Oberfläche sammeln, vor dem
Auslauf zurückzuhalten, verwendet man „Tauchbretter“,
die über den ganzen Querschnitt des Beckens etwa zwei Hand-
breit tief in das Abwasser gesenkt sind. Sie sollen zum mindesten an der Ablaufseite angebracht sein, zweckmäßig werden
aber auch welche in der Mitte des Beckens sowie näher dem
Einlauf vorgesehen, um die Schwimmstoffe desto sicherer
zurückzuhalten und etwa zu Boden fallende Teile der Schwimm-

---

[1]) Vgl. auch S. 86 u. Abb. 43 („Neustädter Becken“).

schicht schon in der Nähe des Einlaufes mit der übrigen
Schlammasse zu vereinigen. Ähnlich wie am Einlauf ver-
meidet man auch am Auslauf des Beckens tote Ecken durch
geeignete Vorrichtungen, die das geklärte Abwasser der ganzen
Breite des Beckens nach abnehmen. Am einfachsten geschieht
dies mittels einer „Überfallschwelle", die hinter dem letzten
Tauchbrett mit gegen dieses tiefer gestellten Oberkante angeordnet wird, so daß das Abwasser, das unter dem Tauchbrett
durchfloß, über die Oberkante der Schwelle in die Abflußrinne fällt. Diese führt, falls keine Nachbehandlung des
geklärten Abwassers stattfindet, zum Vorfluter. Sie soll aus-
reichendes Gefälle aufweisen, um das geklärte Abwasser flott
abzuführen und Anfaulung zu vermeiden, was namentlich
dann wichtig ist, wenn die Kläranlage vom Vorfluter weit
entfernt ist. Das Abwasser soll in der Kläranlage nur so lange
zurückgehalten werden, als es zum Zwecke der Abscheidung
des Schlammes unbedingt notwendig ist. Darüber hinaus soll
aber jeder Stillstand oder träge Bewegung des Abwassers vermieden werden. Je schneller es den verdünnenden Vorfluter
erreicht, desto besser für das Abwasser und für den Vorfluter.

Nicht immer sind die Geländeverhältnisse zwischen Siel-
austritt und Vorfluter so beschaffen, daß für die Kläranlage
und für die Abführung des geklärten Abwassers in den Vorfluter das erforderliche Gefälle vorhanden ist, d. h. daß der
Abwasserspiegel am Sielende genügend hoch liegt über dem
Wasserspiegel des Vorfluters. Wo es an Gefälle mangelt,
muß das Abwasser auf die erforderliche Höhe mittels Pumpen gehoben werden (s. S. 43). Diese können je nach den
Geländeverhältnissen vor oder nach der Kläranlage angeordnet sein. Im ersteren Falle heben sie das ungereinigte
Abwasser, müssen daher gegen Verstopfung durch Sperrstoffe,
grobe Abfälle usw. geschützt sein, weshalb man vor der Saug-
öffnung Rechen anzuordnen pflegt. Oft schaltet man überdies
vor den Abwasserpumpen Sandfänge ein, um zu vermeiden,
daß die scharfen mineralischen Stoffe die Metallteile der Pumpen schädigen. Hinter der Kläranlage, manchmal dicht vor
dem Vorfluter angeordnete Pumpen, bedürfen meist keiner
Sicherung gegen Verstopfung usw., da sie geklärtes Abwasser heben.

Abb. 26 zeigt schematisch eine Absetzanlage, bestehend aus Flachbecken mit vorgeschaltetem Sandfang, Abwasserpumpen und Schlammentleerung aus dem Pumpsumpf des Absetzbeckens.

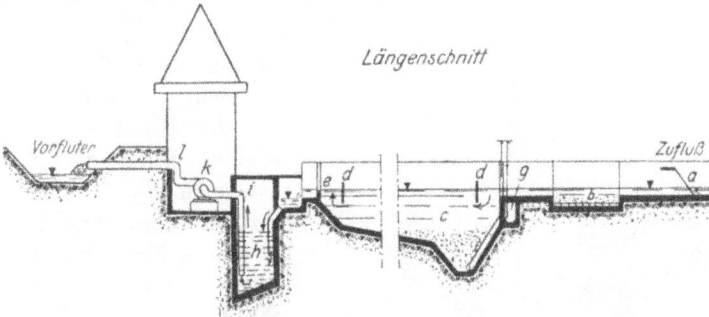

Längenschnitt

Vorfluter   *Zufluß*

a = Rechen, b = Sandfang, c = Absetzbecken, d = Tauchbrett, e = Überfallschwelle, f = Schlammablaßrohr, g = Schlammrinne, h = Sammelbrunnen. i = Saugrohr, k = Pumpe, l = Druckrohr.

Abb. 26. Absetzanlage mit Abwasserpumpwerk.

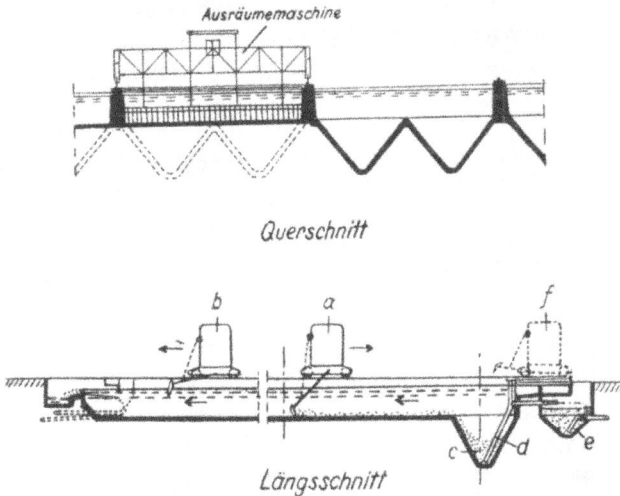

Ausräumemaschine

Querschnitt

Längsschnitt

a = Maschine beim Schlammschieben, b = Maschine beim Schieben der Schwimmschicht, c = Schlammsumpf, d = Schlammrohr, e = Schlammsammelraum, f = Maschine beim Verfahren auf das benachbarte Becken.

Abb. 27. Leipziger Becken mit Schlamm- und Schwimmschichtausräumer nach M i e d e r.

Für Klärbecken von rechteckigem Grundriß hat Mieder eine von Becken zu Becken verfahrbare Ausräumemaschine für den Klärschlamm und die Schwimmschicht konstruiert, bestehend im wesentlichen aus einem Wagen, der mit einem beweglichen Schaber ausgerüstet ist. Bei der einen Fahrtrichtung wird der Schieber an der Sohle des Beckens geführt und räumt den Schlamm nach dem an der Zulaufseite des Beckens angeordneten Schlammsumpf zusammen. Bei der Rückfahrt wird dann der Schaber an die Oberfläche des Wassers gebracht und schiebt die Schwimmschicht einem Trog an der Ablaufseite des Beckens zu (Abb. 27).

Statt Becken von rechteckigem Grundriß kann man auch solche von kreisförmiger Grundfläche, „Rundbecken“, benutzen. Hierbei führt man das Abwasser zweckmäßig der Mitte des Beckens zu, was je nach den Gefällverhältnissen entweder mittels eines über

Grundriß

Schnitt A-B

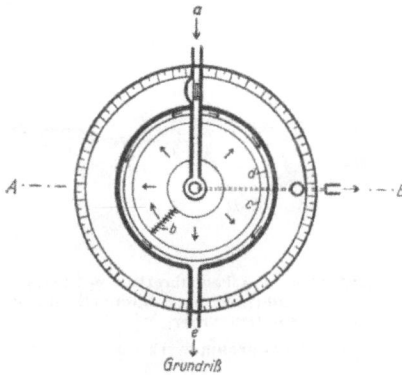

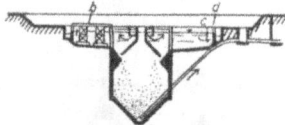

a = Zulauf zur Mitte, b = im Sinne des Uhrzeigers rundfahrender Schlammkratzer, c = Tauchring, d = Überfallring, e = Ablauf.

Abb. 28. Rundes Absetzbecken mit Zulaufgerinne (Rohr) über dem Becken.

das Becken gelegten Gerinnes (Abb. 28) oder mittels eines Dückers (Abb. 29) stattfinden kann. Das Abwasser strebt von der Mitte des Rundbeckens strahlenförmig nach dem Kreisumfang und fällt nach Durchgang unter einer ringförmigen Tauchwand über die ebenso ringförmige Schwelle in die Abflußrinne. Der zu Boden fallende Schlamm wird von der, meist nach dem Kreisumfang zu ansteigenden Sohle, mittels rundlaufender Schaber nach der vertieften Beckenmitte gekehrt und von hier herausgepumpt oder herausgedrückt.

Die Wasserbewegung von einem Mittelpunkt nach dem Kreisumfang zu, läßt sich meist gleichmäßiger gestalten, als in rechteckigen Becken, und ist frei von störenden Wirbeln, die in solchen oft auftreten. Auch pflegt die Schlammaus-

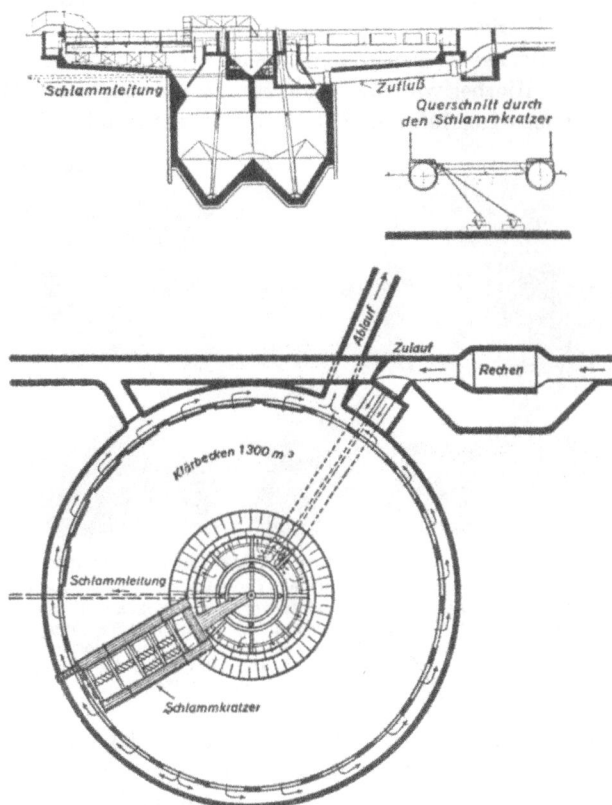

Abb. 29. Rundbecken nach Prüß mit Abwasserzuleitung durch Dücker, Schlammkratzer und Schlammsammelbrunnen.
(Emschergenossenschaft, Kläranlage Essen-Nord.)

räumung unter Wasser mittels der Schaber, deren es verschiedene Bauarten gibt und die verhältnismäßig wenig Kraft beanspruchen, meist befriedigend zu sein, so daß neuerdings diese Bauweise viel Beachtung findet, obschon sie in der Anlage teurer zu sein scheint als Flachbecken alter Art.

Eine besondere Abart von Schabern, die das Ausräumen des Klärschlammes aus Ecken bewirkt, ermöglicht es, Klärbecken von quadratischem Grundriß anzuwenden (Abb. 30), die im übrigen hinsichtlich der Abwasserzuführung und Bewegung sowie der Schlammbeseitigung ähnlich eingerichtet sind und betrieben werden wie Rundbecken.

Statt flacher Becken kann man auch sog. „Klärbrunnen" benutzen. Hierbei wird das Abwasser in der Regel der Mitte des Brunnens zugeführt und füllt von da aus gleichmäßig den

Abb. 30. Dorr-Klärbecken (Kläranlage Pößneck i. Thür.).
Die um die Mittelsäule verschiebbare Brücke trägt Schaber, die auf der Beckensohle die Kreisfläche bestreichen, während der in den Ecken sich absetzende Schlamm mittels eines besonderen Ausräumers nach einer Vertiefung in der Mitte des Beckens gekehrt wird. Antrieb der Brücke mittels eines Wagens, der auf den Schienen rund um das Becken läuft. Die Schwimmstoffe werden mittels eines Abstreifers (wie Bild zeigt) entfernt.

runden Querschnitt aus. Während nun in Klärbecken die ungelösten Stoffe im etwa rechten Winkel zur Fließrichtung des Wassers zu Boden fallen, ist in Klärbrunnen die Bewegungsrichtung der Sinkstoffe der des Abwassers entweder gleichgerichtet oder entgegengesetzt. Das Abwasser wird in der Abwärtsbewegung geklärt, wenn es unter einer tiefen ringförmigen Tauchwand zwangsläufig durch muß, und dabei die ungelösten Stoffe auf die Sohle des Brunnens fallen läßt. Beim Aufsteigen des Abwassers an der Außenseite der genannten Tauchwand fallen noch weitere ungelöste Stoffe zu Boden, diesmal also in entgegengesetzter Richtung zur Be-

wegung des Abwassers. Das so geklärte Abwasser wird dann
ähnlich wie bei Rundbecken durch ein ringförmiges Überfallwehr oder andere geeignete Vorrichtungen in eine ebenfalls ringförmige Rinne abgezogen, die an einer Stelle ihres
Umfanges nach dem Abfluß zu durchbrochen ist (Abb. 31).

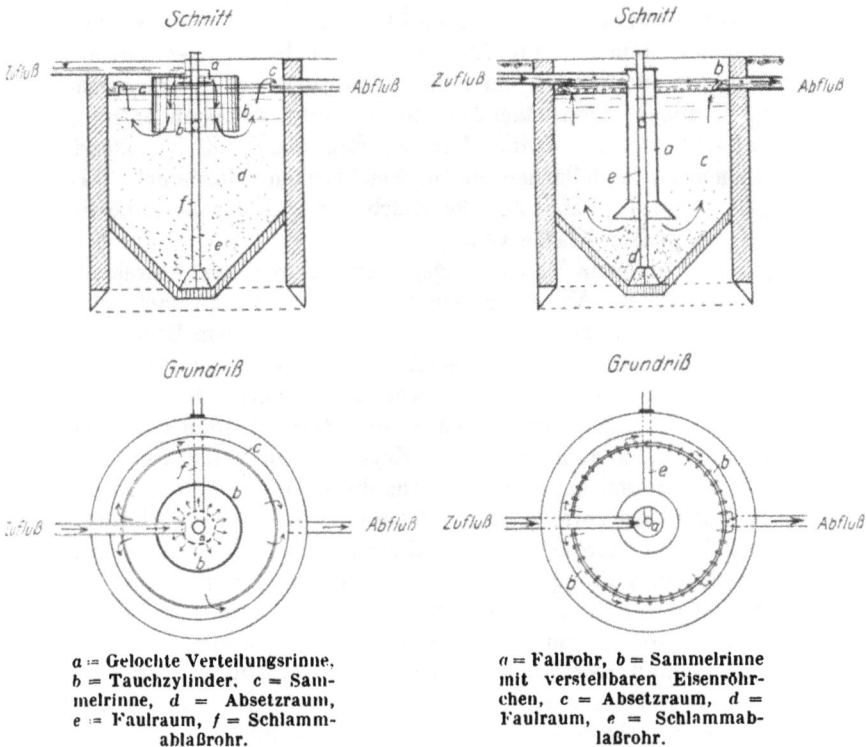

a = Gelochte Verteilungsrinne.
b = Tauchzylinder. c = Sammelrinne, d = Absetzraum,
e = Faulraum, f = Schlammablaßrohr.

a = Fallrohr, b = Sammelrinne
mit verstellbaren Eisenröhr-
chen, c = Absetzraum, d =
Faulraum, e = Schlammab-
laßrohr.

Abb. 31 und 32. Klärbrunnen (Klärung im Fallen und Steigen).

Nach einer anderen Bauweise wird das Abwasser in einem
Rohre tief in den Brunnen eingeführt, so daß es nach Austritt aus der abwärts gerichteten Rohröffnung nach oben zum
Ablauf aufsteigt. Die Fallrichtung der ungelösten Stoffe ist
dann gleich von Anfang an entgegengesetzt der Bewegungsrichtung des sich im Steigen klärenden Abwassers (Abb. 32).
Welche von beiden Klärungsarten ausgiebiger ist, d. i. in

einer gegebenen Zeit mehr ungelöste Stoffe zum Absetzen bringt, ist noch nicht einwandfrei ermittelt. Die Unterschiede scheinen jedenfalls nicht erheblich zu sein.

Ähnlich wie Rundbecken gestatten auch Klärbrunnen eine gute und gleichmäßige Ausnutzung des Raumes durch Wegfall aller „toten Ecken". Indem die Sohle des Brunnens als umgekehrter Kegel ausgebildet wird, ergibt sich ein zweckmäßiger Sammelraum für den Klärschlamm, der mittels Pumpen oder mittels eines die Seitenwandung des Brunnens nach außen durchsetzenden Rohres unter Wasserüberdruck entfernt werden kann. Für Klärbrunnen sind bedeutend kleinere Geländeflächen als für Flachbecken erforderlich. Dagegen sind die Baukosten der Klärbrunnen in der Regel höher als die flacher Klärbecken.

An anderen Vorrichtungen zum Klären des Abwassers durch einfache Absetzwirkung sind noch „Klärtürme" oder „Klärkessel" zu erwähnen. Es sind dies über dem Boden frei stehende, zumeist aus Eisenblech ausgeführte geschlossene Behälter, die vom Abwasser von unten nach oben zufolge Heberwirkung durchflossen werden. Der Schlamm setzt sich im unteren zum umgekehrten Kegel ausgebildeten Teile des Kessels ab und kann von hier aus durch Öffnung eines Schiebers abgelassen werden. Zur Heberwirkung ist es erforderlich, daß das Ablaufrohr an einem tieferen Punkte ausmündet, als die Eintrittsöffnung des Abwassers in den Kessel angeordnet ist. Bei der Inbetriebsetzung muß der Kessel luftleer gepumpt werden, damit das Abwasser eingesaugt wird. Die zum Teil recht verwickelten Einrichtungen derartiger Klärtürme und -kessel können hier nicht näher beschrieben werden, das Grundsätzliche ist aus der Abb. 33 ersichtlich. Für städtisches Abwasser kommen Klärtürme aus verschiedenen Gründen, namentlich wegen zu geringem Fassungsraum, weniger in Betracht, sie können jedoch für gewisse gewerbliche Abwasserarten vorteilhaft verwendet werden.

Im übrigen können auch Klärbecken und -brunnen, wenn die Geländeverhältnisse es erfordern bzw. das verfügbare Gefälle es ermöglicht, teilweise oder ganz über dem Boden freistehend angeordnet werden. Ein gewisser Nachteil derartiger Bauweisen ist darin zu erblicken, daß das Abwasser über dem

Boden mehr dem Einfluß der Temperatur ausgesetzt ist als
in Behältern, die im Boden ausgeschachtet sind, wodurch im
Sommer die Fäulnis des Abwassers begünstigt, im Winter
Strömungsbildung und damit Beeinträchtigung des Absetzvorganges, u. U. auch Vereisung herbeigeführt werden kann.
Andererseits kann das Bauen über Flur wesentlich billiger
sein als das Absenken der Klärbehälter in den Boden, namentlich, wenn es mit kostspieligen Erdbewegungen, Wasserhal-
tung und Schwierigkeiten in der Unterbringung der ausgehobenen Bodenmassen verbunden ist.

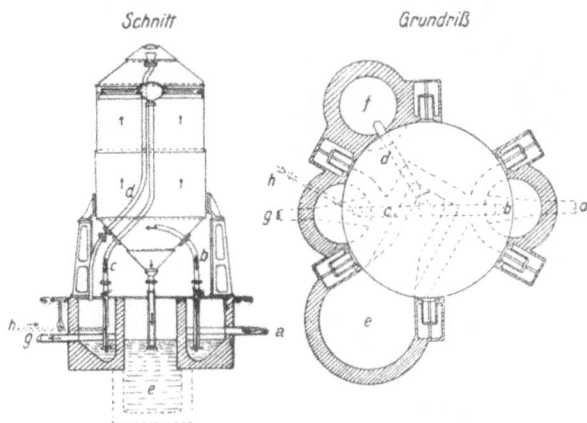

a = Zufluß durch *b*, *g* = Abfluß durch *c*, *d* = Gas- und Fettableitung,
e = Schlammraum, *f* = Fettsammelschacht, *h* = Wasserleitung.

Abb. 33. Klärkessel (System Mertens).

Absetzanlagen besonderer Art bilden die sog. „Sicker-
becken" (Abb. 34). Es sind dies flache, etwa 30—40 cm
tiefe Becken, deren Sohle mit verschließbaren Sickerleitungen
(Drainrohren) versehen ist. Auf die Sohle der Sickerbecken
wird Sand, Asche od. dgl. gestreut, und das Abwasser in die
Becken, deren stets mehrere, mindestens aber zwei vorhanden
sein müssen, ohne Vorschaltung eines Sandfanges eingeleitet.
Während des Betriebes sind die Sickerleitungen geschlossen.
Hat sich in dem betriebenen Becken eine ausreichende Menge
Schlamm abgesetzt, so wird der Abwasserstrom nach einem
anderen Becken umgeschaltet, und in dem ausgeschalteten

Becken die Sickerleitung geöffnet (wie beim Imhoff-
schen Sandfang, vgl. S. 69 u. Abb. 35). Das Wasser sickert
dann teils ab, teils verdunstet es auf der breiten Fläche des
im Becken verbliebenen Schlammes. Der Schlamm wird
schließlich ausgeräumt, und nach neuerlicher Bestreuung der
Sohle mit Sand usw. ist das Becken zur abermaligen Beschickung mit Abwasser vorbereitet.

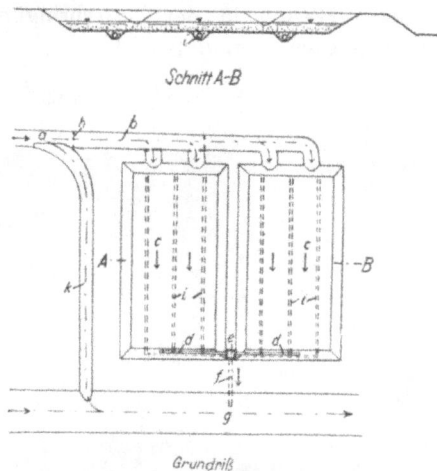

Schnitt A-B

Grundriß

a = Zulauf, b = Verteilungsgraben, c = Sickerbecken, d = Überfallrinne,
e = Schieberschacht, f = Ablauf, g = Vorfluter.
Wird der Zulauf zu einem der beiden Sickerbecken abgesperrt, so sickert das
verbliebene Wasser nach Öffnung des zugehörigen Schiebers in die mit Kessel-
schlacke umpackte Sickerleitung i und gelangt schließlich nach f.
k = Umlaufgraben.
**Abb. 34. Sickerbecken nach Imhoff (Emschergenossenschaft,
Kläranlage Suderwich).**

Sickerbecken erscheinen namentlich dann geeignet,
wenn das Abwasser viel mineralische Stoffe mit sich führt,
so daß der abgesetzte Schlamm nicht oder nur wenig fäulnisfähig ist und das Wasser leicht an die Sickerleitungen abgibt.
Auch bildet billiges Gelände und die Möglichkeit zur einwand-
freien Unterbringung der ausgeräumten Schlammassen sowie
zur billigen Beschaffung des Streumaterials (Sand, Asche,
Schlacke, Koksgrus) die Voraussetzung für Anlage von Sickerbecken, die, soweit es sich um städtisches Abwasser handelt,

meist nur als Übergangszustand anzusehen sein werden, gegebenenfalls nach Ausbau einer vollwertigen Kläranlage, zur Schlammentwässerung (s. S. 91) benutzt werden können.

XII. Behandlung der Klärrückstände.

Ist der Vorgang der mechanischen Klärung des Abwassers und der Weiterleitung der geklärten Flüssigkeit recht einfach, so stellen sich Schwierigkeiten ein, sobald man sich mit den Rückständen der Klärung und ihrer Unterbringung zu befassen hat. Als Klärrückstände kommen in Absetzanlagen in Betracht:

1. Rückstände von Rechen und Sieben;
2. Bodensatz aus Sandfängen;
3. Schwimmschichten;
4. „Klärschlamm" aus Klärbecken.

Rückstände von Rechen, die nur die Aufgabe haben, Sperrstoffe zurückzuhalten (Grobrechen), bieten hinsichtlich ihrer Unterbringung in der Regel keine Schwierigkeiten. Zunächst ist das Material der Menge nach meist geringfügig, so daß auch in großen Kläranlagen etwa ein- bis zweimalige Reinigung des Grobrechens am Tage genügt. Angeschwemmte Holzstücke (Bruch von Holzgegenständen) können zu Haufen geschichtet und nach Austrocknen als Heizmaterial verwendet werden. Unbrauchbare Blechwaren werden besonders geschichtet und gelegentlich abgestoßen (z. B. an die Müllabfuhr oder an Altblechsammler abgegeben). Korke — soweit sie nicht durch den Rechen durchgegangen sind — (sie sammeln sich dann zumeist in der Schwimmschicht) empfiehlt es sich zu sammeln, mit reinem Wasser gut durchzuspülen, besser noch mit heißem Wasser auszukochen; sie können dann als wertvolles Material an Linoleumfabriken verkauft werden. Alles andere wird am besten vergraben oder verbrannt, vor allem etwa angeschwemmte Tierleichen. Es empfiehlt sich, eine dünne Kalklösung (Kalkmilch) bereitzuhalten, mit der man die Abfälle sofort nach Abnahme vom Rechen begießt, um sie hinsichtlich des ihnen anhaftenden Geruches und etwaiger Krankheitskeime unschädlich zu machen sowie Fliegen fernzuhalten.

In mechanischen Feinsiebanlagen (Abfischanlagen), in denen große Mengen fäulnisfähiger Siebrückstände anfallen, kommt die Abgabe an die Landwirtschaft für Düngezwecke, falls sie den „Siebschlamm" abzunehmen bereit ist, oder Vergrabung an geeigneter Stelle (Beerdigung) in Betracht. Um die Siebrückstände hinsichtlich der Verwendung für Düngezwecke in der Beschaffenheit zu verbessern, kann man sie der „Kompostierung" unterwerfen (vgl. weiter unten). Neuerdings sind in Amerika auch Versuche gemacht worden, um Siebrückstände ähnlich wie Klärschlamm aus Absetzbecken

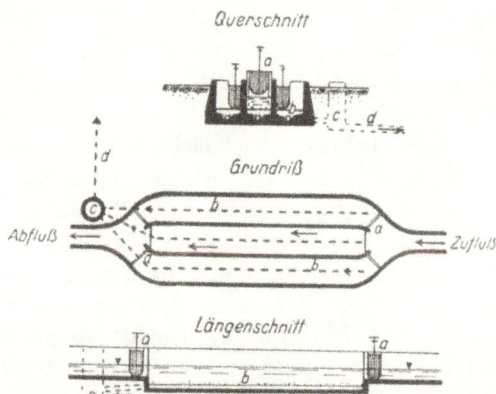

a = Schieber, b = Drainrohrleitung, c = Sammelschacht.
d = Drainagewasser-Abfluß.
Abb. 35. Sandfang nach Imhoff (Emschergenossenschaft).

(vgl. S. 79ff.) auszufaulen. Dies erscheint jedoch nur dann möglich, wenn die Siebrückstände erheblich mit Wasser verdünnt werden (also z. B. bei Anwendung von Spülsieben), da sie in dem abgefischten Zustande für den Ausfaulvorgang zu wenig Wasser zu enthalten pflegen.

Der Bodensatz aus Sandfängen pflegt der Menge nach bedeutend reichhaltiger zu sein als Rechenrückstände, bietet jedoch in der Regel ebensowenig besondere Unterbringungsschwierigkeiten. Im zweckmäßig gebauten Sandfang werden überwiegend mineralische Stoffe zu Boden fallen, die nicht fäulnisfähig sind und daher geruchlich nicht belästigen. Zudem gibt dieses Material leicht Wasser ab, d. h. es trocknet

leicht aus und kann dann unter Umständen auf der Kläranlage z. B. als Deckschicht auf den später zu beschreiben-
den Schlammentwässerungsbeeten verwendet werden. Es bietet
auch keine Schwierigkeiten, den Sand mit Wasser zu waschen.
Die Handhabung des Sandfangmaterials wird in neuzeitigen
Konstruktionen, wie die bei-
den folgenden, wesentlich erleichtert.

Abb. 35 zeigt einen von
Imhoff gebauten dreitei-
ligen, mit Sickerleitung versehenen Sandfang aus Kläranlagen der Emschergenos-
senschaft.

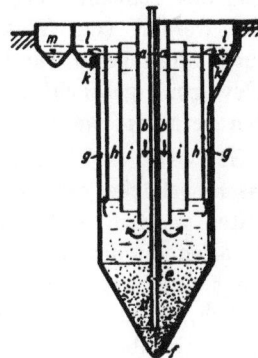

Das Abwasser tritt bei *a* in den Sandfang, fließt durch den Zylinder *b* abwärts und dann wieder durch die Zylinder *i*, *h*. *g*, deren Oberkanten ver-
stellbar sind, aufwärts. Der Sand lagert
sich in *d* ab. *e* ist die Mammutpumpe
zum Herausschaffen des Sandes. zur
Auflockerung desselben an der Trich-
terspitze dient die Druckluftleitung *f*.
k ist die Überfallschwelle, *l* die Abflußrinne. Bei dreifachem Trocken-
wetterzufluß tritt die Umlaufrinne *m*
in Tätigkeit.

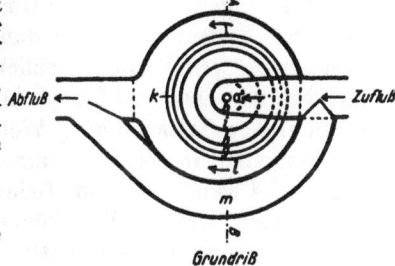

Abb. 36. Sandfang nach Blunk.

(Emschergenossenschaft. Kläranlage
Bochum.)

In einem solchen wird der Bodensatz nach Ausschaltung
des gefüllten Teilbeckens, und Öffnung der während des Durch-
flusses abgesperrten Sickerleitung, im Becken selbst entwässert
und sodann von Hand oder mittels mechanischer Vorrichtung,
wie Bagger u. dgl., ausgeräumt.

Eine neuere Sandfangkonstruktion von Blunk besteht
aus einem mehrere Meter tiefen, in eine trichterförmige Sohle
auslaufenden Schacht, dessen Querschnitt durch mehrere
Zylinder mit verschieden hohen Überläufen in nacheinander ein- und ausschaltbare, ringförmige Durchflußräume
untergeteilt ist. (Abb. 36.) Das Wasser fließt zuerst abwärts

und dann senkrecht nach oben, wobei bei zunehmender Wassermenge sich ein Durchflußraum nach dem anderen selbsttätig
einschaltet, bei fallender Wassermenge aber ausschaltet. Hierdurch können nur diejenigen Stoffe (Sand), deren Fallgeschwin-
digkeit größer ist als die entgegengesetzte Wasserbewegung, den
Boden des Schachtes erreichen. Die leichteren (organischen)
Stoffe werden vom Wasser fortgetragen. Der im Sohlen-
trichter abgelagerte Sand kann mittels eines Wasserstrahles
in Bewegung gebracht und durch eine Mammutpumpe nach
außen befördert werden.

Schwimmschichten, die sich in Klärbecken auf der
Wasseroberfläche sammeln und durch Tauchbretter zurückgehalten werden, sind, von Ausnahmen, die durch besondere
Beschaffenheit des Abwassers, insbesondere hohen Fettgehalt
bedingt sind, abgesehen, in der Regel der Menge nach nicht
erheblich, zumal ein Teil der schwimmenden Stoffe nach
einiger Zeit abzusinken pflegt. Was dauernd auf der Oberfläche verbleibt, sind zumeist fettige Stoffe und Abfälle von
geringem Eigengewicht. Schwimmschichten weisen oft schau-
mige Beschaffenheit auf, so daß sie, von der Oberfläche des
Wassers entfernt, bald erheblich zusammenfallen. Kommen
mit dem Abwasser viel fettige Abfälle an, z. B. bei angeschlossenen großen Schlachthöfen, Wollwäschereien usw., dann kann
der Fettgehalt in den Schwimmschichten so hoch werden, daß
sich die Gewinnung und Reinigung des Fettes lohnt. In
diesen besonderen Fällen können Vorrichtungen zum sorgfältigen Ausscheiden des Fettes vorgesehen werden. Für ge-
wöhnlich ist dies jedoch nicht erforderlich, zumal es viel wirt-
schaftlicher ist, das Fett in Schlachthöfen oder sonstigen
Anfallstellen in geeigneten Fettfängern zurückzuhalten[1]), als
es mit dem Kanalwasser laufen zu lassen, um es erst in der
Kläranlage in verschmutztem Zustande und in verringerter
Menge zu gewinnen.

Schwimmschichten, die in der Regel viel weniger bzw.
schwerer fäulnisfähige Stoffe enthalten als Klärschlamm,
werden mit geeigneten einfachen Geräten von der Oberfläche
des Abwassers im Klärbecken abgestreift oder abgeschöpft

---

[1]) Vgl. S. 191.

und am besten, ähnlich wie Rechenrückstände, vergraben.
Während Rechen täglich gereinigt werden sollten, können
Schwimmschichten längere Zeit auf der Oberfläche des Abwassers verbleiben, bis sie sich soweit vermehrt haben, daß
ihre Entfernung angezeigt erscheint. Ist bei hohem Fett-
gehalte weitere Verarbeitung erwünscht, so sammelt man sie
in Kesseln und scheidet vor der Abfuhr zur Fettgewinnungs-
stelle nach Möglichkeit einen Teil des Wassergehaltes ab. Die
Gewinnung und Reinigung des Fettes findet sodann in besonderen Anlagen statt. Sie lohnt sich nur bei sehr reichlichem
Fettgehalt des Abwassers, so z. B. in Abwässern von Wollwäschereien (vgl. oben).

Klärbrunnen (Türme, Klärkessel) weisen infolge ihrer
kleineren Wasseroberfläche reichlichere Schwimmschichten auf
als Flachbecken und werden daher mitunter mit besonderen
Vorrichtungen versehen, die die Entfernung der Schwimmschichten oder ihre Sammlung zum Zwecke der Fettgewinnung
bezwecken. Zum Klären fetthaltigen Abwassers unter Gewinnung der fetten Schwimmschicht dient z. B. der Kremer-
sche Fettfangklärbrunnen (Abb. 37).

Die Hauptschwierigkeiten verursacht die Behandlung des
in den Klärbecken sich absetzenden „Klärschlammes" und
zwar sowohl wegen der großen Mengen, die in Betracht kommen,
wie auch wegen der unangenehmen Eigenschaft des Materials,
schon in kurzer Zeit unter Entwicklung belästigenden Geruches in Fäulnis zu geraten. Die Behandlung des Schlammes
beschäftigt daher seit vielen Jahren die Abwasserfachleute.
Zahlreich sind die Verfahren, die vorgeschlagen, versucht und
wieder verworfen wurden, große Kosten sind aufgewendet
worden, um diese schwierige Aufgabe zu lösen. Heute sind
zwar die Schwierigkeiten der Schlammbehandlung in weitem
Maße behoben oder doch gemildert, und es gibt recht zuverlässige Verfahren, die es gestatten, den Klärschlamm aus
städtischen Abwässern in erträglicher Weise zu beseitigen.
Endgültig erledigt ist gleichwohl die „Schlammfrage" auch
heute noch nicht, und es bleibt noch manches zu tun übrig,
um sie einer in jeder Hinsicht gedeihlichen Lösung zuzuführen.
Ein ganz einheitliches, in jedem Falle anwendbares Verfahren
wird auch kaum jemals eingeführt werden können, schon aus

dem Grunde nicht, weil die Behandlung des Schlammes sehr von der Bauart, von den besonderen Einrichtungen der Klär- anlagen und den örtlichen Verhältnissen abhängt, und die ein-

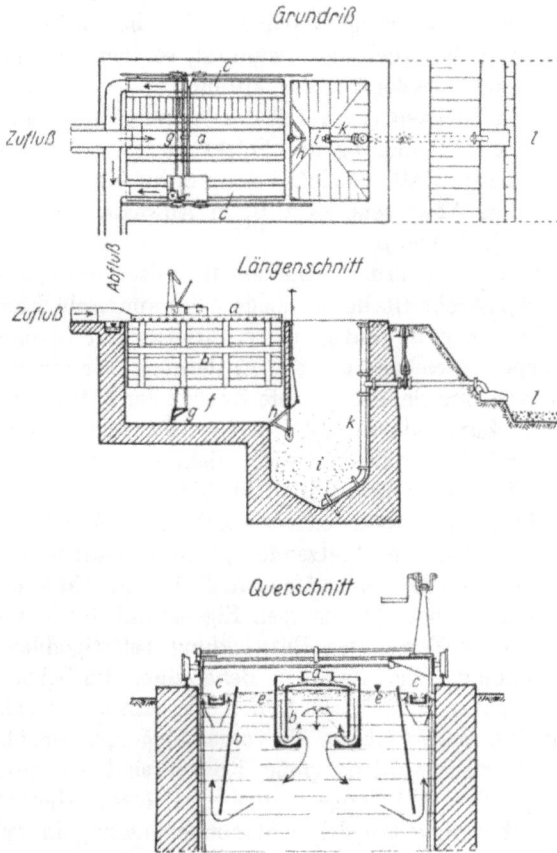

a = Verteilungsdach, b = Leitwand, c = Abflußrinne, e = Schwimmschicht, f = Klärraum, g = Schlammräumer, h = Drehschieber, i = Schlammraum, k = Schlammleitung, l = Schlammplatz.

Abb. 37. Kremerscher Klärbrunnen mit Fettfang.

mal gewählte und erbaute Kläranlage nicht von heute auf mor- gen abgeändert werden kann, vielmehr auf lange Jahre hinaus gleichmäßig ihren Zweck erfüllen soll.

Da die Schwierigkeiten der Schlammbehandlung durch die Menge und die Fäulnisfähigkeit des Schlammes bedingt sind, so hat sich die Schlammaufbereitung zu erstrecken auf:

1. Einschränkung der Menge,
2. Beseitigung der Fäulnis und damit des üblen Geruches.

Die Einschränkung der Menge kann angestrebt werden durch Verringerung des Wassergehaltes und durch Verringerung der Trockenmasse des Schlammes. Wir betrachten zunächst die erste Möglichkeit und werden später sehen, wie diese mit der Verringerung der Trockenmasse vereinigt werden kann.

Frisch abgesetzter Klärschlamm aus städtischen Abwässern bildet einen dünnen, außerordentlich wasserreichen und schleimigen Brei. Trocknet man eine gewogene Menge desselben z. B. in einer Schale auf siedendem Wasserbade, dann bleibt nach dem Ausdörren nur sehr wenig Trockenmasse zurück, zumeist nur wenige Hundertteile des eingewogenen Breies. Es ist daher klar, daß, falls es gelingt, einen Teil des Schlammwassergehaltes zu entfernen, die Menge des Schlammes sich entsprechend verringern und die weitere Handhabung der Masse vereinfachen muß.

Frisch anfallender Klärschlamm gibt nun aber schwer Wasser ab, was in der besonderen Beschaffenheit der organischen Schmutzstoffe seinen Grund hat. Ein Teil dieser Stoffe, der pflanzlichen Ursprunges ist, hält das Wasser in zahlreichen Hohlräumen, sog. Zellen, gefangen, ähnlich z. B. den wasserreichen Früchten, aus denen der Saft ohne Zerstörung der Zellen nicht entweichen kann. Daneben ist aber Klärschlamm reich an „Kolloiden", d. i. Stoffen, die die Eigenschaft besitzen, mit Wasser zu quellen und Schleime zu bilden, deren Masse dann zum weitaus größten Teil aus Wasser besteht.[1] Während z. B. Sandfangrückstände meist in einfacher Weise mittels Sickerrohren entwässert werden können, gibt frischer Klärschlamm an solche nur wenig Wasser ab und verstopft die Sickerschichten alsbald mit schleimigen wasserundurchlässigen Stoffen. Da man nun große Schlammengen

---

[1] Vgl. S 12.

nicht mittels künstlicher Hitze trocknen kann — ein solches Verfahren wäre viel zu kostspielig —, so bleibt für frisch ausgeräumten Schlamm als erstes Auskunftsmittel nichts anderes übrig als abzuwarten, bis der dünne Brei unter dem Einfluß von Sonne und Luft austrocknet. In den Anfängen der Abwasserreinigungstechnik hat man sich denn auch vielfach in dieser einfachen Weise beholfen. Es wurden „Schlammteiche", auch „Schlammlagunen" genannt, ausgehoben bzw. eingedämmt, in denen der Brei jahrelang, nicht selten die Umgebung mit Gestank verpestend, lagerte, bis der Inhalt der Teiche nach und nach teils austrocknete, teils verfaulte und schließlich „stichfest" wurde. Anderswo hat man es vorgezogen, statt Schlammteiche anzulegen, Furchen in den Boden zu ziehen und den Schlamm in diesen unterzubringen. Das Verfahren hat zwar gegenüber den Schlammteichen den Vorteil, daß der Schlamm in dünnen Lagen in den Erdfurchen schneller austrocknet als in Teichen, die Kosten sind aber viel höher als bei einfacher Eindeichung. Man hat ferner versucht, den Schlamm in dazu zugerichteten Gräben unterzubringen, nach einiger Zeit mit dem ausgehobenen Erdreich zuzuschütten und auf diese Weise zu „beerdigen". Diese und ähnliche Aushilfen der Schlammunterbringung haben das Gemeinsame, daß hierzu große Geländeflächen erforderlich sind, die brachgelegt werden müssen und mitunter arge Geruchsbelästigungen in der Umgebung verursacht werden, die als schwerer Mißstand empfunden werden müssen. Die naheliegende, und wo immer möglich anzustrebende Verwendung des Klärschlammes zum Düngen landwirtschaftlicher Flächen, scheitert meist daran, daß in der Nähe von Kläranlagen großer Städte selten genügend landwirtschaftliche Ländereien vorhanden sind, um die anfallenden großen Klärschlammengen unterzubringen, zumal das Aufbringen von Dung auf Land nur zu bestimmten Zeiten im Jahre stattfinden kann. Außerdem eignet sich nichtausgefaulter („unverrotteter") Schlamm viel weniger zum Düngen als ausgefaulter, weil jener Stoffe enthält, die den Boden verschlicken, in der Regel auch Unkrautsamen.

Ein mitunter empfehlenswertes Schlammunterbringungsverfahren ist die Mischung mit trockenen, zerkleinerten oder staubigen Massen, die, da selbst wasserarm, das Schlammwasser aufsaugen und ein stichfestes Material ergeben, in dem die weitere Zersetzung der Schlammstoffe ohne erhebliche Geruchsbelästigung vor sich geht. Besonders geeignet zum Mischen mit Klärschlamm ist städtischer, aschehaltiger Müll, der recht viel Wasser aufzunehmen vermag. Die Vermischung des Schlammes mit Müll oder anderen geeigneten Massen nennt man „kompostieren". Der „Kompost" kann oft nach einiger Lagerung, während der eine günstige Veränderung der organischen Stoffe unter dem Einfluß der eindringenden Luft sowie durch biologische Vorgänge stattfindet, als Dünger nützlich verwendet werden. Die zur Kompostierung des Schlammes erforderlichen örtlichen Bedingungen finden sich indes nur recht selten vor, die Kompostierungsarbeit selbst ist mitunter schwierig und teuer, so daß das Verfahren nur wenig Verbreitung gefunden und zumeist wieder aufgegeben werden mußte. Neuerdings sind indes Bestrebungen zu verzeichnen, das Mischen des Klärschlammes namentlich mit gesiebtem städtischen Müll unter Verwendung verbesserter mechanischer Einrichtungen wieder einzuführen.

Unzufrieden mit den vorgenannten Auskunftsmitteln hat man später versucht, einen Teil des Wassergehaltes durch Kraftanwendung aus dem Schlamm auszutreiben. Die hierzu verwendeten Maschinen sind entweder sog. Filterpressen, in denen der Schlamm zwischen auf eiserne Rahmen gespannten Tüchern unter starkem Druck zusammengepreßt wird, wobei das trübe Schlammwasser durch die Tücher läuft und in die Zulaufrinne zur Kläranlage zurückgeleitet wird, während die gepreßten Schlammkuchen aus der Filterpresse entfernt werden, oder aber Schleudertrommeln (Zentrifugen), d. i. schnell auf einer senkrechten Achse kreisende eiserne Trommeln, in denen die festen Bestandteile durch Fliehkraft nach den Wandungen der Trommel geschleudert werden, während das Schlammwasser aus der Mitte der Trommel abfließt und in die Zulaufrinne zur Kläranlage zurückgeleitet wird.

Die Klärschlammentwässerung mittels Filterpressen oder Schleudertrommeln scheint indes nicht nur wegen der kostspieligen Maschinenanlagen sondern auch wegen der recht hohen Betriebskosten unwirtschaftlich zu sein. Hinzu kommt noch, daß der Schlamm für die Behandlung in Filterpressen in der Regel mit gewissen Zuschlägen, z. B. Kalk, versetzt werden muß, um die Preßarbeit erst möglich zu machen. Immerhin bedeutet aber die mechanische Entwässerung des Schlammes gegenüber der mit langer Wartezeit, Geländeverbrauch und Geruchsbelästigung verbundenen Freiluftlagerung einen wesentlichen Fortschritt. In verschiedenen Großstädten sind, bzw. waren Schlammpressen und Schleudertrommeln jahrelang im Betriebe, und es scheint, daß man mit diesen Verfahren schlecht und recht auskam, namentlich dort, wo die

Abb. 38. Oliver-Schlammfilter (Dorr-Oliver G. m. b. H., Berlin).

Der Schlamm läuft dem Filtertrog (hinter der Trommel) zu und wird durch die sich (nach dem Beschauer zu) drehende Trommel, die mit Filtertuch bespannt ist, mitgenommen. Innerhalb der Zellen der sich drehenden Trommel wird Unterdruck erzeugt, so daß Flüssigkeit aus dem Schlamm abgesaugt wird Der sich hierbei auf dem Filtertuch bildende dünne Schlammkuchen wird beim Weiterdrehen der Trommel von dem im Vordergrunde sichtbaren Schaber abgenommen.

Schlammkuchen zwecks Gewinnung von Fett noch weiter verarbeitet werden und schließlich einen gewissen Gewinn abwerfen, der wenigstens einen Teil der Betriebskosten hereinbringt.

Einen bedeutenden Fortschritt in der mechanischen Entwässerung des Klärschlammes erzielten die Amerikaner durch Anwendung sog. Oliver-Filter (Abb. 38 u. 39). Es sind das meist mit Bronzegewebe überspannte auf horizontaler Achse rotierende Trommeln, die den Schlamm von außen aufnehmen und das Wasser durch Saugwirkung (Vakuum) beseitigen, während der — teilweise — entwässerte Schlamm in Gestalt dünner Kuchen vom Filtergewebe abfällt. Eine zu demselben

Zweck gleicherweise geeignete treffliche deutsche Konstruktion
ist das Wolffsche „Zellenfilter" (Abb. 40). Für die Anwendung dieser Verfahren muß der Schlamm ähnlich wie es bei
Filterpressen der Fall ist meist in geeigneter Weise vorbereitet
werden (Zusätze von Chemikalien, Erwärmung u. a. m.), so
daß in Verbindung mit den Anlagekosten die Entwässerung
städtischen Klärschlammes auf diesem Wege zu teuer werden

Abb. 39. Inneres des Oliver-Schlammfilterhauses in der städtischen
Kläranlage in Milwaukee (U.S.A.).

kann. Für die Entwässerung gewisser aus gewerblichen
Abwässern anfallenden Schlammarten erscheinen hingegen
Filtermaschinen wie das Wolffsche Zellenfilter vielfach be-
sonders gut geeignet.

Ich übergehe verschiedene andere Verfahren der Schlammaufbereitung, die teils zu sehr an örtliche Verhältnisse gebunden sind, um für die allgemeine Verbreitung in Frage zu kommen, teils noch zu wenig erprobt sind, um hier besprochen zu
werden. Nach dem heutigen Stande unserer Kenntnisse
stehen vielmehr diejenigen Verfahren im Vordergrunde, die
neben der Entwässerung auch die Verringerung der

Trockenmasse des Schlammes durch Zersetzung zu erreichen suchen und dabei gleichzeitig die zweite Forderung,

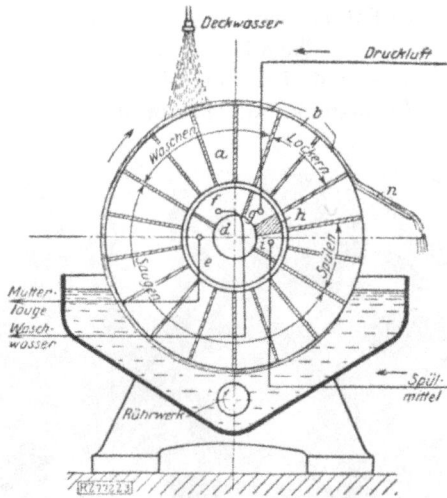

Abb. 40. Wolffsches Zellenfilter. Querschnitt und Ansicht.
(Maschinenfabrik Buckau A. G. Magdeburg.)

der Beseitigung der Fäulnis des Schlammes und der
hierdurch entstehenden Geruchsbelästigungen, nach Möglichkeit erfüllen.

XIII. Absetzverfahren mit Schlammfaulung.

S. 7 wurde erläutert, daß ein Stück Fleisch oder sonst eine organische Masse, unter Wasser gebracht, bei gewöhnlicher Temperatur nach einiger Zeit schließlich ausfault, so daß nur ein Bruchteil der ursprünglichen Stoffmenge als Bodensatz verbleibt, während der Rest teils vergast, teils verflüssigt wird.

Durchaus ähnlich verhalten sich die fäulnisfähigen, gärungsfähigen, im allgemeinen gesagt, zersetzungsfähigen Stoffe des Schlammes aus städtischen Abwässern.

Nicht alle im Klärschlamm vorkommenden organischen Stoffe sind zersetzungsfähig. Im allgemeinen sind leicht zersetzungsfähig alle diejenigen pflanzlichen und tierischen Stoffe und ihre Umwandlungsprodukte, die für die menschliche Ernährung in Betracht kommen. Sie gehen zum größten Teil schnell in stinkende Fäulnis oder in Gärung über. Unter den zu tierischer Ernährung geeigneten Stoffen ist zu unterscheiden zwischen denen, die den Fleischfressern (Hund, Katze usw.), und denen, die den Pflanzenfressern (Rind, Pferd usw.) als Futter dienen. Erstere sind zumeist fäulnis-, letztere zumeist gärungsfähig, wie z. B. zuckerhaltige Pflanzen und Säfte. Eine scharfe Trennung ist nicht angängig, da verschiedene Stoffe, wie z. B. Mehl, Milch, Zucker, sowohl von Fleisch- wie von Pflanzenfressern gern genommen werden. Die Abgänge (Kot und Harn) der Menschen und der Tiere verfallen sehr rasch in Fäulnis, wobei jedoch übelriechende Gase viel stärker aus den Abgängen der Fleischfresser, als denen der Pflanzenfresser entwickelt werden, weil jene mit ihrer eiweißreicheren Nahrung viel mehr Schwefel aufnehmen und in den Abgängen zum Teil ausscheiden als diese. Nicht oder schwer zersetzungsfähig sind eiweißarme und zuckerarme Pflanzenteile, die zugleich wenig Wasser enthalten, z. B. Hartholz, Kork, Blattrippen, Nußschalen, Obstkerne usw., von tierischen Stoffen die Hartteile, Knochen, Zähne, Klauen, Horn usw. Im Klärschlamm sind nun sowohl fäulnis- und gärungsfähige als auch schwer zersetzliche Stoffe neben unzersetzlichen mineralischen enthalten. Unterzieht man daher eine Probe Klärschlamm dem Ausfaulversuch, so verschwinden nach und nach diejenigen Bestandteile des Schlammes, die zersetzungsfähig sind, unter Hinterlassung eines nicht mehr zersetzungsfähigen, also auch nicht mehr faulenden und übelriechenden Rückstandes.

Man muß sich beim Ausfaulen von Klärschlamm zwei nebeneinander verlaufende Vorgänge denken. Einerseits werden die pflanzlichen und tierischen Zellen, Bläschen, Fasern usw. von der Fäulnis ergriffen und zerstört, so daß das eingeschlossene Wasser frei wird, andererseits geraten die kolloiden, leimartigen, aufgequollenen und die in ihrem inneren Aufbau Wasser enthaltenden Stoffe in Fäulnis bzw. die gärungsfähigen (auch Papier) in Gärung. Hierbei werden die zersetzlichen Stoffe teils verflüssigt, teils vergast. Die Zersetzung schreitet so lange fort, bis schließlich alles zersetzliche Material zerstört ist oder ein Zustand erreicht wird, bei dem z. B. durch Abschwächen oder Absterben der in Frage kommenden Kleinlebewesen die Zersetzung zum Stillstand gelangt. Zuerst werden von der Zersetzung diejenigen organischen Stoffe ergriffen, die zufolge ihres inneren Aufbaues am leichtesten zerfallen, und das sind die schwefelhaltigen Eiweißstoffe.

Praktisch verläuft die Fäulnis des Schlammes so, daß nach Freiwerden eines Teiles des Wassers und nach Verfaulen der leichter zersetzlichen Stoffe, noch ein Rest wasser- und eiweißarmer oder eiweißfreier wasserunlöslicher organischer, neben den mineralischen Stoffen übrigbleibt. Diese Schlammreste unterliegen nur noch schwer der Zersetzung. Wenn man nun die ausgefaulten Reste aus dem Wasser herausholt, so ist die Menge der Masse, mit dem frisch angefallenen Schlamm verglichen, bedeutend zusammengeschrumpft, da ja ein großer Teil der Schlammasse durch Zerfall, in Verbindung mit Verflüssigung sowie Vergasung der Fäulnisprodukte, im Wasser aufgelöst wurde oder in die Luft entwichen ist. Der immerhin noch wasserreiche ausgefaulte Schlamm gibt nun aber mit Leichtigkeit noch weitere Wassermengen ab, sobald man den Brei auf Sickerflächen ausbreitet. Da nämlich die Hindernisse für die Loslösung des Wassers beseitigt sind, so kann dieses, nunmehr der Schwerkraft folgend, in die Sickerschicht eindringen. Nach beendigter „Dränung", d. i. wenn kein Wasser mehr absickert, verbleibt aus dem ursprünglich im Klärbecken abgesetzten, wasserreichen und alsbald in stinkende Fäulnis übergehenden Schlamm, ein im Verhältnis nur geringer Rückstand, der nach Entwässerung „stichfest" geworden ist, d. h. sich wie Erdreich mit Spaten und Schaufel handhaben läßt. In so aufbereitetem Schlammrest sind zwar noch organische Stoffe enthalten, jedoch nur solche, die schwer bzw. langsam der Zersetzung unterliegen, da ja die leichter zersetzlichen unter Wasser ausgefault sind. Das Material wird demnach weder an freier Luft weiterfaulen, noch nennenswert riechen, es nähert sich mehr oder weniger der Beschaffenheit der Ackerkrume, ist, wie man auch zu sagen pflegt, „vererdet". Man kann daher ausgefaulten Schlamm vorteilhaft zur Aufbesserung von Böden verwenden. Er eignet sich hierzu besser als im frischen unausgefaulten Zustande, in welchem noch unzersetzte Bestandteile, insbesondere Papier, Faserstoffe, Fett usw. enthalten sind, die den Boden verschmieren und verschlicken, so daß der Luftsauerstoff keinen Zutritt hat. Frischer Schlamm beherbergt außerdem in der Regel Unkrautsamen. Alle derartigen unerwünschten Bestandteile werden im Zuge des Ausfaulvorganges größtenteils zerstört. Über die dungwertigen Bestandteile des Klärschlammes wird noch später zu sprechen sein.

Wird der Klärschlamm zum Düngen der Felder, Gemüsegärten usw. verwendet, so kehren die Schlammstoffe nach Wanderung durch menschliche und tierische Körper zum Erdboden zurück, aus dessen Früchten sie meist stammen.

Für den Betrieb der Kläranlagen, wobei die Schlammassen bewegt werden müssen, ist es auch wichtig, daß durch die Ausfaulung der Schlamm an Fließbarkeit gewinnt. Frischer Schlamm ist trotz hohen Wassergehaltes gleichwohl wegen seiner schleimigen, qualligen Beschaffenheit verhältnismäßig schwierig in Fluß zu bringen, er läßt sich oft nicht gleichmäßig gießen und pumpen. Das Wasser ist, wie schon erwähnt, im Frischschlamm gewissermaßen festgehalten, man könnte sagen angeleimt. Ausgefaulter Schlamm ist dagegen trotz niedrigeren Wassergehaltes meist leichtflüssig, weil das Wasser nicht mehr mit den Stoffteilchen verquollen ist, sondern diese in mehr krümeliger Form im Wasser schweben. Ähnlich kann man bekanntlich Sand, der mit verhältnismäßig wenig Wasser angerührt ist, ins Schwimmen bringen, während mit der vielfachen Menge Wasser angerührtes Mehl einen festen, formbaren Brei bildet. Die Leichtflüssigkeit ausgefaulten Schlammes, in Verbindung mit der Abwesenheit belästigenden Geruches, macht sich bei der Beförderung von den Ausfaulräumen nach den weiteren Behandlungsstellen, gegenüber frischem, zähflüssigem und stinkendem Schlamm vorteilhaft geltend.

Es wird später gezeigt werden, wie die Eigenschaften ausgefaulten Schlammes über das eben Gesagte hinaus noch weiter verbessert werden können.

Durch absichtliches Zersetzenlassen (Ausfaulen) kann man demnach die Schlammenge erheblich vermindern, von üblem Geruch befreien und die Beschaffenheit soweit ändern, daß die weitere Behandlung und schließliche Unterbringung wesentlich erleichtert wird. Wichtig ist es nun, die Zersetzung des Schlammes so zu handhaben, daß die Klärung des Abwassers hierbei nicht benachteiligt wird und daß während der Zersetzungsvorgänge keine Mißstände auftreten. Der Schlamm soll ausfaulen, ohne daß das Abwasser faulige Beschaffenheit annimmt und ohne daß auf der Kläranlage belästigende Gerüche auftreten.

Das einfachste und nächstliegendste „Schlammfaulverfahren" besteht nun darin, daß man den Absetzbecken eine größere Aufnahmefähigkeit für die zur Ausfaulung aufzuspeichernden Schlammassen verleiht, die Becken demnach tiefer macht, als es zur Ausräumung des Schlammes in kurzen Zeitabständen erforderlich wäre. Aus derartigen „Faulbecken" soll der Schlamm nicht im Maße, wie er anfällt, entfernt werden, sondern monate-, ja jahrelang in den Becken verbleiben, solange dies infolge der stetigen Verringerung der Schlammenge, der „Schlammzehrung", möglich ist.

Beim Betriebe gewöhnlicher Absetzbecken wird es zwecks Ausräumung des anfallenden Klärschlammes meist nötig, das zu entschlammende Becken in kurzen regelmäßigen Zeitabständen auszuschalten, um nach Entfernung des darüber stehenden Trübwassers den Schlamm, sei es durch bloße Handarbeit, sei es unter Zuhilfenahme mechanischer Vorrichtungen, herauszuschaffen.

Wegen dieser meist mühseligen und ekelerregenden Arbeit, die den Arbeitern auch gesundheitlich nachteilig sein kann, sowie wegen der großen Mengen des so zu entfernenden Schlammes, der, wie oben dargelegt, trotz seines Wasserreichtums zähflüssig sein kann, wird die regelmäßige Räumung der Absetzbecken von frisch abgesetztem Schlamm lästig und umständlich. Insbesondere müssen hierbei mehr Becken vorhanden sein, als die Klärung des Abwassers für sich allein erfordern würde, um während der Reinigung der ausgeschalteten Becken die entsprechende Abwassermenge in andere Räume aufzunehmen.

Beim Faulbeckenbetrieb ist man nun der Sorge um die regelmäßige Schlammentfernung auf lange Zeit hinaus enthoben. Es ist aber kaum zu verhindern, daß das zu klärende Abwasser beim Durchfließen der Faulbecken ebenfalls in Fäulnis gerät. Zunächst entwickeln sich aus dem faulenden Schlamm Gase, die nach oben steigen, wobei sie sich teils im Wasser lösen, teils in die Luft entweichen. Mit den aufbulbenden Gasen werden aber auch Schlammfladen zur Wasseroberfläche heraufgehoben. Von diesen bleiben Teile auf der Oberfläche des Wassers liegen, verfilzen sich da mit allerlei Schwimmstoffen und führen zur Bildung von Schwimmschichten, die nach längerer Zeit schließlich zu festen Decken von beträchtlicher Dicke anwachsen und die ganze Oberfläche der Faulbecken überziehen können. Von der unteren Seite derartiger Schwimmdecken lösen sich jedoch vielfach Fetzen ab, die auf den Boden zurückfallen, so daß in einem schon längere Zeit betriebenen Faulbecken oft lebhafte Schlammwanderung zwischen Schwimmschicht und Bodenschlamm wahrzunehmen ist. Weil nun so das durchfließende Abwasser in innige Berührung mit faulendem Schlamm kommt, nimmt es die Fäulnisstoffe auf und schleppt faulende Schlammteilchen dem Ablauf zu, was man nur unvollkommen durch Tauchbretter oder ähnliche vor dem Abfluß angeordnete Vorrichtungen verhindern kann.

Der Ablauf von Faulbecken sieht daher in der Regel stark trübe und dunkel verfärbt aus und riecht faulig, im Gegensatz zu Abläufen von Klärbecken mit laufender Schlammbeseitigung, die bei geordnetem Betriebe nur noch wenig getrübt sind und durch Geruch nicht zu belästigen pflegen.

6*

Geruchsbelästigungen auf der Kläranlage lassen sich wohl durch gewisse Maßnahmen einschränken. Man kann z. B. die Becken überwölben, was indes, abgesehen von den Kosten, eine Reihe von Schwierigkeiten im Betriebe mit sich bringt. Feste, zusammenhängende Schwimmdecken, wie sie sich von selbst mit der Zeit bilden, sind jedenfalls besser. Sie verhindern bis zu einem gewissen Grade die Geruchsbelästigung durch Aufsaugen und Festhalten der aufsteigenden Gase. Oft siedeln sich auf alten Schwimmdecken Pflanzen an und tragen durch die Verwurzelung zur Festigkeit und Dichte bei. Man kann ferner durch Umpflanzung der Faulbeckenanlagen mit Buschwerk u. dgl. die Verbreitung übler Gerüche mäßigen. Ihre gänzliche oder auch nur weitgehende Beseitigung ist aber kaum zu erreichen, namentlich an heißen und schwülen Tagen, an denen Gase kräftig aus den Faulbecken entweichen.

Abb. 41 zeigt schematisch ein Faulbecken (dessen Abläufe in Füllkörpern nachgereinigt werden sollen) mit angedeuteter Schwimmdecke und Schlammbewegung.

Die genannten beiden Übelstände, das Anfaulen des Abwassers und die, zumindest zeitweilige, Geruchsbelästigung auf der Kläranlage, muß man mit in Kauf nehmen, will man das hinsichtlich der Schlammbehandlung sehr bequeme und billige Verfahren der Faulbecken anwenden. Da man nun aber fauliges Abwasser nicht in den Vorfluter einleiten soll, so müssen Abläufe von Faulbecken zwecks Entfaulung noch weiter behandelt werden. Durch diese Notwendigkeit wird das Faulverfahren zu einem unselbständigen Verfahren, es ist nur in Verbindung mit Nachreinigung der Faulbeckenabläufe anwendbar. Sind nun die Vorflutverhältnisse so beschaffen, daß mit bloßer Entschlammung nicht auszukommen ist und weitere Reinigung des geklärten Abwassers sowieso erforderlich wird, so kann es im allgemeinen gleichgültig sein, ob, abgesehen von der Geruchsbelästigung auf der Kläranlage, das nachzureinigende Abwasser angefault ist oder nicht. Dann kämen also gegebenenfalls Faulbecken in Frage[1]). Brauchte jedoch mit Rücksicht auf leistungsfähige Vorflut das

---

[1]) Wobei jedoch zu beachten ist, daß die Nachreinigung frischen Abwassers in „biologischen" Anlagen sich leichter gestaltet als die des stark fauligen Abwassers.

gut entschlammte Abwasser, sofern es nur frisch ist, nicht weiter gereinigt zu werden, dann müßte erwogen werden, was vorteilhafter sei: sich mit den Schwierigkeiten der Ausräumung

Längsschnitt

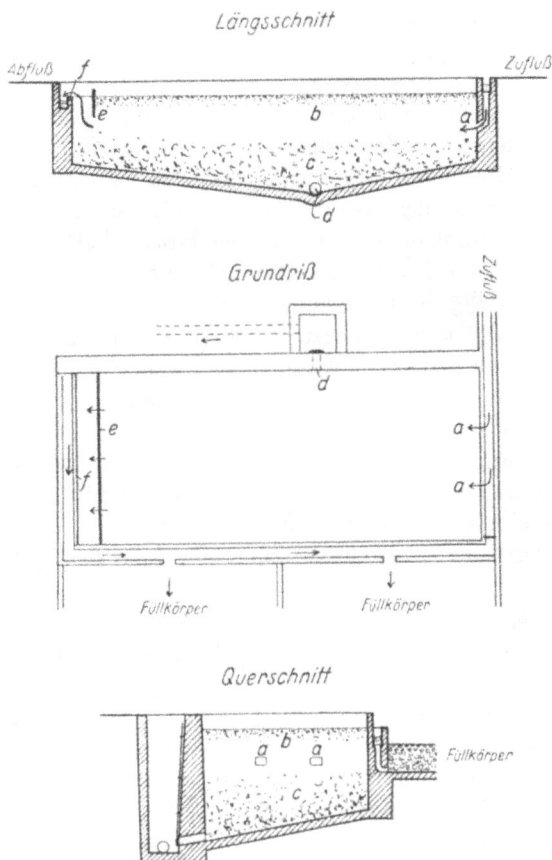

Grundriß

Querschnitt

a = Einlauföffnung, b = Schwimmschicht, c = Faulraum,
d = Schlammablaß, e = Tauchwand, f = Überlaufschwelle.

Abb. 41. Faulbecken (schematisch).

frisch anfallenden Klärschlammes abzufinden und um das geklärte Abwasser nicht weiter kümmern zu brauchen, oder aber die Schlammbehandlung durch den Faulbeckenbetrieb zu vereinfachen, dafür aber das entschlammte Abwasser noch nachreinigen zu müssen.

Ein Ausweg aus diesen schwer zu lösenden Zweifeln ergab sich erst, nachdem Verfahren gefunden wurden, die es gestatten, den Schlamm abgesondert von dem in Klärung begriffenen Abwasser auszufaulen, um gut zersetzten Schlamm zu gewinnen, das Abwasser aber gleichwohl frisch zu erhalten. Zur Ausführung dieses Gedankens ist es erforderlich, die im Absetzbecken zu Boden fallenden Stoffe alsbald in einen besonderen „Faulraum" zu überführen, aus dem sie bzw. ihre Fäulnisprodukte nicht mehr in das nachfließende, in Klärung begriffene Abwasser und in die geklärten Abläufe zurückgelangen, demnach also das vom Schlamm befreite Abwasser nicht nachteilig beeinflussen können.

Man kann nun zunächst neben bzw. außerhalb der Absetzbecken besondere Schlammausfaulbecken anlegen, in die der Schlamm, im Maße, als er sich abscheidet, entweder übergepumpt oder durch unter Wasser angeordnete Leitungen hinübergebracht wird. Dieses Verfahren wird in der Abwasserreinigungstechnik als „getrennte Schlammfaulung" bezeichnet und erfordert die rechtzeitige (2- bis 3mal im Tage) Überführung des in den Absetzbecken anfallenden Schlammes in die Faulbecken.

Kläranlagen mit getrennter Schlammfaulung sind schon früher von deutschen Ingenieurfirmen zweckmäßig durchgebildet worden. In Abb. 42 ist die Anlage von Kremer dargestellt, in der die in einem „Schlammzylinder" verdickten Satzstoffe nach einer zweistufigen Ausfaulanlage übergepumpt werden. Im Klärraum ist ein Fettfang angeordnet.[1] Vielbewährt sind auch die sog. „Neustädter Becken" nach Steuer (Abb. 43). In diesen wird der Klärschlamm nach Absetzen, in einer in der Sohle des Beckens ausgesparten Rinne, die mittels eines Balkens von oben abgesperrt wird, unter Wasserdruck in den gesonderten Faulraum übergeführt. Die Bewegung des Balkens wird mittels Winden betätigt.

In den Nachkriegsjahren hat die Konstruktion der Kläranlagen mit getrennter Schlammfaulung einen erneuten Auf-

---

[1] Vgl. Abb. 37.

schwung genommen. Zu nennen sind hier namentlich Konstruktionen von Dorr und Prüß, die, neben laufender oder
mehrmals täglicher Überführung des Schlammes aus den
Absetzbecken nach den Ausfaulbehältern, besonders die Sicherung einer angemessenen Ausfaultemperatur durch Kälte-

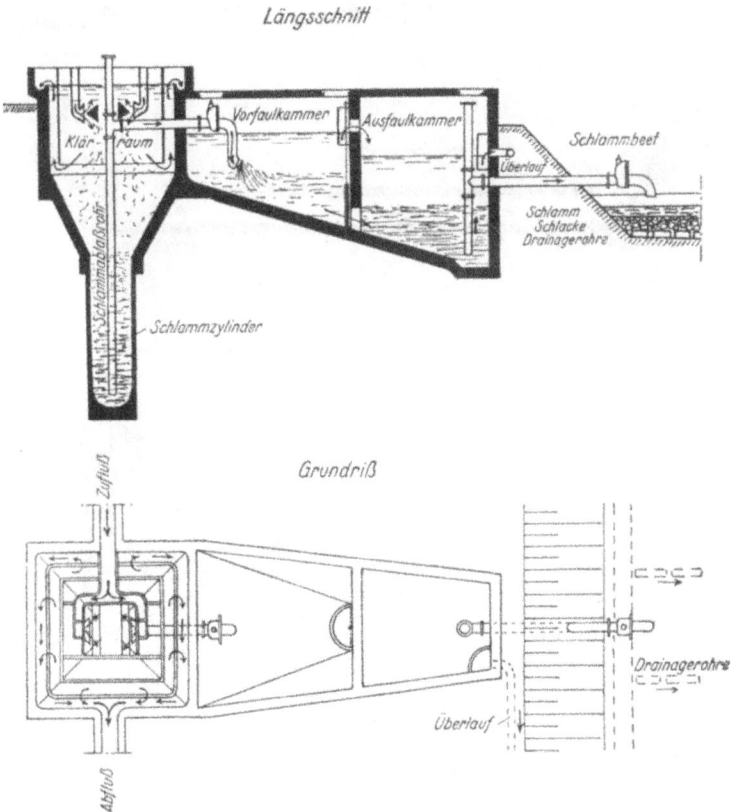

Abb. 42. Kremer-Kläranlage mit getrennter Schlammfaulung.

schutz und Erwärmung des Ausfaulbehälters in den Vorder-
grund stellen. (Vgl. S. 202 und Abb. 29 u. 30 sowie 107 u. 110.)

Über verschiedene Arten der Klärschlammausfaulung
wird im übrigen noch weiter unten im Zusammenhange zu
sprechen sein.

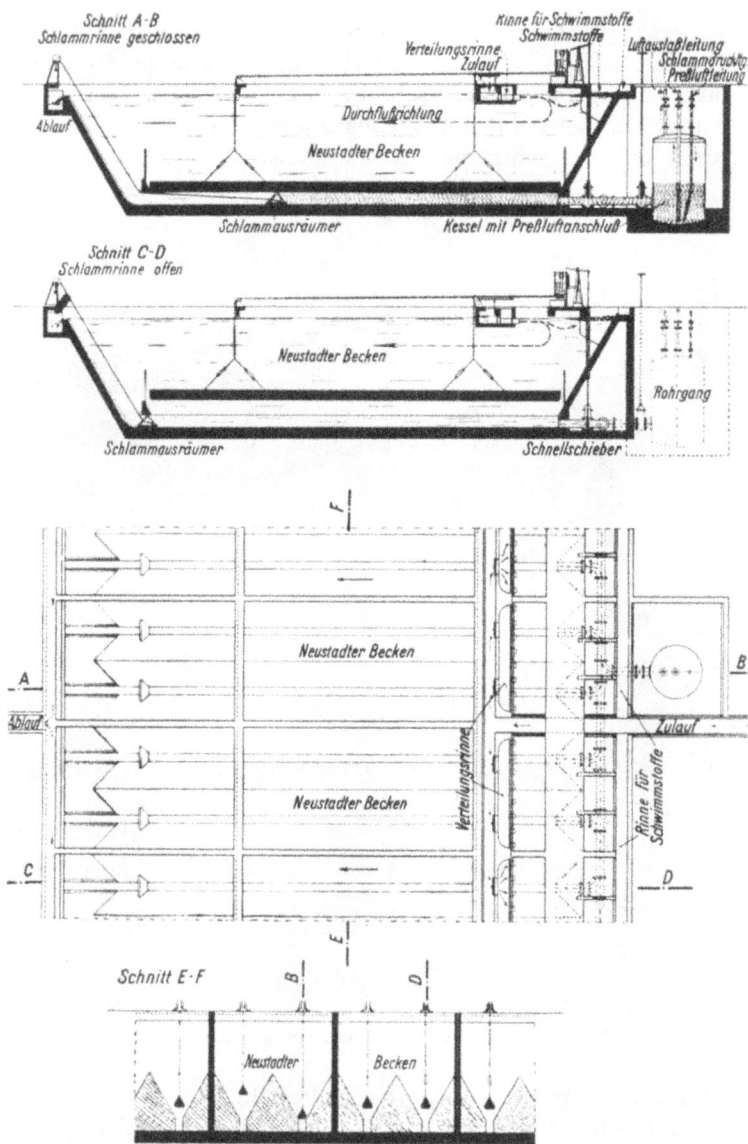

Abb. 43. Neustädter Becken.
(Wasser- und Abwasserreinigung G. m. b. H., Neustadt a. d. Haardt.)

Einfacher bzw. billiger im Betriebe, wenn auch unter Umständen im Bau teurer, sind Verfahren, die den Schlammfaulraum statt neben dem Absetzbecken unter einem Absetzgerinne anordnen. Derartige Anlagen werden auch „zweistöckige" genannt. Die bekannteste und meist verbreitete Konstruktion nach diesem Verfahren, die auch die Aufgabe in einfachster Weise löst, ist der Imhoffsche „Emscherbrunnen", so genannt, weil die Emschergenossenschaft in Essen, der die Reinigung der Abwässer in dem Emschergebiet, dem wichtigsten Teile des rheinisch-westfälischen Industriebezirkes, obliegt, als erste derartige Klärbrunnen in größerer Anzahl erbaute. Die einfachste Form der Emscherbrunnen, die meistens in Eisenbeton ausgeführt werden, ist ein etwa 10—12 m tiefer Klärbrunnen von kreisförmigem Grundriß, dessen Sohle als umgekehrter Kegel gestaltet ist. In dem oberen Teil des Brunnens ist im Anschluß an den Abwasserzulauf ein waagerechter Absetzraum angeordnet. Dieser besteht aus einem Gerinne, dessen Querschnitt im unteren Teile dreieckig ist und an der tiefsten Stelle einen offenen Schlitz aufweist, der der ganzen Länge des Gerinnes nach verläuft und dadurch gebildet wird, daß die schrägen Wände des unteren Teiles des Gerinnes sich überkragen. Setzt sich nun Schlamm auf den schrägen Wänden des Gerinnes ab, so rutscht er alsbald durch den Schlitz in den „Schlammfaulraum". Hier angelangt, können die Schlammstoffe nicht mehr in den Absetzraum zurück, weil die Überkragung der Gerinnewände etwa aufsteigende Schlammfladen und Gase in die seitlichen, vom Absetzgerinne getrennten Räume des Brunnens ableitet. Ähnlich wie in einfachen Faulbecken, wird nämlich der Schlamm auch in Emscherbrunnen während der Zersetzung von den sich bildenden Gasen umgewühlt, so daß Bewegung im Schlammraume stattfindet, und es können dicke Schwimmschichten seitwärts des Absetzgerinnes entstehen. Diese Begleiterscheinungen der Schlammzersetzung berühren jedoch nicht das im Absetzgerinne dem Ablaufe zustrebende Abwasser, das die absetzbaren ungelösten Stoffe an den Schlammfaulraum abgibt, selbst aber geklärt und von der Schlammfäulnis unangegriffen zum Abfluß gelangt. Abb. 44 veranschaulicht im Grundriß und im senkrechten Schnitt die Einrichtung eines „Emscherbrunnens" mit waagerechter Bewegung des zu klärenden Abwassers, Abb. 45 eine Anordnung zur Klärung des Abwassers aus der Mitte nach dem Umfang des Brunnenraumes zu. Die erstere Bauweise eignet sich namentlich für Anlagen mit mehreren Brunnen, wenn das Absetzgerinne

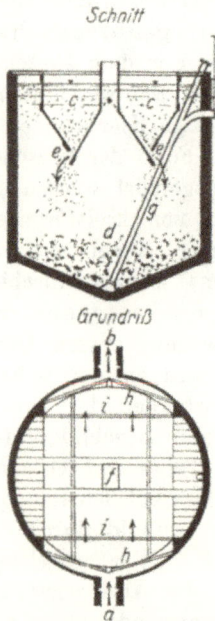

a = Zuflußrinne, b = Abflußrinne, c = Absetzraum, d =
Faulraum, e = offener Schlitz,
f = Entlüftungsschacht, g =
Schlammablaßrohr, h = Überfallschwelle, i = Tauchbrett,
k = Handzugschieber.

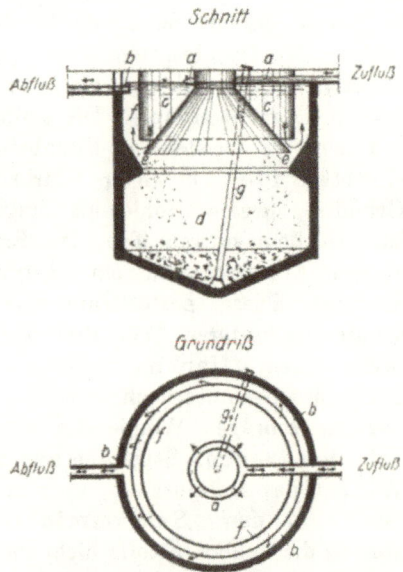

a = Verteilungsrinne, b = Sammelrinne, c =
Absetzraum, d = Faulraum, e = offener
Schlitz, f = Tauchzylinder, g = Schlamm-
ablaßrohr.

Abb. 44 und 45. Emscherbrunnen mit waagerechter und senkrechter Wasserbewegung.

zwei oder drei Brunnen gemeinschaftlich verbindet, wodurch an Baukosten gespart und der Betrieb vereinfacht werden kann. Die Abwasserbeschickung von der Mitte aus eignet sich da-gegen besser für einzelne Emscherbrunnen, da der Klärraum besser ausgenutzt wird als beim waagerechten Absetzgerinne.

Wie aus den Zeichnungen ersichtlich, beansprucht das Verfahren einen tiefen Raum zur Speicherung der Schlamm-

massen, daher „Brunnen", was beim einfachen Absetzverfahren Becken war. Tiefe Räume sind jedoch für die Behandlung des Schlammes aus folgendem Grunde besonders vorteilhaft. Infolge Druckes der hohen Wassersäule wird ein Teil der
bei der Zersetzung sich bildenden Gase gewaltsam in den
Schlamm gepreßt. Wird nun der gasreiche Schlamm aus dem
Faulraum ins Freie gelassen, also vom darüberstehenden
Wasserdruck befreit, so können sich die im Schlamm zusammengepreßt gewesenen Gase nunmehr ausdehnen, die Schlammasse
wird räumiger und infolgedessen leichter. Wenn man daher so
beschaffenen, zersetzten, gasreichen Schlamm, auf eine Sicker-
fläche aufbringt, so hebt sich der leicht gewordene Schlamm
im Schlammwasser, das nun desto schneller in die Sickerschicht eindringt. Die Entwässerung erfolgt daher wesentlich schneller als bei gasarmem Schlamm. Die vom Druck
befreiten Gase entweichen sodann aus dem Schlamm in die
Luft, während letztere in die verbliebenen Hohlräume eindringt. Das beschleunigt zunächst noch weiter den Austrock-
nungsvorgang und begünstigt in weiterer Folge die „Verwitte-
rung", die „Vererdung" der Schlammasse. Die schließlich ver-
bleibende stichfeste, aber verhältnismäßig lockere, schwammige
Masse, eignet sich in Anbetracht ihres hohen Gehaltes an
humusartigen Stoffen zur Aufbesserung schwerer, lehmiger,
der Auflockerung und Luftzufuhr bedürftiger, sowie andererseits zur Anreicherung sandiger Böden mit Humussubstanz.

Bei Anlage der zur Schlammbehandlung in der beschriebenen Weise erforderlichen Schlammentwässerungsbeete
werden Tonrohre, die an ihren Stoßrändern das Sickerwasser
aufnehmen, mit leichtem Gefälle nach dem Ablauf zu verlegt
und in Schlacken, Kies oder ähnliches Material eingebettet.
Auf das so hergerichtete Sickergestränge streut man eine
Schicht Sand, Asche oder anderes feinkörniges Material. Oft
kann der mineralische Bodensatz aus Sandfängen der Kläranlagen hiezu verwendet werden. Der ausgefaulte Schlamm
wird nun etwa 30 cm hoch aufgebracht und der Ruhe überlassen. Je nach den Witterungsverhältnissen ist die Masse
in wenigen Tagen bis einigen Wochen stichfest geworden,
kann auf Karren verladen und abgefahren werden. Die Entwässerung verläuft ohne Entwicklung belästigender Gerüche,

und die Handhabung des stichfesten Schlammes unterscheidet sich nicht wesentlich von jeder anderen Erdbewegung.

Näheres über die Vorgänge bei der Schlammausfaulung und die hiebei entstehenden Gase wird in einem besonderen Kapitel noch auszuführen sein (vgl. S. 212).

Von anderen Konstruktionen „zweistöckiger“ Kläranlagen sind die nach Travis benannten Becken am wichtigsten, die als englische Vorläufer der deutschen Emscherbrunnen anzusehen sind. In Travis-Becken wird ein Bruchteil — etwa $1/5$ — des Abwassers mit dem Schlamm in den Faulraum geleitet und fließt sodann naturgemäß aus diesem in den Ablauf des geklärten Abwassers. Das Klärprodukt ist demnach stets mit einem entsprechenden Bruchteil des Wassers aus dem Schlammraum vermengt, was von nachteiligem Einfluß auf die Beschaffenheit des Ablaufes, insbesondere was die Geruchsfrage anbelangt, sein kann. Die Führung eines Teiles des frischen Abwassers durch den Faulraum, soll die Schlammzersetzung fördern. (Vgl. S. 206.) Um nun das geklärte Abwasser gleichwohl frisch zu erhalten, wird in manchen Anlagen (z. B. der Stadt München) die aus dem Schlammraum austretende Flüssigkeit in besonderen Behältern ausgefault, bevor sie mit dem Hauptablauf vereinigt wird.

Außer Betracht können hier bleiben verschiedene vermeintliche Verbesserungen von Emscherbrunnen oder deren Einrichtungsteilen, die, ohne das Wesen des Verfahrens zu berühren und dessen Wirkung zu erhöhen, mitunter nur eine Verteuerung des Baues und Erschwerung der Betriebsweise verursachen. Die Verbreitung der Emscherbrunnen haben alle anderen „zweistöckigen“ Bauarten auch nicht annähernd erreicht, was jedenfalls für die praktische Überlegenheit des Vorbildes zu sprechen scheint. Im allgemeinen ist bei Beurteilung von Verbesserungsvorschlägen festzuhalten, daß Verminderung der Baukosten nur dann von Wert ist, wenn sie nicht durch Einbuße an Zuverlässigkeit und Einfachheit der Betriebsweise erkauft wird, und daß andererseits gewisse Betriebserleichterungen nur dann Sinn haben, wenn sie nicht mit einem unwirtschaftlichen Anschwellen der Bau- bzw. Einrichtungskosten verbunden sind.

XIV. Fällungsverfahren.

Durch Absetzverfahren mit oder ohne Schlammfaulung kann man, wie bereits erwähnt, die ungelösten Stoffe nicht restlos aus dem Abwasser entfernen, vielmehr nur denjenigen Anteil, der in der vorgesehenen Klärzeit absetzbar ist, d. i. zu Boden fällt, bevor das Abwasser den Ablauf des Absetzbeckens erreicht hat. Die Menge der „absetzbaren Schwebestoffe" beim einfachen Absetzverfahren, hängt von der Klärzeit und der Beschaffenheit des Abwassers ab. Für Abwasser deutscher Städte kommt in der Regel die Beseitigung bis etwa $^2/_3$, selten wesentlich mehr, der Gesamtmenge der Schwebestoffe durch Absetzwirkung in Betracht. Die absetzbaren Schwebestoffe soll jedoch eine gut wirkende Absetzanlage bis auf geringfügige Reste zurückhalten.

Höhere Klärwirkungen als solche durch das einfache Absetzverfahren erreichbar sind, können erzielt werden, wenn dem Abwasser vor Eintritt in die Absetzbecken „fällende" Stoffe zugesetzt werden. Diese besitzen die Eigenschaft, im Wasser Flocken zu bilden, die die ungelösten Stoffe des Abwassers einhüllen und mit sich zu Boden reißen. Hierbei kann aber nur ein kleiner Bruchteil der gelösten organischen Stoffe durch Aufsaugungswirkung der Flocken („Adsorption") erfaßt und in den Schlamm gezogen werden. Derartige Verfahren wurden früher „chemische" Reinigungsverfahren genannt und sollten richtiger „Fällungsverfahren" heißen. Es wurden im Laufe der Jahre die verschiedensten Stoffe geprüft, durch die die genannte fällende Wirkung erreicht werden kann. Von den wichtigsten seien Kalk, schwefelsaure Tonerde, Eisensalze genannt. Die Fällung kann unmittelbar sein, wenn der zugesetzte Stoff im Abwasser ohne weiteres die fällenden Flocken bildet, oder mittelbar, wenn zuerst ein Stoff zugesetzt wird, der sich im Wasser klar löst und erst durch Zusatz eines zweiten Stoffes in Wechselwirkung mit dem ersteren die Flockenbildung („Ausflockung") erfolgt.

Mittels Fällung werden viel klarere Abläufe erzielt als beim einfachen Absetzverfahren. Indes haben sich die Erwartungen, die man anfangs an die Fällungsverfahren knüpfte, daß nämlich außer den ungelösten auch die gelösten, fäulnis-

fähigen Stoffe durch die Zusätze soweit beseitigt werden, daß
die geklärte Flüssigkeit nicht mehr fäulnisfähig sein würde,
nicht erfüllt. Die Erfahrung mit einer ganzen Reihe Fällungsmitteln hat vielmehr gelehrt, daß diese die Fäulnisfähigkeit
städtischen Abwassers nicht beseitigen, daß dort also, wo die
Vorflutverhältnisse die Zuführung eines fäulnisunfähigen Klär-
produktes erfordern, die Abläufe von Fällungsanlagen ebenso
nachbehandelt werden müssen, wie wenn sie aus Absetzanlagen ohne Fällungszusätze stammten. Die auf den ersten
Blick oft bestechende Wirkung der Fällungsmittel ist in der
Regel mit nachteiligen Folgen, insbesondere was die Schlammbeseitigung anbelangt, verbunden. Durch den Zusatz von
Fällungsmitteln entsteht nämlich viel mehr Schlamm als im
einfachen Absetzbetriebe. Die für die Schlammunterbringung
vorzusehenden Räume müssen dementsprechend größer bemessen sein, was schon an und für sich eine Verteuerung des
Bauwerkes mit sich bringt. Fällungsschlamm kann freiluft-
lagernd zu argen Geruchsbelästigungen führen und bereitet,
wenn man das Material ausfaulen lassen will, oft Schwierigkeiten, da die Fällungsmittel für die Schlammbakterien meist
schädlich sind. Auch pflegen die Abläufe der Fällungsbecken,
obschon zunächst von bestechender Klarheit, mitunter zu
nachträglichen Trübungen und Schlammabscheidung in der
Vorflut zu führen. Dies ist namentlich bei Klärung unter
Kalkzusatz der Fall, wenn das geklärte Abwasser, was in
der Regel nicht zu vermeiden ist, überschüssigen gelösten
Kalk enthält. Natürliche Gewässer enthalten nämlich stets
gelösten doppeltkohlensauren Kalk, der, wenn weiterer Kalk
mit dem geklärten Abwasser hinzukommt, in unlöslichen,
einfach-kohlensauren Kalk überführt wird, der als Schlamm
ausfällt. Durch Kalkschlammablagerungen können die bei
der Selbstreinigung des Vorfluters beteiligten Lebewesen und
Pflanzen infolge Trübung des Vorflutwassers in ihrer Tätigkeit
gehemmt werden. Ähnlich verhält es sich bei der Klärung des
Abwassers mit Eisensalzen. Zieht man schließlich die mitunter
recht hohen Kosten der Fällungsmittel sowie der Zusatz- und
Mischeinrichtungen und ihrer sorgfältigen Bedienung in Betracht, so wird es erklärlich, warum man von der Verwendung
der Fällungsmittel im allgemeinen nach und nach abgekommen

ist. Nur vereinzelt, wenn besondere Gründe für Fällungsverfahren sprechen, hat man noch solche beibehalten. Die Verwendung von Fällungsmitteln kommt namentlich dort in Frage, wo man diese Stoffe in Gestalt von Abgängen der Gewerbe billig an Ort und Stelle zur Hand hat, wenn z. B. diese Abgänge im Abwasser der betreffenden Gewerbe schon enthalten sind, und daher durch Vermischen mit dem zu klärenden städtischen Abwasser in einfacher Weise eine höhere Klärwirkung erzielbar ist.

Fällungsmittel sind indes bei der Klärung gewisser gewerblicher Abwässer erforderlich, worüber weiter unten zu sprechen sein wird.

Je nach der Art des Fällungsmittels kommen verschiedene Einrichtungen für den Zusatz desselben und Mischung mit dem Abwasser in Betracht. Unter den zahlreichen Bauarten der Chemikalienzusatzeinrichtungen werden diejenigen bevorzugt, die durch den Abwasserstrom selbst betrieben werden und die Zusätze gemäß der Menge des Abwassers selbsttätig regeln.

Den Fällungsverfahren sind auch die sog. elektrolytischen Verfahren zuzuzählen, bei denen das Fällungsmittel durch Einwirkung des elektrischen Stromes aus den ins Abwasser tauchenden Metallelektroden gebildet wird. Im wesentlichen handelt es sich um Eisenelektroden in Form von Eisenplatten, Eisengittern u. dgl., die ins Abwasser (unmittelbar ins Absetzbecken oder in einem diesem vorgeschalteten Becken) eingetaucht und in den elektrischen Stromkreis gebracht werden. Hierbei wird eine Eisenverbindung (Eisenhydroxydul) von dem eingetauchten Metall in Flockenform abgespalten und wirkt auf die im Abwasser enthaltenen ausfällbaren Stoffe ähnlich, als wenn man dem Abwasser ein Eisensalz, z. B. Eisenchlorid, zugesetzt hätte. Es kommt also praktisch darauf heraus, daß das Fällungsmittel nicht als solches bezogen, in Wasser gelöst und in dieser Form dem Abwasser zugesetzt wird, sondern daß es im Abwasser selbst aus dem eingetauchten Metall erzeugt wird.

Auch dieses Verfahren hat sich bei wiederholter Prüfung, die besonders in Amerika sehr gründlich durchgeführt worden ist, als nicht wirtschaftlich bzw. als nicht der Fällung mit einem fertigen Eisensalz überlegen erwiesen. Gleichwohl ist es in neuerer Zeit abermals aufgegriffen worden, und es mag sein, daß es in gewissen Fällen, besonders wenn billige Eisenelektroden (Alteisen u. dgl.) und billiger Strom örtlich gegeben sind, eine Daseinsberechtigung haben wird. Die Erfahrungen in dieser Hinsicht sind noch nicht abgeschlossen. Auch dieses Verfahren dürfte im allgemeinen mehr für gewerbliche als für städtische Abwässer in Betracht kommen.

Der schon erwähnte Umstand, daß bei Zusatz von Fällungschemikalien, namentlich in Kleinversuchen, rasch klare und blanke Abläufe erzielt werden, verleitet immer wieder zu Versuchen mit „chemischer Klärung" auch für städtische Abwässer. Auch in den letzten Jahren sind besonders im Auslande (Amerika) Versuchsanlagen und solche endgültiger Art erstellt worden, bei denen mit einem Fällungsmittel oder sogar mehreren Chemikalien gearbeitet wird und die sowohl im Aufbau wie im Betriebe recht umständlich sind. Kläranlagen dieser Art dürften auch in Amerika keine allzulange Lebensdauer aufweisen, da sich die schon wiederholt erwiesene Unzweckmäßigkeit und Unwirtschaftlichkeit solcher Verfahren für städtische Abwässer immer wieder herausstellen wird. Versuche in ähnlicher Richtung kommen für Deutschland, von ausnahmsweisen Fällen abgesehen, m. E. nicht in Betracht. Unsere einschlägigen Arbeiten und Fortschritte müssen sich auf der Linie möglichster Vereinfachung, nicht aber unnötiger Verumständlichung bewegen.

XV. Regenwasserklärvorrichtungen.

Es wurde schon bei der Beschreibung der Schwemmkanalisation im Kap. VIII erwähnt, daß die bei starken Regengüssen plötzlich vermehrten Abwassermengen, soweit sie nicht durch die Kläranlage bewältigt werden können, unmittelbar dem Vorfluter übergeben werden müssen. Es ist nun, namentlich wenn es sich um kleine Vorfluter handelt, erwünscht, auch jene überschüssigen Abwassermengen zu reinigen. Die Reinigung kann sich hierbei in der Regel nur auf die Entschlammung des Abwassers und auf die Zurückhaltung der Schwimmstoffe beschränken. Bei starkem Regenguß findet mit den ersten niedergehenden Wassermassen zunächst Abschwemmung des Unrates von den Straßen in die Kanäle und gründliche Spülung der letzteren statt, so daß auf Kläranlagen mit der ersten Regenwelle meist stark verschmutztes Abwasser ankommt. Da nun Kläranlagen in der Regel so bemessen zu sein pflegen, daß sie mindestens die dreifache Menge des Trockenwetterabflusses fassen können, so werden die mit dem ersten Regenwasser ankommenden Schmutzmengen noch von der Kläranlage aufgenommen. Bei länger andauerndem Regen sind die nachfolgenden Wassermengen naturgemäß bedeutend weniger verschmutzt, so daß es genügt, die Hauptmenge der noch mitgeführten ungelösten Unratstoffe in Absetzbecken mit kurzer Klärzeit abzufangen.

Regenwasserkläranlagen bestehen demgemäß im wesentlichen aus Klärbecken mit kurzer Aufenthaltszeit, die hinter dem Wehrrücken angeordnet sind. Eine Klärzeit von etwa 15—20 Minuten genügt in der Regel, um das Regenwasser soweit zu entschlammen, daß es in den meisten Fällen dem Vorfluter übergeben werden kann. Der anfallende Schlamm wird ebenso wie gewöhnlicher Klärschlamm behandelt, am zweckmäßigsten mit der Hauptschlammenge der Kläranlage vereinigt.

Regenwasserkläranlagen müssen ihrerseits mit Notauslässen versehen sein, für den Fall, daß die Regenmengen so groß werden, daß die Regenklärbecken, die wohl auch „Sturmwasserbecken" genannt werden, die Wassermassen nicht mehr fassen können. Es ergeben sich demnach unter Umständen Auslässe erster und zweiter Stufe. Die Anordnung kann so erfolgen, daß, wenn z. B. die Kläranlage das Abwasser bis zur dreifachen Verdünnung des Trockenwetterabflusses reinigt, hinter dem Auslaß erster Stufe ein Regenwasserklärbecken angebracht ist, das den Überschuß bis zur sechsfachen Verdünnung des Trockenwetterabflusses klärt. Das mehr als Sechsfache des Trockenwetterabflusses gelangt dann durch den Auslaß zweiter Stufe ungeklärt in den Vorfluter (Abb. 46).

Auf die Reinigung der Abläufe von Auslässen zweiter Stufe pflegt man zu verzichten, da es sich hier naturgemäß um sehr dünnes Abwasser handelt, das für die Vorflut nicht mehr schädlich sein kann, zumal es sich um kurze Zuflußzeit handelt und bei starken Regengüssen auch die Vorfluter erheblich höhere Wassermengen führen.

Sind keine Regenwasserklärvorrichtungen vorgesehen, so muß verlangt werden, daß wenigstens die ekelerregenden Schwimmstoffe zurückgehalten werden. Durch Tauchbretter gelingt dies nur unvollständig, besser schon durch Gitter (Rechen), die hinter dem Wehrrücken des Auslasses, oder am Auslauf desselben in den Vorfluter angeordnet werden.

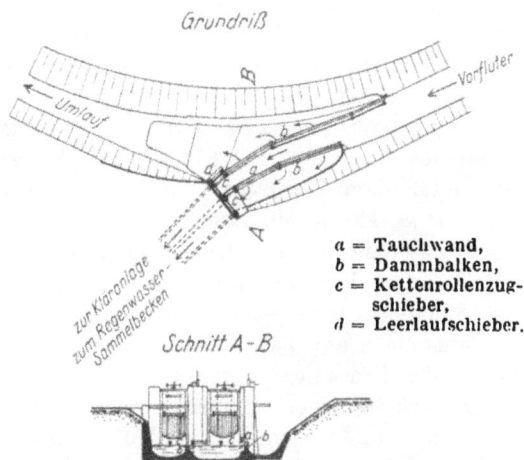

Grundriß

Vorfluter

Umlauf

zur Kläranlage
zum Regenwasser-
Sammelbecken

Schnitt A-B

a = Tauchwand,
b = Dammbalken,
c = Kettenrollenzug-
schieber,
d = Leerlaufschieber.

Abb. 46. Regenauslaß erster und zweiter Stufe, wie in der Kläranlage der Emschergenossenschaft in Essen-N. ausgeführt.

Die Gitter müssen selbstverständlich nach jedem Regen, bei längerem Landregen gegebenenfalls noch während der Tätigkeit des Auslasses gereinigt werden.

Abb. 47 zeigt eine besonders wirksame Regenwasserklär-anlage nach Mannes, die zugleich als Aufhalte- bzw. Ausgleichsbecken für das Regenwasser dient. Die Sohle des Klärbeckens ist hier in eine Anzahl von Trichtern aufgelöst, die mit einer Tonrohrleitung in Verbindung stehen, durch die der Schlamm nach der Hauptkläranlage fließt. Das Regenwasser wird zunächst in dem Klärbecken angestaut, aus dem es nach Aufhören des Regens nach und nach durch die Tonröhrleitung zur Hauptkläranlage abfließt. Erst bei sehr

starken Regengüssen, die das Fassungsvermögen des Beckens
übersteigen, fließt der Überschuß zum Vorfluter.

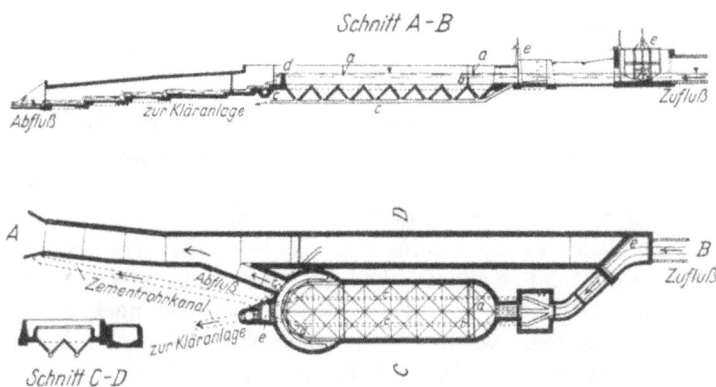

a = Tauchwand, *b* = Dammbalken, *c* = Tonrohrkanal, *d* = Überlauf,
e = Schieber.

Abb. 47. Regenwasserkläranlage (nach Mannes), wie in der Kläranlage der
Emschergenossenschaft in Essen-Frohnhausen ausgeführt.

XVI. Die Kleinlebewesen des Abwassers.

Bevor wir die biologischen Verfahren, die der durch-
greifenden Reinigung städtischer Abwässer dienen, kennen-
lernen, ist es erforderlich, sich mit den Kleinlebewesen, deren
Tätigkeit bei diesen Verfahren die ausschlaggebende Bedeutung
zukommt, etwas näher im Zusammenhange zu befassen, nachdem einiges über ihre Rolle bei den Wandlungen, denen die
Schmutzstoffe des Abwassers unterworfen sind, bereits früher
an verschiedenen Stellen eingestreut worden ist und auch in
späteren Kapiteln darauf zurückzukommen sein wird.

Die wichtigsten Unterschiede zwischen höheren Pflanzen
und höheren Tieren bestehen u. a. in folgenden Tatsachen:

1. Pflanzen sind fest an ihren Standort gebunden und
auf die Nährstoffe angewiesen, die ihnen an diesem Standort
zur Verfügung stehen oder ihnen künstlich zugeführt werden.
Sie können diese Nährstoffe nur unbewußt (durch die Wurzeln, Blätter usw.) aufnehmen, und sind dem Verderben ge-
weiht, sobald der Vorrat an diesen Stoffen erschöpft oder

7*

ihre künstliche Zufuhr (z. B. durch Düngung) aufhört. Tiere
dagegen sind nicht an einen Standort fest gebunden, sie können, wenn ihnen die Nahrung am Standort mangelt, diesen aus
eigenem Willen und mittels der hierzu bestimmten Organe
verlassen und bewußt (auch der Instinkt ist in diesem Sinne
als Bewußtsein anzusprechen) auf die Nahrungssuche gehen.

2. Als Nährstoffe dienen den Pflanzen einfache Stoffe in
gasförmiger oder in flüssiger Form, nie solche in fester
Form. Die Stoffe, die die Pflanze aufnimmt, sind einfache Verbindungen der Elementarstoffe (der chemischen Grundstoffe),
vornehmlich des Stickstoffs, des Kohlenstoffs, Wasserstoffs,
Sauerstoffs, des Kaliums, Kalziums, Phosphors, Schwefels
u. a. m. Abgesehen vom Kohlenstoff, über den noch gleich
zu sprechen sein wird, werden diese Grundstoffe in Form
von Salzen oder anderen einfachen „mineralischen", stets
leicht wasserlöslichen Verbindungen, von der Pflanze durch
ihre Organe aufgenommen. Befinden sich z. B. im Bereiche
der Wurzeln feste Stoffe, die an sich nicht oder schwer im
Wasser löslich sind, deren Bestandteile jedoch der Pflanze
als Nährstoff dienen könnten, so vermag die Pflanze aus den
Wurzeln gewisse Flüssigkeiten (organische Säuren) auszuscheiden, die jene festen Stoffe aufschließen und die erwünschten Bestandteile derselben wasserlöslich machen, so daß sie
nunmehr ebenfalls als „Saft" aufgenommen werden können.
Es findet also in diesem Falle gewissermaßen eine „Verdauung"
außerhalb des Körpers statt. Der Kohlenstoff, der ihren
Hauptaufbaustoff bildet, wird der Pflanze in Form der Kohlensäure, d. i. der vollgesättigten Verbindung des Kohlenstoffs
mit Sauerstoff[1]) aus der Luft, die etwa 0,02—0,03 Gew. vH.
dieses Gases enthält, dargereicht. Aus der Kohlensäure entnimmt nun die Pflanze, durch diejenigen ihrer Organe, die in
den Zellen das Blattgrün (Chlorophyll) enthalten (Blätter
usw.), und zwar nur unter Mitwirkung des Sonnenlichtes,

---

[1]) Die chemische Formel ist CO_2, d. i. ein Atom (Atomgewicht
12) Kohlenstoff und 2 Atome (Atomgewicht 16) Sauerstoff bilden
1 Molekül (Kleinstteilchen) Kohlensäure (Kohlenstoffzweioxyd),
(Molekulargewicht 44). In 100 Gew. Teilen CO_2 sind demnach
21,3 Gew. Teile Kohlenstoff und 78,7 Gew. Teile Sauerstoff enthalten.

den Kohlenstoff und scheidet den Sauerstoff aus, weil sie von diesem Grundstoff, den sie in Verbindung mit Wasserstoff als **Wasser** in reichlichen Mengen aufnimmt, zu ihrem Aufbau nur verhältnismäßig geringe Mengen in Gasform benötigt. Sie „atmet" Kohlensäure ein und Sauerstoff aus.

Aus **Kohlenstoff** und **Wasser** als **Hauptbestand-teilen**[1]) und einigen anderen zwar unentbehrlichen, jedoch der Gewichtsmenge nach bedeutend zurücktretenden Grundstoffen, bzw. einfachen Verbindungen, baut nun die Pflanze in bewunderungswürdiger, bisher noch wenig erforschter Weise, mit Hilfsmitteln, die dem menschlichen Können wohl ewig versagt bleiben werden, die unendliche Mannigfaltigkeit ihrer Arten und Formen auf.

Das Tier hingegen braucht zu seiner Ernährung Stoffe höherer Art, die nur die Pflanze als solche darbietet (das fleischfressende Tier verzehrt das pflanzenfressende, lebt also von der Pflanze durch Vermittlung des getöteten Nahrungsträgers). Einfache mineralische Stoffe (z. B. Kochsalz) dienen im tierischen Ernährungsprozeß nur als, wenn auch auf die Dauer nicht entbehrliche, Zusätze (Würzstoffe). Das höhere Tier nimmt für die Ernährung keine gasförmigen, sondern flüssige und im Gegensatz zur Pflanze auch feste Stoffe auf. Die „Verdauung" derselben, d. i. ihre Aufschließung zur Verwertung der erwünschten und Absonderung der unerwünschten Bestandteile, findet nicht außerhalb des Körpers, sondern innerhalb desselben (im Magen) statt. Alle zum Aufbau des Tierkörpers erforderlichen Nährstoffe einschließlich des Kohlenstoffs als Hauptstoff, werden aus der **innerlich** aufgenommenen Nahrung gewonnen, aus der Luft wird aber der Sauerstoff aufgenommen, der durch seine Verbindung mit dem überschüssigen Kohlenstoff („Verbrennung") die zur Erhaltung des Lebens erforderliche Wärme liefert. Dient der höheren Pflanze das Blattgrün als das Hilfsmittel zur Umwandlung des Kohlenstoffs in die mannigfaltigen „organischen" Stoffe, so vollzieht im Tierkörper die entsprechende, jedoch anders gerichtete Aufgabe der Auslese der erwünschten Stoffe und

---

[1]) Der Kohlenstoff wird im wesentlichen aus der Kohlensäure der Luft durch die **Blätter**, das Wasser aus dem Boden durch die **Wurzeln** aufgenommen.

der Verbindung des Kohlenstoffs mit Sauerstoff zu Kohlensäure unter Gewinnung von Wärme, das „Blutrot" (Hämatin)[1]. ohne daß hierzu das Sonnenlicht wie bei der Pflanze unbedingt erforderlich wäre. Hingegen ist Wasser unbedingt erforderlich, sowohl zum Aufbau des Pflanzen- wie des Tierkörpers. Das bewegliche Tier sucht das Wasser auf, die unbewegliche Pflanze treibt gegebenenfalls die Wurzeln sehr tief in den Boden, um an das Wasser zu gelangen.

Die oben kurz angedeuteten Unterschiedsmerkmale zwischen den höheren Pflanzen und höheren Tieren verwischen sich aber immer mehr, im Maße als man die Stufenleiter der Entwicklung nach unten verfolgt. Bei den Pilzen und Algen einerseits, den Würmern und Urtieren andererseits, trifft man die eine und andere Eigenschaft an, die eigentlich das Merkmal des anderen Naturreiches bildet. So enthalten Pilze kein Blattgrün und benötigen folglich zu ihrer Entwicklung nicht unbedingt des Lichtes. Zahlreiche niedere Tierformen verändern ihren Aufenthaltsort nicht und sind an die Nahrung angewiesen. die sie eben mit ihren Organen erreichen können, oder die ihnen das Wasser zubringt usw. Es ist daher die Annahme nicht ganz unberechtigt, daß das Pflanzen- und das Tierreich einen gemeinsamen Ursprung haben und die Gabelung in der einen und der anderen Richtung im Laufe der Entwicklungsgeschichte stattgefunden hat.

Dort nun, wo in den niederen Formen das Pflanzen- und das Tierreich sich hart berühren, liegt das Reich der Spaltpilze, der Bakterien, die allgemein zwar dem Pflanzenreich zugezählt werden, jedoch einige wesentliche Lebenserscheinungen aufweisen, auf Grund derer man sie ebensogut ins Tierreich einreihen könnte. Sie weisen außerordentlich zahlreiche Arten auf und sind ebenso außerordentlich weit verbreitet, als die Hauptfaktoren in der Umwandlung der auf der

---

[1] In ihrem Aufbau sind die Verbindungen Blattgrün (Chlorophyll) und Blutrot (Hämatin) einander sehr ähnlich. Sie unterscheiden sich jedoch dadurch, daß im Molekül des Blutrots ein Atom Eisen, im Molekül des Blattgrün hingegen ein Atom Magnesium eingebaut ist. Die unterschiedliche Wirkung der beiden Lebensstoffe hängt ohne Zweifel mit diesen ihren verschiedenartigen Metallkernen zusammen.

Erdoberfläche anfallenden organischen Stoffe, mithin auch des Abwassers. Im folgenden kann nur das Wichtigsue zum Verständnis der Lebens- und Wirkungsweise dieser eigenartigen Organismen, insbesondere im Hinblick auf die Aufgaben, die sie im Zuge der Abwasserreinigung erfüllen, angeführt werden.

Was zunächst die Form der Bakterien anbelangt, so handelt es sich in jedem Falle um, mit einem noch zu besprechenden Inhalt gefüllte Säckchen, die als solche runde oder verlängerte, gerade, gebogene, schraubenförmige u. ä. m. Gestalt aufweisen können. Sind, wie es in der Regel der Fall ist, zahlreiche Bakterien versammelt, so gruppieren sie sich

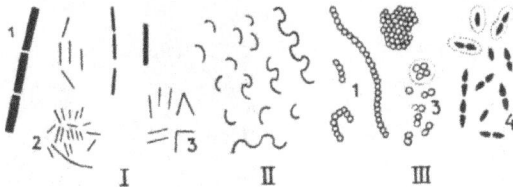

I Stäbchen („Bazillen"): 1. Milzbrand, 2. Typhus. 3. Diphterie.
II Schraubenformen („Vibrionen").
III Kugelformen („Kokkus"): 1. Ketten („Streptokokken"), 2. Häufchen („Staphyllokokken"), 3. Doppelkokken (Tripper), 4. Lanzettförmige Doppelkokken (fieberhafte Lungenentzündung).
(Aus K. von Vagedes: „Über Bakterien usw." Kl. Mitt. d. Landesanstalt für Wasser-, Boden- und Lufthygiene 5 (1929) S. 185.)

Abb. 48. Verschiedene Bakterienformen.

je nach ihrer Art in besonderer Weise, z. B. in Zwillings-, Vierlings-, Ketten-, Traubenform usw. Auf der besonderen Gestalt und charakteristischen Gliederung ihrer Anhäufungen beruht oft die wissenschaftliche Namengebung der Bakterien, vielfach auch nach ihrer Wirkungsweise, besonders wenn es sich um Krankheitserreger handelt. Abb. 48 zeigt einige Formen der Bakterien und ihrer Lagerungsweise.

Bei der künstlichen Züchtung der Bakterien auf geeigneten Nährböden entstehen sog. „Kolonien", die je nach der Bakterienart (und dem angewendeten Nährboden) verschiedene Gestalt (und Farbe) aufweisen können (Abb. 49).

Die Größen der einzelnen Bakterien bewegen sich im Bereiche von Bruchteilen eines Tausendstels bis einige Tausendstel eines Millimeters herum, d. i. auf der so kurzen Strecke eines Millimeters können mehrere hundert bis mehrere tausend Bakterien aneinander gereiht werden. So kleine Formen sind dem unbewaffneten menschlichen Auge nicht sichtbar, sie können erst mit Hilfe starker Mikroskope und auch dann nur vielfach unter Anwendung gewisser Hilfsmittel, wie Anfärbung u. dgl., beobachtet werden.

Diese geringfügige Größe der Bakterienleiber ist aus zweierlei Gründen wichtig. Erstens gestattet sie die Häufung ungeheurer Mengen Einzelwesen auf kleinem Raume, und sodann Verteilung jener auf große Räume, in denen sie sich zufolge ihrer besonderen Fortpflanzungsart (s. weiter unten) rasch vermehren können. In 1 mm³, d. i. im winzigen

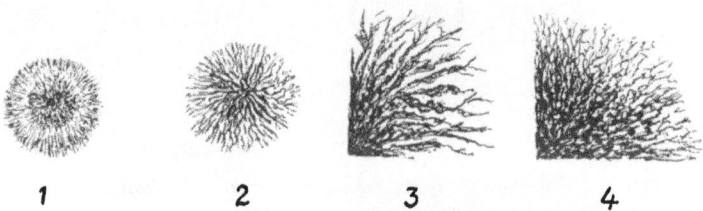

1. Bact. punctatum (sehr häufig im Wasser).
2. Actinomyces (im Boden sehr verbreitet).
3. Oidium lactis (in Käsen).
4. Schimmel.
(Aus Lehmanns: „Atlas der Bakteriologie", J. F. Lehmanns Verlag, München 1910. Tab. 4.)
Abb. 49. Verschiedene Bakterienkolonien.

Tröpfchen Bakterienmasse können 1000 Millionen Einzelbakterien enthalten sein. Wird z. B. ein solches Tröpfchen in 1000 l bakterienfreies Wasser gebracht und durch Bewegung (Umrühren, Schütteln, fließendes Wasser) eine rasche Verteilung der Bakterien im Wasser herbeigeführt, dann gelangen in jedes Liter des Wassers 1 000 000 Bakterien, in jedem cm³ werden also 1000 Bakterien enthalten sein. Sogar noch in 1000 m³ Wasser entfällt dann auf jeden cm³ Wasser eine Bakterie. So kann mit einer verschwindend geringen Menge Bakterienmaterial eine große Menge Wasser sowie wasserhaltiger Stoffe (Klärschlamm) „geimpft" werden.

Zweitens hat die Kleinheit der Bakterien zur Folge, daß eine Häufung von Bakterien eine außerordentlich große Gesamtoberfläche ihrer Leiber ergibt. In 1 cm³ Gefäßinhalt finden etwa 1 Billion Bakterien (s. oben) mittlerer Größe Platz. Die Gesamtoberfläche dieser Billion Bakterien wird etwa 4 m² betragen, also rd. 6700 mal so viel als die Oberfläche des 1 cm³-Würfels, die nur 6 cm² mißt. Da nun, wie weiter unten gezeigt wird, die Lebenstätigkeit der Bakterien sich durch ihre Außenhäute abspielt, so ist die Ausdehnung dieser Berührungsflächen oft von entscheidender Bedeutung für die Vorgänge, die unter Mitwirkung der Bakterien stattfinden.

In diesem Zusammenhange ist es auch nützlich, sich die Oberfläche eines Bakterienleibes im Verhältnis zur Körpermasse zu vergegenwärtigen. Während auf 1 kg menschlichen Körpergewichtes etwa 0,04 m² Körperoberfläche kommt, läßt sich für dasselbe Gewicht Bakterien 4000 m² Oberfläche, also hunderttausendmal mehr als beim Menschen errechnen.

Wie alle Lebewesen benötigen die Bakterien zu ihrem Dasein Nahrung und Wärme. Zur Aufnahme der Nahrung besitzen sie nicht wie Tiere besondere Organe, und sie benötigen zum Aufbau ihrer Lebenssubstanz nicht wie die Pflanzen des Sonnenlichts. Vielmehr findet die Nährstoffaufnahme (und die Ausscheidung der Rückstandsstoffe) durch die Außenhaut, wie es scheint gleichmäßig auf deren ganzer Oberfläche statt.

Die Außenhaut der Bakterien ist soweit porig, daß Gase und Wasser sowie im Wasser echt gelöste (wie Zucker oder Salz) Stoffe nach innen und nach außen durchgehen können. Es sind dies eben Stoffe, deren Moleküle (Kleinstteilchen) kleiner sind als die Porendurchmesser der Bakterienhaut. Stoffe hingegen, deren Moleküle größer sind als jene Porendurchmesser, das sind kolloide (halbgelöste), und feste, ungelöste Stoffe, können durch die Bakterienhaut nicht ins Innere des Bakterienleibes, der „Zelle", gelangen.

Das Kleinstteilchen Kochsalz hat einen Durchmesser von etwa 0,00000026 mm, das Kleinstteilchen Zucker etwa 0,0000007 mm. Da, wie erwähnt, diese Stoffe in wässeriger Lösung (der Durchmesser des Kleinstteilchen Wasser ist noch erheblich kleiner) durch die Bakterienhaut („Zellhaut", „Zellhülle") durchgehen, so sind offenbar die Poren derselben etwas weiter. Hingegen ist der Durchmesser der Kleinstteilchen kolloider Stoffe hunderte- bis über tausendmal größer als der des Zuckers oder Kochsalzes und der Durchmesser der Teilchen der allerfeinsten, eben noch mit freiem Auge wahrnehmbaren Trübungen (z. B. aufgeschwemmten Lehms) viele tausendemal größer als der Durchmesser der Bakterienzellhautporen.

a Zellhülle (Zellhaut).
b Lebensschleim (Protoplasma).
c Zellhautsporen.

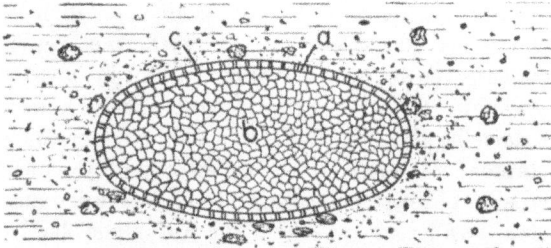

Gasstoffteilchen die am leichtesten durch die Poren eindringen.
gelöste Stoffteilchen die ebenfalls durch die Zellhautporen passieren.
Kolloide Stoffteilchen dringen durch die Zellhautporen nicht ein.
Ungelöste Schwebestoffe.

Abb. 50. Vorstellungsbild einer Bakterie im Wasser. das mit Stoffteilchen verschiedener Größenordnung durchsetzt ist.

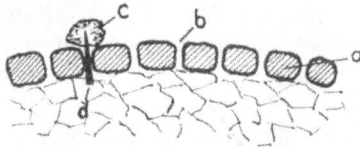

a Stück der Zellhülle mit
b Poren.
c Schwebestoffteilchen.

Abb. 51. Vorstellungsbild.

Das Stoffteilchen c ist zu groß, um durch die Poren der Zellhülle in das Innere der Zelle zu gelangen, es wird durch den Spaltstoff (Enzym) d, der aus dem Lebensschleim ausgesondert wird, zerkleinert.

Das Innere der Bakterienzelle enthält den „Lebensschleim" („Protoplasma"), d. i. ein flüssig-schwammiges Gebilde, das von „Zellsaft" erfüllt ist. Das Protoplasma ist der Träger des Lebens und der Lebensäußerungen der Bakterie,

es besitzt die Fähigkeit, die in den Zellsaft gelangenden Stoffe
in einer für das Leben zweckdienlichen Weise in Wechselwirkung zu bringen, und die hierbei entstehenden unnütz-
lichen oder störenden Stoffe durch die Zellhaut hindurch zu
entfernen.

Die schematische Darstellung in den Abb. 50 und 51 mag
die oben dargelegten Verhältnisse anschaulich machen.

Wie in diesen Abbildungen angedeutet, ist auch das Protoplasma mit zahllosen Häutchen („Membranen") durchsetzt,
die abgeschlossene, jedoch miteinander zusammengewachsene,
mit Flüssigkeit erfüllte Zellchen, bilden. Diese inneren Membranen zeichnen sich nun dadurch aus, daß ihre Poren von
noch kleinerem Durchmesser sind oder — was wahrschein-
licher ist — durch die lebende Bakterie auf einen noch kleineren
Durchmesser zusammengezogen werden können als die
Poren der Zellhaut, so daß wohl Wasser durchgehen kann,
nicht aber die Moleküle der im Wasser echt gelösten Stoffe
(wie Kochsalz, Zucker u. dgl.), für die ja die Zellhaut, wie oben
ausgeführt, noch durchlässig ist. Hierdurch ist die Bakterie
in den Stand gesetzt, nach Bedarf von den gelösten Stoffen
in das Innere des Protoplasmas so viel hereinzulassen, wie
für den Lebensvorgang notwendig ist, und auszusondern, was
unerwünscht ist.

Zusammenfassend ist also zu merken: Die Bakterien-
außenhülle (Zellhaut) ist durchlässig für alle im Wasser echt
gelösten Stoffe, sie ist undurchlässig für Kolloide und ungelöste
Stoffe; die inneren Membranen des Protoplasmas sind durchlässig für Wasser, sie sind oder können undurchlässig gemacht
werden für die im Wasser echt gelösten Stoffe.

Ferner ist wichtig, daß das in sich zusammenhängende
Protoplasma an die Außenhülle (Zellhaut) nicht etwa angewachsen ist, sondern lediglich das von der Außenhülle gebildete Säckchen so ausfüllt, wie etwa ein mit Wasser voll-
gesogener Schwamm eine passende Gummiblase ausfüllt. Mit
der letzteren ist auch die Außenhülle zu vergleichen, da sie
elastisch ist und dem von Innen heraus ausgeübten Druck des
prall gefüllten Protoplasmas standhält. Verliert das Protoplasma Wasser (eine solche Möglichkeit wird weiter unten besprochen) und schrumpft daher ähnlich wie ein ausgetrock-

neter Schwamm ein, dann löst es sich von der Außenhülle
ab, um sie bei Wiederaufnahme von Wasser aufs neue prall
zu füllen. Den Zustand der prallen Füllung nennt man „Turgor", den der Schrumpfung infolge Wasserverlustes des Protoplasmas „Plasmolyse" (S. 117 und Abb. 56).
Befinden sich im Wasser kolloide oder ungelöste organische
Stoffe, die als solche oder deren Bestandteile für die Lebenshaltung einer Bakterie an sich brauchbar sind, die jedoch
nur deshalb nicht ausgenützt werden können, weil der Durchmesser ihrer Kleinstteilchen größer ist als der Durchmesser
der Zellhautporen, so kann die Bakterie gleichwohl auch diese
Stoffe verwerten. Das kolloide oder Schwebestoffteilchen, das
an die Zellhaut stößt, in deren Poren aber nicht eindringen
kann, weil es zu groß ist, übt einen Reiz aus, der die Bakterie
veranlaßt, einen „Spaltstoff" („Enzym") auszusondern, der
durch die Pore nach außen gedrückt wird, auf das dem Poren-
eingang vorgelagerte Molekül trifft, und es in soweit kleinere
Moleküle zerlegt, bis solche infolge des verringerten Durch-
messers die Zellhautpore passieren können. Es ist genau so,
als wenn ein Baumstamm vor die zu kleine Haustür heran-
gerollt wird und aus dem Innern des Hauses jemand mit der
Axt herauskommt, um den Stamm zu zerkleinern und die
Spaltstücke bequem hereinnehmen zu können. In der Masse
stellt sich dieser Vorgang so dar, daß die Kolloide oder Schwebestoffe, durch die Spaltstoffe der Bakterien in echte Lösung überführt werden, die nun für die Bakterien eine „Nährlösung" bildet.
Die in die Bakterienzelle hineingelangten Stoffe werden
nun wieder innerhalb des Lebensschleimes soweit zerlegt, bis
die brauchbaren Bestandteile, sei es zur Verwendung als
solche, sei es zur wahlweisen Verbindung miteinander, gewonnen werden. Die unbrauchbaren Stoffe bzw. Stoffreste
werden nach außerhalb der Zelle ausgeschieden, zu welchem
Zwecke sie in echt wasserlöslichen Zustand überführt werden
müssen, weil sie ja sonst durch die Poren der Zellhaut nicht
durchgehen könnten. Mitunter werden gewisse Stoffe (z. B.
Schwefel) in fester Form im Innern der Bakterienzelle, wahrscheinlich als Lebensunterhaltsreserve abgelagert.
Von den mannigfaltigen, noch wenig aufgeklärten Vorgängen, die sich im Innern der Bakterienzelle abspielen, in-

teressiert uns hier im Hinblick auf die Vorgänge bei der Abwasserreinigung besonders der Sauerstoffumsatz. Sauerstoff
muß in jedem Falle in einer gewissen Menge in das Innere
der Bakterienzelle eingeführt werden, um sich hier mit einem
Teil des Kohlenstoffs zu Kohlensäure zu verbinden. Hierbei
werden zwei wichtige Zwecke erreicht. Erstens wird aus der
Verbindung des Kohlenstoffs mit dem Sauerstoff (Verbrennung) Wärme gewonnen, und zweitens wird der überschüssige,
zum Aufbau, bzw. Erneuerung der eigenen Lebenssubstanz
nicht benötigte Kohlenstoff, in Gestalt der Kohlensäure weg-
befördert. Ebenso wird überschüssiger Stickstoff mit Sauerstoff
zu Verbindungen gekuppelt, die, wenn sie noch weiteren Sauerstoff aufnehmen können, Nitrite, wenn sie mit Sauerstoff
gesättigt sind, Nitrate genannt werden. Da beiderlei im
Wasser leicht löslich sind, so können sie aus der Bakterienzelle ausgeschieden werden.

Befindet sich nun die Bakterie in einem Wasser, das ausreichend gelöste Luft, also auch gelösten Sauerstoff enthält,
dann wird der zu den obengenannten Vorgängen, der „Oxydierung" des Kohlenstoffs und Stickstoffs erforderliche Sauerstoff einfach mit dem Wasser in die Zelle hineingebracht.
Zahlreiche Bakterienarten können nur dann bestehen, wenn
sie den Sauerstoff auf diese direkte Weise geliefert erhalten.
Man nennt diese Bakterien „luftliebende" („aerobe").

Enthält das Wasser keinen oder zu wenig gelösten Sauerstoff, so kann solcher noch gewonnen werden durch Aufspaltung von sauerstoffhaltigen Stoffen, z. B. schwefelsauren
Salzen, salpetersauren Salzen sowie verschiedenen organischen
Verbindungen, sofern solche Sauerstoff enthalten. Die Aufspaltung geschieht durch Enzyme, wie oben erläutert, außerhalb oder innerhalb der Zelle.

Bakterienarten, die die Fähigkeit besitzen, sich in dieser
Weise Sauerstoff bei Abwesenheit von im Wasser gelösten,
zu verschaffen, und deren Sauerstoffbedürfnis geringfügig ist
(da durch Aufspaltung sauerstoffhaltiger Verbindungen viel
weniger Sauerstoff verfügbar gemacht werden kann, als wenn
solcher sich reichlich im Wasser gelöst befindet), nennt man
„luftscheue" (anaërobe") Bakterien.

Viele Bakterienarten besitzen die Fähigkeit, sich an die Verhältnisse anzupassen, so daß sie bei Gegenwart gelösten Sauerstoffs diesen unmittelbar verwenden, bei Abwesenheit desselben aber ihren Sauerstoffbedarf durch Spaltung sauerstoffhaltiger Verbindungen decken. Diese sich leicht umstellenden Bakterien werden „fakultative" (d. h. wahlfähige) genannt.

Bei den Abwasserreinigungsvorgängen können je nach den gegebenen Verhältnissen sowohl luftliebende, wie luftscheue, wie auch fakultative Bakterien beteiligt sein. Es ist hierbei ziemlich gleichgültig, ob z. B. bei Fäulnis des Abwassers im gegebenen Falle luftscheue oder fakultative oder beiderlei Arten Bakterien arbeiten, wichtiger ist vielmehr, sich darüber klar zu sein, unter welchen Umständen die Bakterienarbeit im luftliebenden (aëroben) oder im luftscheuen (anaëroben) Sinne stattfindet, und welche Folgen die eine und die andere Arbeitsweise nach sich zieht.

Enthält das Abwasser ausreichend gelösten Sauerstoff, oder wird solcher dem Abwasser von außen zugeführt (z. B. durch künstliche Belüftung), dann findet im Abwasser die „luftliebende", „aërobe" Zersetzung durch Bakterien statt. Sie ist dadurch gekennzeichnet, daß die sauerstoffarmen bis sauerstoffleeren organischen gelösten und kolloiden Stoffe mehr oder weniger verschwinden („abgebaut" werden) und an ihre Stelle sauerstoffreichere bis sauerstoffsatte gelöste Stoffe treten, die von den Bakterien ausgeschieden wurden. Es verschwinden insbesondere die Eiweißstoffe und ihre Spaltungsprodukte, der Harnstoff, das Ammoniak, der Schwefelwasserstoff und seine Verbindungen. Es erscheinen an ihrer Stelle die Kohlensäure (sauerstoffsatt), die salpetrige (sauerstoffhalbsatte) Säure, die Salpetersäure (sauerstoffsatt) die Schwefelsäure (sauerstoffsatt), bzw. die Salze dieser Säuren im Wasser gelöst. Es scheiden sich aber auch ungelöste Stoffe in beträchtlicher Menge ab, die teils aus unverarbeiteten Resten der aërob zersetzten organischen Stoffe, teils aus abgestorbenen Bakterienleibern bestehen.

Die „aërobe" Bakterienwirkung besteht demnach, soweit es sich um das Abwasser handelt, im wesentlichen in einer Verbindung der Bauelemente der organischen Stoffe mit Sauerstoff, in der „Oxydierung" der organischen Substanz zu weniger oder nicht mehr „organischer", demnach zu „mineralischer" Substanz. Es findet also eine Zerstörung des Lebendgewesenen statt; doch müssen dabei die Sieger, die Bakterien, ihrerseits Leichen auf dem Kampffelde lassen, denen in der Folge ein ähnliches Schicksal beschieden ist.

Die „aërobe" Bakterienwirkung betrifft im wesentlichen den gelösten (und halbgelösten, kolloiden) Teil des Abwassers, nicht oder jedenfalls viel weniger die ungelösten Stoffe, den Schlamm. Dieser verbraucht zu seiner Oxydierung unverhältnismäßig größere Mengen Sauerstoff als der gelöste Anteil der organischen Substanz, da er letztere in viel dichterer Masse enthält. Es wäre daher sehr unwirtschaftlich, das „aërobe" Verfahren auf den Schlamm anzuwenden, man würde damit den aëroben Bakterien eine ihnen nicht angemessene Arbeit aufbürden. Ist daher das Abwasser durch aërobe Bakterienwirkung oxydiert und sind hierbei, wie oben dargelegt, noch ungelöste Stoffe verblieben bzw. neu gebildet worden, so müssen die letzteren von dem „oxydierten" Abwasser baldmöglichst getrennt werden, damit sie nicht eine gegenläufige Wirkung ausüben, die den Erfolg der aëroben Behandlung in jedem Falle mehr oder weniger schmälern müßte.

Enthält das Abwasser keinen gelösten Sauerstoff und wird ihm solcher künstlich nicht zugeführt, dann verläuft die Bakterienwirkung im „luftscheuen", im „anaëroben" Sinne. Hierbei werden, umgekehrt der aëroben Wirkung, die etwa anwesenden sauerstoffhaltigen Stoffe ihres Sauerstoffgehaltes beraubt und darüber hinaus die Spaltstücke gegebenenfalls mit Wasserstoff beladen. Man nennt diese Wirkung im Gegensatz zur Oxydation die „Reduktion" (die „Rückführung" aus dem sauerstoffhaltigen in den sauerstoffarmen oder sauerstoffleeren Zustand). Auch die Anlagerung von Wasserstoff ist „Reduktion", weil umgekehrt die Abspaltung des Wasserstoffs, die Zufuhr von Sauerstoff, also Oxydation erfordert (bei der der Wasserstoff zu Wasser „verbrennt").

Bei der anaëroben Bakterienwirkung verschwinden zwar ebenfalls die Eiweißstoffe, jedoch erscheinen als Ausscheidungsprodukte der Bakterien nicht sauerstoff-, sondern wasserstoffhaltige Stoffe in Lösung, besonders Schwefelwasserstoff und Ammoniak. Soweit der geraubte Sauerstoff ausreicht, wird er zur Oxydierung des abgespaltenen Kohlenstoffs verwendet, wobei Kohlensäure entsteht. Naturgemäß kann auf diesem Wege nur wenig Kohlensäure gebildet werden, da wenig Sauerstoff zur Verfügung steht. Wenn gleichwohl, wie später gezeigt werden soll, bei der anaëroben Schlammzersetzung große Mengen Kohlensäure entwickelt werden, so verdanken diese ihre Entstehung einem besonderen Vorgange, auf den ich an der betreffenden Stelle zurückkomme.

Die wasserstoffbeladenen Stoffe, die als Ausscheidungsprodukte der Bakterien bei der anaëroben Wirkung entstehen, entweichen teilweise in die Luft und verursachen arge Geruchsbelästigungen, die den anaëroben Vorgang als „Fäulnis" kennzeichnen. Werden jedoch die stinkenden Gase, besonders der Schwefelwasserstoff, im Maße als sie entstehen, gebunden (z. B. durch im Abwasser gelöste Eisensalze), so kann die anaërobe Fäulnis auch geruchsfrei oder doch geruchserträglich verlaufen.

Die anaërobe Wirkung bzw. Behandlung eignet sich mehr für die ungelösten (Schlamm) als für die gelösten Abwasserstoffe. Sie hat die Wirkung, daß die ungelösten Stoffe teils verflüssigt und teils vergast werden, während die verbleibenden Rückstände erheblich weniger organische Stoffe enthalten als das Ausgangsmaterial, also bis zu einem gewissen Grade „mineralisiert" sind, allerdings auf dem entgegengesetzten Wege als dies bei der aëroben Bakterienwirkung der Fall ist.

Durch Trennung des Schlammes vom „Klärprodukt" wird man in die Lage versetzt, dieses aërob, jenen anaërob zu behandeln und so die Bakterienarbeit jeweils in der der Stoffverteilung angemessenen Weise zur Wirkung zu bringen. Die aërobe oder anaërobe Behandlung des Gemisches, also des nicht entschlammten Abwassers, wurde, von gewissen Ausnahmen abgesehen, als technisch unzweckmäßig und wirtschaftlich unvorteilhaft erkannt und wird in der neuzeitlichen Abwasserreinigung kaum noch geübt.[1]

Was den Wärmebedarf der Bakterien anbelangt, so sind sie im allgemeinen als recht „abgehärtet" anzusehen, d. h. sie können sowohl hohe Temperaturen bis 60° C und sogar

---

[1]) vgl. Faulbeckenverfahren S. 83 u. Abb. 41.

darüber, wie auch Kälte unter —20⁰ C, zumindest eine gewisse Zeitlang vertragen, ohne dabei zugrunde zu gehen. Ihre Wirkungen kommen jedoch am stärksten in einem verhältnismäßig engen Temperaturbereich, der für verschiedene Bakterienarten eigen ist, zur Geltung. Unter 10⁰ C ist im allgemeinen die Bakterientätigkeit recht träge. Für die aëroben Bakterien bzw. die aërobe Wirkung kommt der Temperaturbereich von etwa 18 bis 35⁰ C in Betracht. Die anaëroben Bakterien der Schlammzersetzung scheinen am kräftigsten zwischen etwa 24—30⁰ C zu arbeiten, man nennt sie „mesophile", d. i. „mittlere Wärme liebende". Neuerdings hat es sich gezeigt, daß bei Temperaturen von 45 bis über 50⁰ C noch eine kräftige Schlammzersetzung durch „thermophile", d. i. „wärmeliebende" Bakterien stattfindet. Bakterien der menschlichen und tierischen Gedärme (Bacterium Coli) fühlen sich

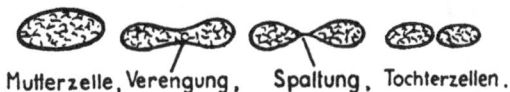

Mutterzelle, Verengung, Spaltung, Tochterzellen.

Abb. 52. Zellteilung.

bei Bluttemperatur (37⁰ C) besonders wohl. Dasselbe betrifft verschiedene krankheitserregende Bakterien (Typhus, Cholera, Ruhr), obschon solche auch außerhalb des menschlichen Körpers bei weit kühlerer Temperatur einige Zeitlang fortleben können (Infektion der Gewässer). Temperaturen über 60⁰ und gar über 70⁰ C können die meisten Bakterien nur kurze Zeit aushalten, Einwirkung von 100⁰ C (Kochen des Wassers, strömender Dampf) tötet alle Bakterienarten meist in wenigen Minuten ab, mit Ausnahme der „Sporen", über die weiter unten zu sprechen sein wird.

Die Fortpflanzung der Bakterien findet im allgemeinen durch Zellteilung, sog. „Spaltung" statt („Spaltpilze"). Hierbei entstehen aus einer Mutterzelle, die sich in der Mitte verengt und schließlich auseinanderreißt, zwei Tochterzellen, von denen jede alle Tätigkeiten und Wirkungen der Mutterzelle übernimmt. Abb. 52 zeigt schematisch die Zellteilung.

Diese Vermehrung der Bakterien durch Spaltung geht sehr rasch vor sich. Bei angemessenen Lebensbedingungen

(Temperatur, Nährlösung) entstehen etwa je 30 Minuten (oft schon in kürzeren Zeitabständen) aus 1 Zelle zwei neue. Bei fortschreitender Verdoppelung jeder Zelle ergeben sich schon in 10 Stunden mehr als 1 Million, in 24 Stunden rd. 300 Billionen Bakterien. Bei Annahme, daß 100 Millionen Bakterien nur 1 mg Gewicht darstellen, würden in 1 Monat 30 000 t zu 1000 kg Bakterien anwachsen, zu deren Beförderung 1500 Eisenbahnwagen erforderlich sein würden. Schon aus diesen Zahlen geht hervor, daß der raschen Vermehrung der Bakterien ein ebenso massenhaftes Absterben die Waage halten muß, da sonst die ganze Erdoberfläche schon längst nur mit Bakterien besiedelt sein müßte.

Außer durch Zellteilung können sich verschiedene — nicht alle — Bakterienarten auch mittels sog. „Sporen" ver-

Abb. 53. Sporen.

mehren. Sporen sind kugelige Gebilde im Innern der Bakterienzellen, die, wenn die Zelle als solche abstirbt, als Dauerformen verbleiben, um unter günstigen Bedingungen zu normalen Bakterienzellen („Wuchsformen") auszukeimen, die nun ihrerseits sich durch Zellteilung vermehren sowie Sporen bilden können. Abb. 53.

Sporen spielen demnach in der Fortpflanzung von (sporenbildenden) Bakterien eine ähnliche Rolle, wie Samen, die ja auch bei zahlreichen Pflanzen viel dauerhafter und widerstandsfähiger sind als die Mutterpflanze.

Die Bedeutung der Sporen beruht namentlich darauf, daß sie gegen hohe und tiefe Temperaturen viel widerstandsfähiger sind als die Wuchsformen. Insbesondere können sie vielfach die Temperatur kochenden Wassers (strömenden Dampfes) unbeschädigt überdauern. Befinden sich daher z. B. im Wasser sporenbildende Bakterien, und kocht man das Wasser nur einmal auf, dann werden wohl alle Wuchsformen abgetötet, nicht aber die Sporen. Die absolute „Keimfreiheit"

(„Sterilität") des Wassers kann vielmehr erst durch wieder-
holtes (2- bis 3 faches) Abkochen in Abständen von mindestens
24 Stunden erreicht werden, in welcher Zwischenzeit die
Sporen zu Wuchsformen auskeimen und dann als solche abgetötet werden.

Die meisten Krankheitserreger sind indes keine Sporen-
bildner, so daß einmaliges Abkochen des Wassers, die darin
etwa anwesenden Krankheitskeime meist zuverlässig beseitigt.

Von den mannigfaltigen und zum Teil sehr verwickelten
auch noch nicht restlos aufgeklärten Lebensbedingungen der
Bakterien, sei außer der Lichtempfindlichkeit, auf die
schon früher hingewiesen wurde (vgl. S. 25)[1]), besonders das
Verhalten gegen starke Lösungen, als besonders wichtig
im Verlauf der Abwasserbehandlung, hier näher betrachtet.

Im Wasser lösliche feste Stoffe, wie z. B. Kochsalz,
Zucker u. a. m., weisen das Bestreben auf, Wasser aufzunehmen, um mit diesem eine Lösung zu bilden. Deshalb werden Kochsalz und Zucker, wenn man sie in feuchter Luft
liegen läßt, klebrig und zerfließen schließlich zu einer Sole
bzw. einem Syrup. Nach Einnahme stark gesalzener oder ge-
zuckerter Speisen stellt sich bekanntlich alsbald Durstgefühl
ein, da den Schleimhäuten des Magens Wasser entzogen wird.
Die Anziehungskraft wasserlöslicher Stoffe für Wasser ist um
so stärker, in je weniger Wasser sie gelöst sind, d. h. je „konzentrierter" (d. i. verdichteter) ihre Lösung ist, und sie klingt
mit steigender Verdünnung ab. Sind zwei Lösungen, von denen
die eine konzentrierter ist als die andere, mittels einer für die
gelösten Stoffe durchlässigen Scheidewand getrennt, so wan-
dern die Kleinstteilchen solange aus der stärkeren in die
schwächere Lösung ab (sog. „Diffusion"), bis auf beiden Seiten
der Scheidewand die Konzentration der Lösung (d. i. die Anzahl der Moleküle des gelösten Stoffes in einer Maßeinheit
der Flüssigkeit) gleich ist. Der Versuch läßt sich leicht durchführen, indem man z. B. einen mit starker Salz- oder Zuckerlösung gefüllten unglasierten Tonzylinder[2]) in ein Gefäß mit

---

[1]) Es ist nicht sowohl das Licht als solches, sondern bestimmte
Strahlenarten (ultraviolette Strahlen), die den Bakterien schädlich
sind und sie bei starker Wirkung abtöten.

[2]) Wie solche für elektrische Elemente verwendet werden.

reinem Wasser stellt. Schon nach kurzer Zeit schmeckt das Wasser in dem Außengefäß salzig, bzw. süß, und nach einer gewissen Zeit ist der Salz-, bzw. Zuckergehalt, in und außerhalb des Tonzylinders ausgeglichen[1]) (Abb. 54). Ganz anders aber, wenn die Scheidewand zwischen zwei Flüssigkeiten ungleicher Konzentration nur für Wasser, nicht aber für gelöste feste Stoffe durchlässig ist. Der diesem Fall entsprechende Versuch ist in Abb. 55 dargestellt. Ein Glastrichter mit langem Hals wird mit Schweinsblase überbunden, mit einer starken Salz- oder Zuckerlösung gefüllt und wie die Abbildung zeigt, in ein Gefäß mit reinem Wasser so eingetaucht, daß der Flüssigkeitsspiegel innerhalb und außerhalb des Trichters zunächst in gleicher Höhe steht. Die Kleinstteilchen der gelösten festen Stoffe können jetzt nicht aus dem Trichterinnern in das Außengefäß „diffundieren", weil die zu engen Poren der Schweinsblase diese Wanderung verhindern, wohl aber wird das Wasser aus dem Außengefäß in das Innere des Trichters hineinge-

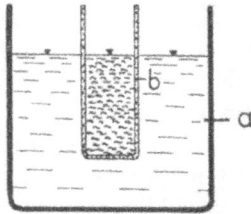

a Gefäß mit reinem Wasser.
b durchlässiger Tonzylinder mit Kochsalzlösung gefüllt.

Abb. 54. Diffusion.

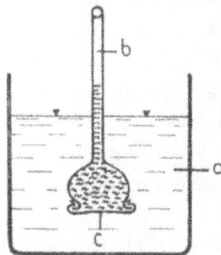

a Gefäß mit reinem Wasser.
b Glasrohr unten zu einem Trichter erweitert.
c für Wasser durchlässige, für gelöste feste Stoffe undurchlässige Membran.

Abb. 55. Osmose. Die salzige Flüssigkeit im Trichterrohr saugt Wasser aus dem Außengefäß an, dehnt sich infolgedessen aus und steigt über den Wasserspiegel im Außengefäß.

---

[1]) Auf die Art des gelösten Stoffes kommt es hierbei nicht an. So kann z. B. der Tonzylinder mit Kochsalzlösung, die 58½ Gramm Kochsalz im Liter (Molekulargewicht) enthält, und das Außengefäß mit Zuckerlösung (342 Gramm im Liter gemäß dem Molekulargewicht) gefüllt sein; der Austausch der beiden gelösten Stoffe wird solange stattfinden, bis innerhalb und außerhalb des durchlässigen Tonzylinders die Flüssigkeit 29¼ Gramm Kochsalz und 171 Gramm Zucker im Liter enthält.

saugt, um die konzentrierte Salzlösung zu verdünnen. Die Folge ist, daß die Flüssigkeitsmenge im Innern des Trichters vermehrt wird und der Flüssigkeitsspiegel ansteigt. Man nennt diese Erscheinung „Osmose" („osmotischer Druck"). Gelangen nun Bakterien in ein Wasser, das erheblich mehr gelöste feste Stoffe enthält als in der Flüssigkeit des Protoplasmas enthalten sind, dann wird dieser Flüssigkeit Wasser entzogen, weil, wie oben dargelegt wurde, zwar die Außenhüllen der Bakterien und die feinen Membranen des Protoplasmas für Wasser, letztere aber für die Kleinstteilchen der Feststoffe nicht, oder jedenfalls nicht in dem Maße durchlässig sind, wie die Außenhaut. Die Bakterie kann demnach die Abwanderung ihres Zellsaftwassers, das durch die konzentriertere Umgebungslösung angezogen wird, nicht verhindern. Dieser Fall tritt oft ein, wenn das Abwasser viel Kochsalz oder andere

Abb. 56. Links „Turgor", rechts „Plasmolyse".

gelöste Salze u. dgl. enthält, wie solche besonders mit Abwässern verschiedener Gewerbe sowie des Bergbaues, in städtische Schwemmkanäle gelangen können. Es findet dann je nach der Konzentration des Abwassers an den betreffenden gelösten Salzen usw. in kürzerer oder längerer Zeit die oben erwähnte „Plasmolyse" der in dem salzreichen Abwasser befindlichen Bakterien statt, eine Schrumpfung des Lebensschleimes, unter gleichzeitigem Schlappwerden der Außenhülle, welcher Zustand solange andauert, bis etwa durch Zufluß dünneren Abwassers, die Konzentration der Salzlösung genügend schwächer geworden ist (Abb. 56).

Im Zustand der Plasmolyse sind die Bakterien zunächst nicht etwa abgetötet, sondern lediglich mehr oder weniger außer Tätigkeit gesetzt und erlangen — soweit die Plasmolyse nicht zu lange andauert — ihre volle Lebensfähigkeit wieder, sobald die wässerige Lösung ihrer Umgebung so dünn wird, daß sie die zur Auffüllung des Protoplasmagewebes erforderliche Menge Wasser aufsaugen und damit in den Zustand des „Turgors" zurückkehren können. Es ist indes an-

zunehmen — Genaueres ist darüber nicht bekannt —, daß bei
längere Zeit andauernder Plasmolyse die Bakterien die Fähigkeit der Rückkehr zum Normalzustand einbüßen und schließlich absterben.

Die Plasmolyse ist von Wichtigkeit besonders bei den Vorgängen in der Ausfaulung des Klärschlamms, worauf an ge-
gebener Stelle zurückzukommen sein wird.

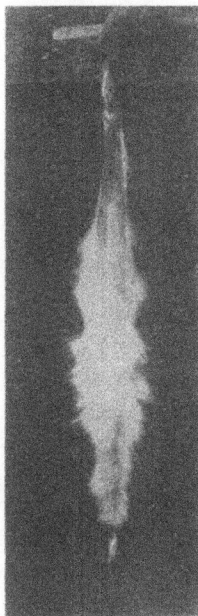

Im Anschluß an die Bakterien sei hier
das wichtigste über die Abwasserpilze
angeführt. Geht man im Frühjahr und
Sommer einen Bach entlang, in den ungereinigte oder schlecht gereinigte häusliche (städtische) Abwässer einmünden,
so findet man fast immer an den Ufer-
rändern im Wasser schmutziggraue Fäden
und Büschel, die meist an Uferpflanzen.
Schilf, Pfählen u. dgl. verankert, mit dem
freien Ende im Wasser schwimmen. Mitunter sind diese Pilze so dicht angesiedelt,
daß sie im Wasser schaffellartige An-
sammlungen bilden, so daß das Wasser
von oben betrachtet wie mit grauen Wolken durchsetzt erscheint. Im Herbst sterben ältere Teile dieser Pilzbesätze ab, sie
werden dann von ihrer Verankerung losge-
rissen und mit dem Wasser abgeschwemmt,
wodurch sog. „Pilztreiben" entstehen, die
namentlich der Fischerei durch Verstopfen
der Netze unangenehm werden können.
Setzen sich die abgetriebenen Pilze an
Stellen verlangsamter Wasserbewegung zu
Boden, dann geraten sie alsbald in Fäulnis,

Abb. 57. Abwasserpilz
(Sphaerotilus natans).
(Aus R. Kolkwitz:
„Pflanzenphysio-
logie", S. 92.)

deren Erzeugnisse sich dem darüber fließenden Wasser erteilen.

Es handelt sich hierbei hauptsächlich um zwei Pilzarten,
nämlich den besonders stark verbreiteten Flockenpilz,
Schleimpilz (Sphaerotilus natans, der schwimmende S.)
Abb. 57 und den etwas seltener auftretenden ihm sehr ähn-
lichen Graupilz (Leptomitus lacteus, der milchige L.). Diese
Pilze erfordern zu ihrer Entwicklung einen gewissen Gehalt

des Wassers an gelöstem Sauerstoff, sie entwickeln sich daher besonders üppig an Stellen, an denen zu sauerstoffhaltigem Wasser, Abwasser hinzutritt (Einläufe nicht oder schlecht gereinigter Abwässer in kleine Vorfluter) oder umgekehrt in Abwassergerinnen, wenn diesen stellenweise reines, sauerstoffhaltiges Wasser zufließt. Eine weitere verbreitete Pilzart ist der weiße Schwefelfadenpilz (Schwefelalge) (Beggiatoa alba), der besonders in langsam fließenden Abwässern auftritt,

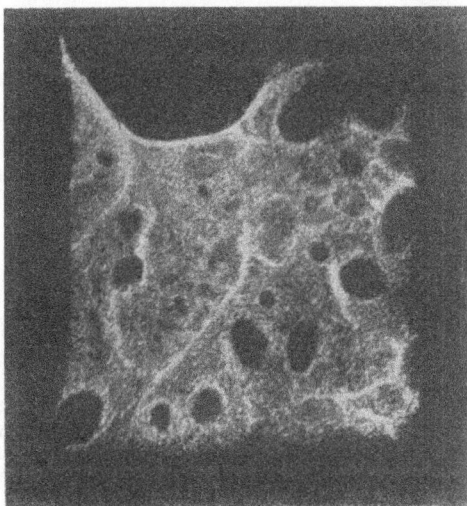

Abb. 58. Schwefelalge (Beggiatoa alba).
(Aus R. Kolkwitz: „Pflanzenphysiologie", S. 94.)

die freien Schwefelwasserstoff enthalten (faulige, städtische Abwässer sowie solche gewisser Gewerbe), und dann in der Regel auf dem Bodenschlamm schleierartige Häute bildet (Abb. 58). Die weißliche Farbe kommt von feinen Schwefelkörnchen her, die in den Zellen des Pilzes abgelagert sind.

Unter Algen wird eine außerordentlich große Anzahl niederer Wasserpflanzen verstanden, die z. T. den Bakterien nahestehen und teils im Wasser schwimmend, teils an Feststoffen haftend, vorkommen. Von besonderer Bedeutung für das Schicksal des Abwassers sind Algen, die Blattgrün enthalten (Grünalgen verschiedener Art), weil sie durch ihre

Lebenstätigkeit das Wasser mit gelöstem Sauerstoff anreichern (vgl. die Ausführungen eingangs dieses Kapitels). Grünalgen treten erst in reinerem bis reinem Wasser auf. Von den Algen führt eine aufsteigende Entwicklungslinie zu höheren Wasserpflanzen mannigfaltigster Art, die nur in ausreichend reinen, sauerstoffhaltigen Wässern vorkommen. Die Zufuhr „düngender" Stoffe zu solchen Gewässern, die z. B. in biologisch gereinigten Abwässern noch enthalten zu sein pflegen, fördert das Wachstum der Wasserpflanzen, so daß es bei kleineren Vorflutern mit nicht zu rascher Wasserbewegung, sowie in Gräben, Teichen, Mühlenstauen u. dgl., die Abläufe biologischer Kläranlagen aufnehmen, zu Wucherungen von Wasserpflanzen, sog. „Verkrautungen", kommen kann.

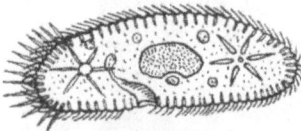

Abb. 59. Pantoffeltierchen.	Abb. 60. Glockentierchen.
(Aus W. Benecke: „Bau und Leben der Bakterien". Verl. G. B. Teubner, Leipzig 1912, S. 14).	(Aus H. Helfer: „Das Saprobiensystem". Kl. Mitt. 7 1931) S. 153).

(Bilder etwa 800 fach vergrößert).

Im Zuge der Reinigung des Abwassers (auf natürlichem oder künstlichem Wege) fallen die Bakterien den nächsthöheren Lebewesen zum Opfer. Zu diesen gehört ein ganzes Heer von Urtierchen (Protozoen) der mannigfaltigsten Art, die die Bakterien verschlingen oder ihnen die Nahrung streitig machen und so das Überwuchern der Bakterien verhindern. Unter den bei Betrachtung eines Tropfens gereinigten Abwassers oder eines Flöckchens belüfteten Abwasserschlammes unter dem Mikroskop meist sofort auffallenden Urtierchen seien besonders das Pantoffeltierchen (Paramaecium) (Abb. 59), das Glockentierchen (Carchesium) (Abb. 60) sowie zahlreiche Arten von Wurzelfüßlern, Rädertierchen und

Würmchen genannt. Alle diese Lebewesen brauchen zu ihrem Dasein Sauerstoff, sie fehlen deshalb in der Tiefe fauligen (sauerstoffleeren) Abwassers und ebenso im Klärschlamm, sind dagegen stets auf der Oberfläche des Abwassers sowie des Schlammes zu finden, wo die Luft Zutritt hat. Sie sind von Bedeutung bei der biologischen Abwasserreinigung als Regler der Bakterienvermehrung sowie als Verzehrer von Stoffen, die für die Bakterien zu grob sind.

Die Urtierchen aller Art werden von nächstfolgenden höheren Lebewesen verzehrt, wie Kleinkrebschen, z. B. Gammarus (Abb. 61), Würmern, z. B. Tubifex (Abb. 62), Fliegenlarven, z. B. der Abwasserfliege (Psychoda) (Abb. 63). Die aus den Larven entstehenden Fliegen können z. B. in Tropfkörperanlagen außerordentlich gehäuft auftreten und zu Belästigungen der Umgebung führen.

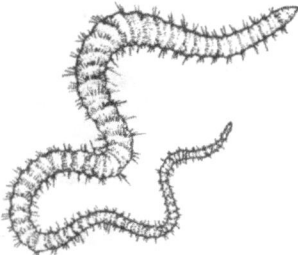

Abb. 61. Kleinkrebschen (Gammarus) (vergrößert).

Abb. 62. Röhrenwurm (Tubifex) (stark vergrößert).

(Aus P. W. Claassen: „The biology of stream pollution". Sewage Works Journal 4, 1932, S. 170.)

Wird Abwasser einem Vorfluter in ungereinigtem Zustande übergeben und ist die Verdünnung nur geringfügig, dann kann man im Abwärtslaufe drei „Zonen" abnehmender Wasserverunreinigung unterscheiden, die durch ihnen eigene Organismen gekennzeichnet sind. Die 3 Zonen sind:

1. die Zone starker Verschmutzung (polysaprobe Zone), in der Sauerstoff spärlich ist und in der im wesentlichen Bakterien vorwalten sowie einige Urtierchen und Algen mit geringem Sauerstoffbedürfnis, auch Abwasserpilze, zu finden sind,
2. die Übergangszone (mesosaprobe Zone), in der schon Sauerstoff im Wasser in ausreichender Menge gelöst ist, um bei noch immer vorhandenen organischen Stoffen ein reiches Leben an Urtierchen, Abwasserpilzen, Algen

sowie einigen Krebschen, Würmern u. dgl. zu ermöglichen. In dieser Zone werden schon Grünalgen angetroffen, und manche Fischarten suchen sie auf, um ihr die Nahrung zu entnehmen,

3. die Zone geringer Verunreinigung (oligosaprobe Zone), in der höhere Wassertiere und Grünpflanzen vorwalten, und nur noch geringe Bestände an Schmutzwasserbewohnern an die Herkunft des Wassers erinnern. Bei reichlichem Gehalt an gelöstem Sauerstoff findet hier der endgültige Abbau der restlichen organischen Schmutzstoffe statt, womit die Selbstreinigung des Wassers zum Abschluß gebracht ist.

Man hat sich die 3 Zonen natürlich nicht als scharf abgegrenzt vorzustellen, sie greifen vielmehr ineinander über

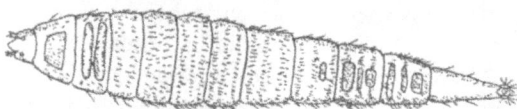

Abb. 63. Larve der Abwasserfliege (Psychoda) (stark vergrößert). (Aus P. W. Claassen: „The biology of stream pollution". Sewage Works Journal 4, 1932, S. 170.)

und weisen verschiedene Zwischenstufen auf, auf die hier aber nicht näher eingegangen werden kann.

Umgekehrt kann man aus der Anwesenheit bestimmter pflanzlicher und tierischer Lebewesen in einem Wasserlauf auf die Zufuhr von Abwässern und ihre Häufigkeit schließen. Dies bildet den Gegenstand der sog. „biologischen Wasseruntersuchung", einer besonderen, noch jungen und in der Entwicklung begriffenen Wissenschaft, die die chemische Untersuchung wertvoll zu ergänzen berufen ist.

Von den winzig kleinen Bakterien bis zu den Fischen, die wiederum dem Menschen als Nahrung dienen, führt eine fortlaufende Linie der stufenweisen Einfleischung (Incarnation) im Aufbau lebender Substanz. Indem die menschlichen Abgänge ins Abwasser gelangen, wird der Kreislauf des Aufbaus und Abbaus der lebenden Substanz geschlossen[1]).

---

[1]) Zur eingehenden Unterrichtung über die in diesem Kapitel aus Raummangel nur in äußerster Kürze abgehandelte Lebewelt

XVII. Biologische Reinigungsanlagen.
(Verfahren zur Beseitigung der Fäulnisfähigkeit.)

Die Absetzverfahren verfolgen und erreichen bei richtiger Anlage und sorgfältigem Betriebe den Zweck, das Abwasser zu „entschlammen", d. i. die ungelösten Stoffe soweit aus dem Abwasser zu entfernen, daß die geklärte Flüssigkeit, dem Vorfluter übergeben, in diesem keine Schlammablagerungen und im Zusammenhange damit stehende Mißstände erzeugen kann. Fäulnisunfähig wird jedoch die geklärte Flüssigkeit durch die bloße Entschlammung nicht, und wenn im Vorfluter die ausreichende Verdünnung fehlt, um den „biologischen" Abbau der gelösten und der ungelösten, nicht absetzbaren Schmutzstoffe des Abwassers zu bewirken, so kommt es unter Umständen zu Klagen über Geruchsbelästigung, Schädigung der Fischerei, geminderte Nutzbarkeit des Vorflutwassers usw. In derartigen Fällen, die immerhin zahlreich sind, da sehr wasserreiche Vorfluter nicht überall zur Verfügung stehen, muß das entschlammte, geklärte Abwasser noch weiter behandelt werden. Es müssen dann sowohl die feinstverteilten, in Absetzbecken nicht ausgefangenen Schwebestoffe, wie auch die halbgelösten „kolloiden" und die echtgelösten organischen Stoffe des Abwassers zerstört werden, um diesem die Fähigkeit zu nehmen, unter Ausströmung übelriechender Dünste zu faulen.

Derartige „Nachreinigung" des entschlammten Abwassers leistet demnach im wesentlichen dasselbe wie wasserreiche Vorfluter. Bei der natürlichen „Selbstreinigung" der Flüsse und bei der künstlichen biologischen Reinigung des Abwassers sind denn auch im wesentlichen dieselben Kräfte im Spiele, wenn auch in anderer Verteilung und Wirkungsweise. Eine wichtige Rolle spielen in beiden Fällen die Kleinlebewesen. Beide Reinigungsarten sind „biologisch", d. h. eine Begleit- und Folgeerscheinung von Lebensvorgängen. Für die Nachreinigungsverfahren ist daher auch allgemein die Bezeichnung „biologische Verfahren" angenommen worden.

des Abwassers sei besonders das ausgezeichnete Buch von R. Kolkwitz: „Pflanzenphysiologie" (Verlag G. Fischer, Jena 1914) empfohlen.

Unter den biologischen Verfahren sind zwei Gruppen zu unterscheiden. Die erste Gruppe bilden diejenigen Verfahren, die in der Hauptsache nur die endgültige Reinigung des Abwassers anstreben. Hierzu gehören:

1. Füllkörper,
2. Tropfkörper,
3. Tauchkörper,
4. Anlagen für belebten Schlamm,
5. Staufilter,
6. Untergrundrieselung.

In die zweite Gruppe gehören Verfahren, die neben der Reinigung auch die landwirtschaftliche Ausnützung des Abwassers bezwecken. Hierzu gehören die

7. Rieselverfahren.

Die Untergrundrieselung kann unter Umständen ebenfalls der zweiten Gruppe zugezählt werden.

Bei den Rieselverfahren, den Staufilteranlagen und der Untergrundrieselung wird der natürliche, der „gewachsene" Boden zum Reinigen des Abwassers benutzt und ist Träger der reinigenden Kräfte. Beim Füllkörper-, Tropfkörper- und Tauchkörperverfahren übernimmt diese Rolle das zusammengetragene, künstlich aufgebaute Material, bei der Reinigung mit „belebtem" Schlamm die durch Belüftung und Bewegung erzeugten Flocken.

XVIII. Die Füllkörper.

Das Füllkörperverfahren beruht im wesentlichen darauf, daß man durch Absetzen vorgeklärtes Abwasser in Becken zieht, die mit irgendeinem klein geschlagenen Material gefüllt sind. In diesen Becken verbleibt das Abwasser eine Zeitlang mit den „Brocken" in Berührung, wobei, sobald diese „gereift" sind, was weiter unten erklärt werden soll, das Abwasser die Fäulnisfähigkeit verliert, abgelassen und der Vorflut übergeben werden kann. Der so benutzte Füllkörper wird nun eine Zeitlang ausgeschaltet und der Einwirkung der Luft überlassen. Durch den Wechsel von Wasserbeschickung und Ruhe unter Lufteinwirkung vollziehen sich im Füllkörper Vor-

gänge, denen die Reinigung des Abwassers bis zur Fäulnisunfähigkeit zu verdanken ist.

Es sei hier versucht, das Wichtigste zur Erklärung der
Kräfte zu sagen, die das Abwasser „biologisch" reinigen.

Es sind zwei ganz verschiedene Kräfte, die sich in die
Reinigungsarbeit teilen, und zwar zunächst eine vom unbe-
lebten Stoff ausgehende und dann die Lebenstätigkeit der im
Kap. XVI besprochenen Kleinlebewesen, die sich auf der Oberfläche der Materialstücke ansiedeln.

Ein Vergleich mit dem Vorgang des Färbens wird das
Verständnis der erstgenannten Kraft erleichtern. Beim Fär-
ben, z. B. eines Haufens Wolle, trägt man die Wolle in die
Farblösung, d. i. Wasser mit einem Gehalt an gelösten Farbstoffen, ein. Nach einiger Zeit erscheint die Wolle gefärbt,
die Flüssigkeit aber hat die Farbe eingebüßt oder ist doch erheblich blasser geworden. Was ist nun da vorgegangen? Offenbar haben die im Wasser gelösten Farbstoffe einen Aufenthalts-
wechsel vollzogen, sie haben das Wasser verlassen und sind an
der Wolle haften geblieben, Die Wolle hat sie „angesaugt",
und damit aus der Farblösung entfernt. Beseitigt man die ent-
färbte Lösung und gießt neue Farblösung zu, dann färbt sich
die Wolle wohl noch stärker an, zieht also noch weiteren Farbstoff aus der Lösung. Ist schließlich die Wolle mit Farbstoff
gesättigt, dann verliert sie ihre Anziehungskraft auf diesen,
so daß weitere Farblösung nicht mehr entfärbt wird.

Füllt man ein Glas mit kleinen Stückchen Holzkohlen
und gießt Rotwein hinein, so entfärbt sich dieser nach einiger
Zeit, der Farbstoff wird aus der Lösung angesogen und schlägt
sich auf der Kohle nieder. Der Versuch kann nur so lange
wiederholt werden, bis sich die Holzkohlenstücke mit dem
Rotweinfarbstoff gesättigt haben, worauf weitere Rotwein-
mengen nicht mehr entfärbt werden.

Aus diesen Beispielen ist zu ersehen, daß einige feste
Stoffe die Eigenschaft besitzen, gewisse gelöste Stoffe aus
Lösungen herauszuholen und festzuhalten. Diese eigentümliche
Fähigkeit besitzen eigentlich sämtliche Körper, jedoch in sehr
verschiedenem Grade, der im wesentlichen von der Beschaffenheit
oder vielmehr Ausdehnung der Körperoberfläche abhängig
ist. Für Abwasserreinigung sind besonders Körper mit rauher,

poriger Oberfläche, wie z. B. Koks, Bimsstein, Schlacke, Ziegel-
brocken u. dgl. geeignet, weil auf rauhen Flächen der durch
Abwasserbeschickung entstehende schleimige Belag, der
die Oberfläche des Materials ungeheuer vergrößert und zugleich die in Betracht kommenden Spaltpilze beherbergt,
leichter verankert wird als auf glatten Flächen. Im Maße, als
die Brocken sich mit diesem Belag, der auch „biologischer
Rasen" genannt wird, überziehen, wächst ihre Wirksamkeit,
das Material „reift". Abb. 64 zeigt schematisch ein Stück

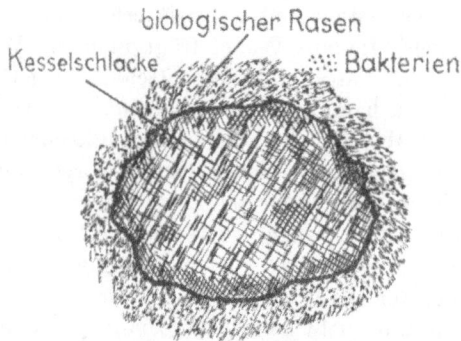

Abb. 64. Schematische Darstellung eines Brockens Kesselschlacke.
der mit Bakterienschleim („biologischem Rasen") überzogen ist.

Kesselschlacke, das mit „biologischem Rasen" überzogen ist.
Die an sich schon reichlich zerklüftete und porige Oberfläche
der Schlacke dient als Verankerungsgrund für das schwammige Gebilde des Bakterienschleims, dessen ungeheure Oberflächenentwicklung in der Abbildung nur angedeutet werden
konnte. Beschickt man nun ein Becken, das mit derartigem
kleingeschlagenen „gereiftem" Material gefüllt ist, mit Abwasser,
so werden die gelösten Schmutzstoffe in ähnlicher Weise aus
dem Abwasser gezogen und auf den schleimigen Oberflächen
des Füllmaterials festgehalten, wie es in den angeführten Ver-
gleichsbeispielen mit den Farbstoffen der Fall ist. Durch fort-
gesetzte Beschickungen nimmt allmählich die Fähigkeit des
Füllkörpers, die gelösten organischen Stoffe aus dem Abwasser herauszuholen, ab, bis schließlich, wollte man Füllung
und Leerung des Füllkörpers ohne Unterbrechung vor sich

gehen lassen, sehr bald ein Zeitpunkt kommen müßte, von
dem an das Abwasser den Füllkörper ebenso ungereinigt verlassen würde, wie es in ihn eingetreten ist.

Als Ergänzung der ersten Arbeit, des Herausholens
der ungelösten Schmutzstoffe aus dem Abwasser,
die die gereifte Materialoberfläche leistet, ist daher noch eine
zweite erforderlich, nämlich die regelmäßige Wiederherstellung der Anziehungskräfte, also der Wirksamkeit
des Füllkörpermaterials.

Diese zweite Arbeit wird nun durch die Spaltpilze
(Bakterien) verrichtet, die sich bei Inbetriebnahme eines
Füllkörpers, im Maße, als sich die Brocken mit Schleim überziehen, auf der Oberfläche derselben ansiedeln. Die Bakterien
ernähren sich aus den angesogenen Schmutzstoffen und vermitteln durch ihre Lebenstätigkeit Vorgänge, die diese Stoffe
in andere Stoffe umwandeln, die nicht mehr die als Fäulnis
bekannten Erscheinungen auslösen können. Man nennt diese
Umwandlung der fäulnisfähigen organischen Stoffe in nicht
mehr fäulnisfähige Produkte, wohl auch den „Abbau" der
organischen Substanz. Da durch den Abbau der organischen
Substanz des Abwassers das Verhältnis zwischen den mineralischen und organischen Stoffen sich zugunsten der ersteren
verschiebt, so pflegt man auch von „Mineralisierung" der
Substanz des Abwassers (bzw. des Schlammes) zu sprechen.

Die Bakterien, die die organischen Stoffe des Abwassers
im Füllkörper „abbauen", „mineralisieren", sind, was die Bedingungen ihres Gedeihens anbelangt, denjenigen Bakterien
entgegengesetzt, die die Fäulnis verursachen. Während die
Fäulnisbakterien luftscheu sind und unter Ausschluß von
Luft und Licht am besten gedeihen (im Schlamm der Absetzbecken), sind unsere Bakterien des Füllkörpers luftliebend,
sie bedürfen zum Leben unbedingt reichlicher Luft- bzw.
Sauerstoffzufuhr. Ohne Luftzufuhr sterben sie alsbald ab und
räumen das Feld den luftscheuen, fäulniserregenden Bakterien
(vgl. auch Kap. XVI).

Wesentlich für die Ansiedlung, Entwicklung und Erhaltung jener nützlichen Bakterien ist demnach neben der Zufuhr der Nährstoffe, die im Abwasser dargeboten werden, die

regelmäßige Luftzufuhr. Diese findet in den Ruhepausen, d. i. bei entleertem Füllkörper, statt.

Sobald an Stelle des abgeflossenen Wassers Luft in die freien Räume des Füllkörpers eingedrungen ist, setzt sofort der Abbau der auf dem „biologischen Rasen" angesammelten organischen Stoffe durch die Bakterien ein. Hierbei wird der dargebotene Sauerstoff durch die Bakterien mit den Bausteinen der organischen Stoffe des Abwassers verbunden, so daß an Stelle der früher sauerstoffleeren oder sauerstoffarmen Verbindungen, mehr oder weniger sauerstoffreiche bis sauerstoffsatte Produkte gebildet werden. Von letzteren sind von besonderem Interesse die Kohlensäure, die aus dem Kohlenstoff durch Zutritt von Sauerstoff entsteht und teils im Wasser gelöst bleibt, teils in die Luft entweicht, dann Verbindungen (Salze) der salpetrigen Säure (Nitrite) sowie der Salpetersäure (Nitrate), die aus den Stickstoffverbindungen ebenfalls durch Zutritt von Sauerstoff entstehen und schließlich die Salze der Schwefelsäure (Sulfate), die aus den Schwefelverbindungen durch Sauerstoff gebildet werden. Kohlensäure, Nitrite, Nitrate und Sulfate zählen zu den mineralischen Stoffen, Kohlensäure in diesem Falle, obschon sie Kohlenstoff enthält, weil sie nicht brennbar ist. Nitrite können noch weiteren Sauerstoff aufnehmen, wodurch sie in Nitrate übergehen. Diese sowie Kohlensäure, bzw. kohlensaure Salze (Karbonate) und Sulfate sind sauerstoffsatte Verbindungen, die keinen weiteren Sauerstoff mehr aufnehmen, wohl aber welchen abgeben können. Diese letztere Eigenschaft, bzw. Möglichkeit, ist namentlich hinsichtlich der Nitrate belangreich, weil, so lange solche im Wasser anwesend sind, Fäulnisvorgänge nicht stattfinden können. Fäulnis kann nämlich nur bei Abwesenheit bzw. Erschöpfung des gesamten im Wasser und seinen ungelösten Verbindungen enthaltenen Sauerstoffes auftreten. So lange Sauerstoff im Wasser verfügbar ist, können sich Fäulnisgase nicht bilden, bzw. werden die entstehenden sofort zerstört. Fehlt nun im Wasser gelöster Sauerstoff, sind aber Nitrate anwesend, so geben diese einen Teil ihres Sauerstoffgehaltes an die in Bildung begriffenen Fäulnisgase (z. B. den Schwefelwasserstoff) ab, wodurch die Entstehung der letzteren verhindert wird. Das Nitrat wird hierbei in das sauerstoffärmere Nitrit überführt. Ein gewisser Gehalt an sauerstoffsatten Verbindungen im Wasser ist daher als Sicherstellung gegen Fäulnis erwünscht. Es wird folglich als Merkmal der zufriedenstellenden Arbeitsweise biologischer Körper angesehen, wenn ihre Abläufe reich sind an sauerstoffsatten Schwefel- und Stickstoffverbindungen, d. i. gelösten schwefelsauren und salpetersauren Salzen, während bei unbefriedigender Leistung in den Abläufen sauerstoffarme bzw. nicht ganz mit Sauerstoff gesättigte Verbindungen enthalten sind. Wasser, das nur sauerstoffsatte Verbindungen gelöst enthält, kann mit Sicherheit als „haltbar", d. i. der stinkenden Fäulnis nicht zugänglich und nicht mehr sauerstoffzehrend, angesehen werden. Die Reinigung des Abwassers im Füllkörper (wie auch in den anderen biologischen Körpern) beruht somit von der stofflichen Seite betrachtet, im wesentlichen auf der Verbindung von Sauerstoff mit den organischen Stoffen, auf der „Oxydierung" dieser Stoffe, wodurch sie ihren Charakter als „organische" Stoffe verlieren und in „mineralische" Stoffe umgewandelt werden. Man nannte daher früher die biologischen Körper auch „Oxydationskörper". Die Bakterien spielen dabei die Rolle von „Sauerstoffüberträgern", sie verbinden den Sauerstoff mit dem aus den organischen Verbindungen abgespalteten Kohlenstoff, Schwefel, Stickstoff, zu ihren Sauerstoffverbindungen.

Sobald in der Ruhepause des Füllkörpers die organischen Stoffe durch die Kleinlebewesen aufgearbeitet worden sind, ist das Füllmaterial erneut imstande, die Oberflächenanziehungskräfte zu betätigen und der nächstfolgenden Abwasserfüllung die Schmutzstoffe zu entziehen.

Es kommt dann der Zeitpunkt, in dem das Becken erneut mit Abwasser gefüllt werden kann. Die Lüftungspause muß so bemessen sein, daß den Bakterien genügend Zeit belassen wird, um die angesammelten organischen Stoffe, so weit es eben geht, zu mineralisieren. Je dicker das Abwasser, desto länger muß naturgemäß die Lüftungspause im Verhältnis zur Füllzeit bemessen sein, desto weniger Abwasser kann also in einem gegebenen Zeitabschnitt, z. B. in 24 Stunden, gereinigt werden. Die Füllzeit darf andererseits nicht zu lange währen, weil die luftliebenden Bakterien nicht zu lange ohne Sauerstoffzufuhr sein können, und bleibt diese längere Zeit aus, dann setzt

Fäulnis des Abwassers ein. Für mitteldickes, gut entschlammtes städtisches Abwasser pflegt eine Füllzeit von 2 und Lüftungspause von 4 Stunden, insgesamt also 4 Beschickungen in 24 Stunden, ungefähr angemessen zu sein. So wechselt das Spiel der Beschickung und Wiederherstellung der Wirksamkeit des Füllkörpers längere Zeit ab. Nach und nach wird jedoch das Aufnahmevermögen des Körpers für Abwasser durch Verschlammung vermindert.

Die ersten Abwasserbeschickungen verlassen die Füllkörper noch nicht in genügend gereinigtem Zustande. Zur Entwicklung der vollen Leistungsfähigkeit der Körper ist vielmehr eine „Einarbeitungszeit", die schon oben erwähnte „Reifung", erforderlich. Die Bakterien, die die Schmutzstoffe des Abwassers aufarbeiten und sich im schleimigen Belag der Materialbrocken ansiedeln, brauchen zur vollen Entwicklung und Erstarkung ihrer Stämme gewisse Zeit. Der „biologische Rasen" wird mit zunehmendem Alter wirksamer, so daß der Füllkörper nach einer gewissen Zeit mehr Schmutzstoffe aus dem Abwasser herauszieht als bei den ersten Beschickungen. Neben den Bakterien entsteht in Füllkörpern mit der Zeit ein recht buntes Kleintierleben, indem zumeist auf niederster Stufe aller Lebewesen stehende Organismen, aber auch Insektenlarven, Würmer u. dgl. im Belag und zwischen dem Brockenmaterial Unterkunft finden. Zur Nahrung dienen ihnen teils die Schmutzstoffe des Abwassers, teils die lebenden oder toten Bakterien, teils fressen die einen die anderen auf. Auch diese Lebewelt älterer Füllkörper ist als an der biologischen Reinigung des Abwassers mittelbar beteiligt anzusehen.

Füllkörperanlagen können so gebaut sein, daß das Abwasser durch Aufenthalt in einem oder mehreren gleichzeitig zu beschickenden Füllkörpern endgültig gereinigt wird. Solche Anlagen werden „einstufige" genannt. Vielfach erscheint es jedoch zweckmäßig, die Reinigungsarbeit des Abwassers zweien hintereinander geschalteten Füllkörpern bzw. Füllkörpergruppen zuzuweisen, dergestalt, daß das Abwasser den ersten Füllkörper halbgereinigt verläßt und erst im folgenden seine volle „Haltbarkeit" erlangt. Anlagen dieser Art sind „zweistufig". Für die erste Stufe verwendet man gröberes Füllmaterial als für die zweite, da diese weniger

Schmutzstoffe zu entfernen hat als jene, daher nicht so schnell verschlammt werden kann.

Füllkörper bestehen im wesentlichen aus flachen, länglichen Becken, deren Sohle leichtes Gefälle nach dem Abfluß zu aufweist. In die Sohle werden verschließbare Sickerstränge verlegt, um das Wasser beim Entleeren vollständig abzuziehen und in den Ruhepausen die Lüftung bis in die untersten Schichten des Brockenmaterials zu gewährleisten. Für die Füllung mit Abwasser genügen die einfachsten Vorrichtungen, da es sich schließlich nur darum handelt, daß das Becken mit Wasser volläuft. Zum Entleeren dienen Rohre, die an der Abflußseite dicht oberhalb der Sohle eingesetzt sind, sowie die Schieber der Sickerstränge. Um an Bedienungskräften zu sparen, wurden Beschickungsvorrichtungen ersonnen, die den Wechsel der Beschickungs- und Lüftungsabschnitte selbsttätig besorgen.

Als Füllmaterial (Brockenmaterial) sind, wie oben erwähnt, verschiedene Stoffe geeignet, wenn sie nur rauhe, möglichst zerklüftete porige Oberflächen, die rasche und feste Verankerung der bei der Reifung entstehenden „biologischen Rasen" gestatten, aufweisen. Wichtig sind ferner Härte und Wetterbeständigkeit des Materials, die Gewähr dafür bieten, daß es weder unter eigenem Druck nennenswert absandet, noch unter dem wechselnden Einfluß des Wassers und der Luft, namentlich auch der Kohlensäure, die sich während der Ruhepausen im Körper durch die Arbeit der Bakterien lebhaft entwickelt, mürbe wird und bröckelt, was sehr bald zu Verstopfungen führen würde. Für gröbere Füllungen haben sich namentlich Kesselschlacke aus Steinkohlenfeuerungen, Koks, auch hartgebrannte Klinker, Steinschlag und Kies bewährt. Für feinkörnige Füllung der Nachreinigungsstufen kommt reiner Quarzsand, Basaltsplitt u. dgl. in Betracht.

In Deutschland findet sich im rheinischen Tuffstein ein besonders geeignetes Material zum Aufbau biologischer Körper.

Sowohl für die Wasseraufnahmefähigkeit wie auch für die Reinigungswirkung ist Wahl der richtigen Korngröße des Füllmaterials von Belang. Das Verhältnis der Korngröße zur Wasseraufnahmefähigkeit erfordert nun besondere Beachtung.

9*

Füllt man ein Gefäß von bestimmtem Inhalt mit Material-brocken, so kann man in jenes nur noch so viel Wasser hinein-gießen, wie viel der freie Raum zwischen den Brocken faßt. Man nennt den so verfügbaren Raum den „Poreninhalt". Läßt man nun nach der ersten Beschickung das Wasser, etwa durch einen am Boden des Gefäßes befindlichen Zapf-hahn ab, so verbleibt auch nach völligem Abtropfen noch etwas Wasser, an der Oberfläche der Brocken haftend, im Gefäß zurück. Je kleinkörniger das Material, desto mehr Wasser wird zurückgehalten. Füllt man also das einmal entleerte Gefäß zum zweiten Male mit Wasser, so wird man in keinem Falle nochmals dieselbe Menge wie das erstemal hineinbringen, son-dern stets weniger, und zwar wird für jede Korngröße des Materials die Menge des Wassers, das hineingebracht werden kann, verschieden sein.

Gemischte Korngrößen ergeben stets kleinere Poreninhalte als gleichartige, weil sich kleinere Körner zwischen die größeren in die freien Räume hineinlagern und sie teilweise ausfüllen.

Diejenige Menge Wasser, die in einem schon mit Wasser benetzten Füllkörper noch untergebracht werden kann, ergibt das „Wasseraufnahmevermögen" dieses Körpers. Dieses ist also etwas anderes als der Poreninhalt, es nähert sich die-sem um so mehr, je größer die Körnung ist, und wird um so kleiner, je feiner das Materialkorn. Die Feststellung des Wasser-aufnahmevermögens des Füllmaterials ist wichtig, weil davon die Berechnung der Abmessungen der Füllkörper mit abhängt.

Im Laufe des Betriebes muß sich das Wasseraufnahme-vermögen von Füllkörpern notwendigerweise vermindern. Zu-nächst führt das in Absetzbecken wenn auch sorgfältig geklärte Abwasser eine gewisse Menge ungelöster Stoffe mit, die im Füllkörper zurückgehalten werden. Wenngleich diese an orga-nischer Substanz reichen Schwebestoffe ebenso wie die gelösten Stoffe dem Angriff der Bakterien unterliegen und zum großen Teile zersetzt werden, so hinterlassen sie doch Reste, die sich nach und nach im Füllkörper anhäufen. Aber auch aus den ursprünglich gelöst gewesenen Stoffen und den in kolloider Aufschwemmung befindlichen, scheiden sich nach der Zer-setzung durch die Bakterien ungelöste Reste aus. Schließlich kommen noch dazu die abgestorbenen Leiber der Bakterien und sonstigen Kleinlebewesen. Zwar wird bei jeder Entleerung des Füllkörpers ein Teil der Schwebestoffe mit dem Abwasser ausgeschwemmt, gleichwohl „verschlammt" doch früher oder später jeder Füllkörper, und es kommt ein Zeitpunkt, in dem einerseits das Wasseraufnahmevermögen, andererseits die Reinigungswirkung infolge der Verschlammung so abgenommen haben, daß der Füllkörper außer Betrieb gesetzt, das ganze Material ausgehoben, gewaschen und neu eingefüllt werden muß. Der Körper muß dann naturgemäß von neuem eingearbeitet werden.

Das Waschen des Füllkörpermaterials gestaltet sich mitunter schwierig, da der Schlamm oft den Brocken fest anhaftet. Meist ist kräftige Wasserbewegung in geeigneten Kästen u. dgl. erforderlich, um das Brockenmaterial vom Schlamm zu befreien. Das Waschwasser wird am besten in den Zulauf zu den Absetzbecken der Vorklärung zurückgeleitet. Es sind Maschinen zum Waschen des Füllkörpermaterials gebaut worden, die es gestatten, den Schlamm mit möglichst geringem Wasserverbrauch vom Füllmaterial abzulösen.

Diese Verhältnisse müssen bei der Wahl der Korngröße für das Füllmaterial berücksichtigt werden. Je kleiner die Korngröße, desto größer ist die Gesamtoberfläche der Körner und desto kraftiger daher auch die Reinigungswirkung. Es leuchtet ein, daß in einem mit Sand gefüllten Becken die gesamte Menge des Wassers in innigerer Berührung mit dem Füllmaterial steht als in einem, das faustgroße Steine enthält. Andererseits verschlammt naturgemäß ein kleinkörniger Füllkörper rascher als ein grobkörniger. Die Korngröße ist demgemäß so zu wählen, daß sowohl den Anforderungen an den Reinigungsgrad des Abwassers Genüge getan, wie auch die Verschlammung des Körpers in erträglichen Grenzen gehalten wird. Vielfach hilft man sich, wie schon erwähnt, durch Behandlung des Abwassers in zwei hintereinander geschalteten Füllkörpern. Der Füllkörper „erster Stufe" enthält gröberes Material und besorgt den ersten Teil der Reinigung. Hier wird die größere Menge des Schlammes zurückgehalten. Im Füllkörper „zweiter Stufe" aus kleinkörnigem Material, der zum Teil schon gereinigtes, also weniger Schlamm ausscheidendes Abwasser empfängt, wird die Reinigung des Abwassers vollendet. Die Korngröße in den beiden Becken wird so gegeneinander abgestuft, daß die Verschlammung in ihnen ungefähr gleichmäßig fortschreitet, also nach Ablauf einer gewissen Zeit die beiden Stufen zwecks Reinigung des Füllmaterials gleichzeitig ausgeschaltet werden. Der Betrieb gestaltet sich so, daß, während die erste Stufe beschickt ist, die zweite ihre Ruhepause hat und umgekehrt.

Für einstufige Füllkörper pflegt man im allgemeinen Füllstücke von etwa 5—30 mm Korngröße zu wählen, bei zweistufigen für die erste Stufe 10—30 mm große Brocken, für die zweite Stufe von 10 mm abwärts bis zum Sand.

Wie oben gezeigt wurde, ergibt sich auch beim Füllkörperbetriebe die Notwendigkeit, Schlamm, wenn auch nicht in dem Maße wie beim Betriebe der Absetzbecken, zu beseitigen. Der Schlamm aus Füllkörpern ist jedoch anderer Art als solcher aus Absetzbecken der Vorreinigung, er pflegt eine gewisse Ähnlichkeit mit Flußschlamm oder Moor aufzuweisen (in England „humus" genannt) und läßt sich meist leichter entwässern als Klärschlamm aus Vorklärbecken. Da bei jedem Entleeren der Füllkörper ein Teil der Schlammstoffe mit ausgeschwemmt wird, so ist das gereinigte Abwasser nicht frei von ungelösten Stoffen, es kann sogar unter Umständen mehr gelöste Stoffe enthalten als vor dem Eintritt in den Füllkörper. Diese Schwebestoffe müssen natürlich, soweit sie absetzbar sind, abgefangen werden, weil sie sonst im Vorfluter Schlamm ablagern würden. Zum Abfangen dienen der Füllkörperanlage nachgeschaltete Absetzbecken, sog. „Nachklärbecken", deren Betrieb sich von dem der Absetzbecken für rohes Abwasser nicht wesentlich unterscheidet. Der abgesetzte „Nachklärschlamm" ist, wie schon erwähnt, zwar von günstigerer Beschaffenheit als der aus rohem Abwasser anfallende, jedoch in der Regel, namentlich wegen des Gehaltes an abgestorbenen Bakterien usw., noch ausfaulbar. Empfehlenswert ist es, diesen Schlamm dem der Vorreinigung zuzumischen und gemeinsam auszufaulen.

Die nachgeklärten fäulnisunfähigen Abläufe sind nun zur Übergabe an den Vorfluter reif, wenn es nicht, wie später gezeigt werden wird, vorgezogen wird, das so gereinigte Abwasser noch auf gewachsenem Boden nachzubehandeln bzw. zu verwerten.

In Abb. 65 ist der Querschnitt zweier parallel geschalteter einstufiger Füllkörper und eine zweistufige Füllkörperanlage, die einem Klärbecken nachgeschaltet ist, schematisch dargestellt.

Einstufige Füllkörperanlage.

Querschnitt

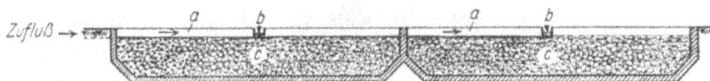

Zweistufige Füllkörperanlage.

Grundriß

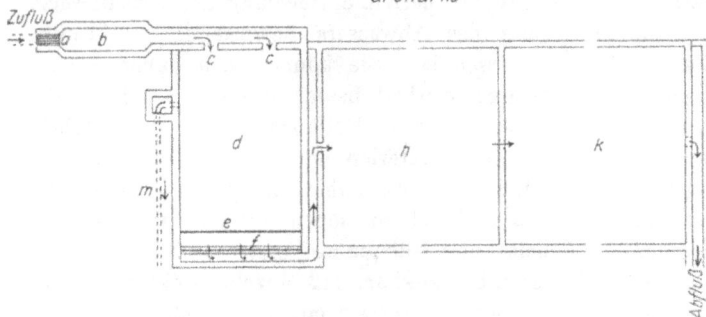

Längsschnitt

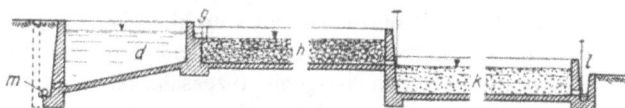

a = Rechen, b = Sandfang, c = Einlauf zum Klärbecken, d = Klärbecken, e = Tauchbrett, f = Überfallschwelle, g = Rinne, h = Füllkörper mit grober Schlacke, k = Füllkörper mit feiner Schlacke, l = Abflußrinne, m = Entleerungsleitung für das Klärbecken.

Abb. 65.

XIX. Die Tropfkörper.

Tropfkörper bestehen im wesentlichen aus Haufen frei aufgeschichteten stückigen Materials und unterscheiden sich, was die Arbeitsweise anbelangt, von Füllkörpern hauptsächlich dadurch, daß sie die Abwasserreinigung fortlaufend be-

sorgen, während beim Betriebe der Füllkörper Beschickungs-
und Lüftungspausen miteinander abwechseln. Tropfkörper
werden mit Abwasser mittels geeigneter Verteilungsvorrichtungen von oben her beschickt. Das Abwasser wird schon in
den oberen Schichten des Materials in Tropfen aufgelöst und
dadurch in besonders innige Berührung mit den Material-
brocken und der Luft, die den Körper erfüllt, gebracht. Der
Reinigungsvorgang vollzieht sich im übrigen in derselben
Weise wie in Füllkörpern. Während aber in diesen die reinigenden Kräfte nur während der Lüftungspausen wiederher-
gestellt werden, sind für Tropfkörper Ruhepausen nicht erforderlich, da die Luft ständig Zutritt hat. Vorteilhaft ist
hierbei, daß bei Tropfkörpern die Regelung der Arbeitsweise
der, die Reinigung des Abwassers bewirkenden Faktoren,
diesen selbst überlassen ist. Sie können sich daher der zu
verrichtenden Reinigungsarbeit besser anpassen als bei Füllkörpern. Beim Betriebe von Füllkörpern wird die Arbeit
und die Erholung den Bakterien usw. sozusagen willkürlich
zugeteilt, ohne daß es, trotz dahingehender Versuche und
Beobachtungen, möglich ist, zu sagen, ob man mit der Bemessung der Arbeits- und Ruhepausen ganz das Richtige trifft
oder nicht. Es ist z. B. denkbar, daß einzelne Bakterienarten,
die die Reinigungsarbeit verrichten, ein größeres, andere
wieder ein geringeres Sauerstoffbedürfnis haben, daß, während
die einen bei der bemessenen Beschickungszeit des Füllkörpers
noch bis zur Lüftungspause gut durchhalten, die anderen der
Luftzufuhr in kürzeren Zeiträumen benötigen usw. Bei Tropfkörpern ist diese Schwierigkeit ausgeschaltet, jede Bakterienart und jedes einzelne Kleinlebewesen ist hinsichtlich der
Deckung seines Bedarfes an Luftsauerstoff ganz unabhängig,
vorausgesetzt, daß richtiger Bau des Tropfkörpers eine gute
Lüftung gewährleistet.

Ein wichtiger Vorzug der Tropfkörper ist ferner darin zu
erblicken, daß das Abwasser von Stück zu Stück der Material-
brocken tropft, statt wie in Füllkörpern sich längere Zeit in
Ruhelage zu befinden. Es wird dadurch auch bei Berührung
mit grobkörnigem Material gründlicher mit den wirksamen
Oberflächen zusammengebracht als im Füllkörper. Der fallende Tropfen wird direkt von Luft umspült, was bei Füll-

körpern nicht der Fall ist. Die unmittelbare Lüftung des
Abwassers unterstützt hierbei die anderen Reinigungsvorgänge
sehr wesentlich. Aus den genannten Gründen sind Abläufe
der Tropfkörper in der Regel besser gereinigt als solche der
Füllkörper. Tropfkörper sind schließlich, soweit das Brockenmaterial in Betracht kommt, in der Regel billiger im Bau,
weil sie freistehend und aus gröberem Material gebaut werden
können als Füllkörper (es werden also der Erdaushub der
Becken, die Befestigung derselben, namentlich aber die Kosten
des weitgehenden Zerkleinerns und Siebens des Materials erspart) und angenehmer im Betriebe, weil das regelmäßige Beschicken und Entleeren der Füllkörper unter Umständen mehr
Bedienung erfordert als der ununterbrochene Betrieb der
Tropfkörper und weil diese nicht verschlammen, also die
Kosten der Materialwäsche erspart werden. Andererseits weisen
Tropfkörper gegenüber den Füllkörpern auch einige Nachteile
auf, die weiter unten dargelegt werden sollen.

Tropfkörper werden in der Regel auf gedräntem Unter-
bau aufgeschichtet. Die Dränung der Sohle, die zweckmäßig
als Ziegelsteinrost ausgebildet wird, hat nicht nur den Zweck,
das gereinigte Abwasser aufzunehmen und dem Abfluß zuzuführen, sondern auch die Lüftung des Körperinneren zu
fördern. Die Sohle erhält demgemäß eine leichte Neigung nach
der Abflußleitung zu. Abb. 66 zeigt einen Tropfkörper auf
runder Grundfläche schematisch im Schnitt und Grundriß
dargestellt.

Die Grundfläche eines Tropfkörpers kann kreis-
förmig oder rechteckig sein. Im ersten Falle erhält der
Tropfkörper die Form eines abgestumpften Kegels, im zweiten
Falle einen rechteckigen, nach oben sich leicht verjüngenden
Aufbau. Die Kreisform dürfte die gleichmäßige Lüftung der
Tropfkörper mehr begünstigen als die rechteckige, ohne daß
dieser Umstand bei der Wahl der Grundfläche ausschlaggebend
zu sein braucht. Wichtiger ist, daß Kreisflächen sich gleich-
mäßiger mit Wasser beschicken lassen als Rechtecke, und eine
Anzahl wirksamer Verteilungsvorrichtungen sich gerade für
Kreisflächen besonders eignet.

Als Material zum Aufbau der Tropfkörper kommen
ähnliche Stoffe wie für Füllkörper in Betracht, jedoch in

gröberer Körnung. Wallnuß- bis faustgroße Stücke sind das
übliche. Die Außenform pflegt durch gröbere, etwa kopfgroße
Stücke umrahmt zu sein, falls nicht etwa, was aber durchaus
nicht notwendig ist, der Tropfkörper eine Ummauerung oder

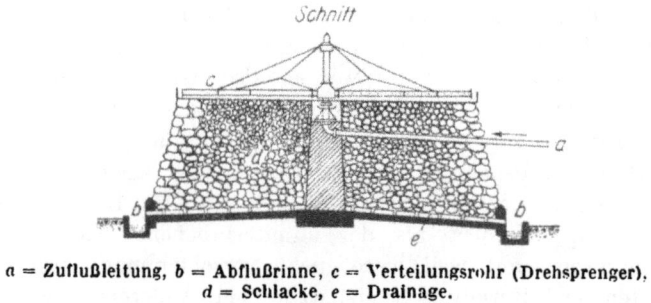

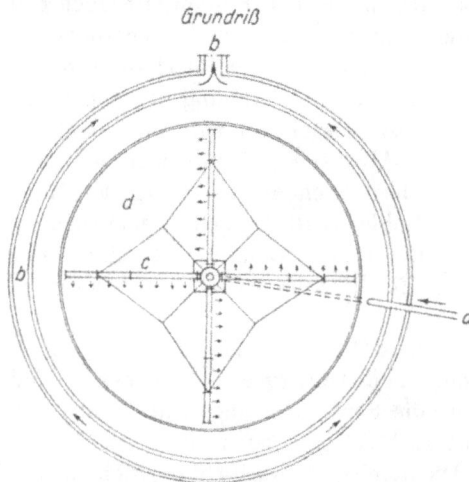

Schnitt

a = Zuflußleitung, b = Abflußrinne, c = Verteilungsrohr (Drehsprenger),
d = Schlacke, e = Drainage.

Grundriß

Abb. 66. Tropfkörper mit Drehsprenger. (System Geiger.)

Bretterumschalung erhält. Außenbefestigungen sind sogar für
den Reinigungsvorgang ungünstig, da sie den freien Zutritt
der Luft verhindern, und sie müssen deshalb mit Öffnungen
für den Luftzutritt versehen sein, es sei denn, daß ausreichende
Belüftung von der Sohle aus unter allen Umständen gewährleistet ist.

Sehr wichtige Bestandteile der Tropfkörperanlagen, von denen ihre Leistungsfähigkeit wesentlich mit abhängt, sind die Verteilungsvorrichtungen für das aufzubringende Abwasser. Es handelt sich darum, die ganze obere Fläche des Tropfkörpers gleichmäßig mit dem zu reinigenden Abwasser zu beschicken, denn nur dann kann das ganze Material auch im Innern des Körpers gleichmäßig in Anspruch genommen werden und seine Reinigungskräfte auf das Abwasser wirken lassen. Ungleichmäßige Verteilung des Abwassers auf die obere Körperfläche müßte zur Folge haben, daß im Innern des Körpers brachliegende Nester vorhanden, das übrige Material aber mit Abwasser überlastet sein würde.

Verteilungsvorrichtungen für Tropfkörper müssen daher sehr sorgfältig durchgearbeitet sein. Sie sind im allgemeinen

Abb. 67. Gelochte Rohre und Rinnen für Tropfkörper.

viel kostspieliger als solche für Füllkörper, bei denen schließlich auch durch einfache Maßnahmen das Vollaufen mit Abwasser erreicht wird. Dieser Umstand ist als ein Nachteil der Tropfkörper gegenüber den Füllkörpern zu betrachten.

Es können hier nicht die zahlreichen, zum Teil sehr sinnreichen Bauarten von Verteilungsvorrichtungen für Tropfkörper, die ein besonderes Erfindungsgebiet darstellen und ins maschinentechnische Fach gehören, eingehend beschrieben werden. Es soll nur eine ganz kurze Übersicht über die am meisten verbreiteten Bauformen gegeben werden.

Die Verteilungsvorrichtungen können entweder fest angebracht oder beweglich sein. Die beweglichen verteilen das Abwasser gleichmäßiger als die festen, dagegen sind diese nicht nur billiger, sondern auch im Betriebe zuverlässiger als jene.

Zu den einfachsten festen Verteilungsvorrichtungen gehören gelochte Rinnen oder Rohre, die so über die Oberfläche des Körpers verlegt sind, daß das Abwasser sich über die ganze Fläche möglichst gleichmäßig ergießen kann (Abb. 67).

Man läßt das Abwasser in die Rinnen oder Rohre in der Regel nicht in ununterbrochenem Zufluß, sondern stoßweise eintreten. Die einfachsten hierzu geeigneten Vorrichtungen sind

Ansicht   *Schnitt*

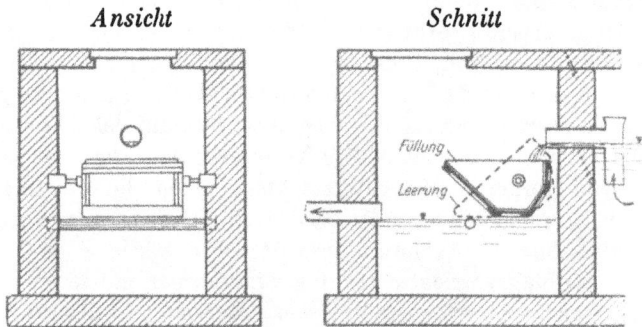

Abb. 68. Kippmulde.

Kippmulden und Kipprinnen. Kippmulden (Abb. 68) sind Gefäße, die quer zur Längsachse drehbar befestigt und so geformt sind, daß sie durch Vollaufen mit Wasser nach

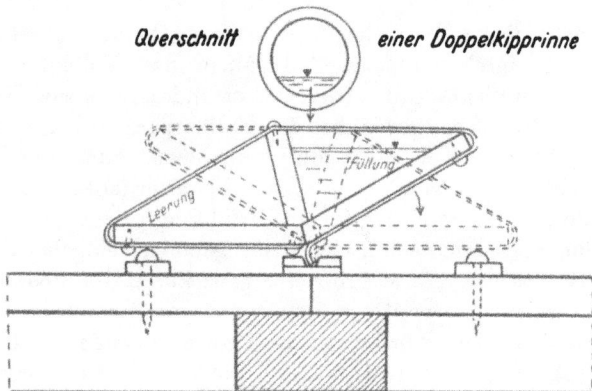

Abb. 69. Kipprinne.

vorne umkippen. Hierdurch wird das Wasser auf einmal entleert und die Kippmulde kehrt nach der Entleerung in die frühere Lage zurück. **Kipprinnen** (Abb. 69) sind dreieckige Tröge, die nach der Längsrichtung in zwei gleiche Abteile geteilt sind. Die Kipprinne wird auf einer Achse dergestalt drehbar befestigt, daß in der Ruhelage stets ein Abteil unter den Abwasserzulauf zu liegen kommt. Füllt sich dieser Abteil mit Wasser, dann kippt die Rinne infolge der größeren Belastung an der einen Seite um und entleert sich. Nun kommt

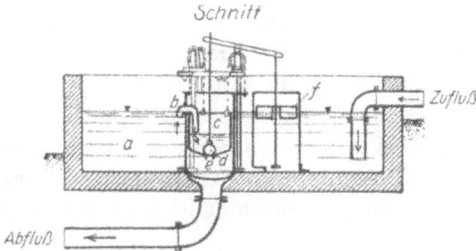

a = Staukammer, b = Überlaufrohr, c = Wasserballastgefäß, d = Kugelventil, e = Zylinderschutz, f = Schwimmer.

Abb. 70. Selbsttätige Beschickungsvorrichtung für biologische Körper.
(System Geiger.)

der zweite Abteil unter den Abwasserzufluß zu liegen, wird gefüllt, kippt um und bringt den ersten Abteil unter die Zulaufrinne. So geht das Spiel selbsttätig weiter. Höherer Art sind Vorrichtungen, bei denen das stoßweise Zuführen des Abwassers durch ein Ineinandergreifen von Ventilen und Schwimmern bewirkt wird. Derartiger Beschicker (s. z. B. Abbild. 70) gibt es verschiedene, manche sind auch mit Zählwerken zum selbsttätigen Messen der abgegebenen Wassermengen versehen.

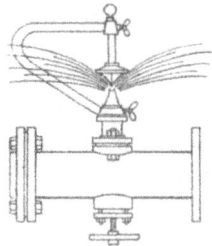

Abb. 71. Streudüse.
(System Geiger.)

Bessere Verteilung des Abwassers als mit den oben genannten einfachen Vorrichtungen wird mit Sprengröhren und Streudüsen erreicht. Sprengröhren unterscheiden sich von den einfachen gelochten Röhren dadurch, daß sie im Querschnitt enger und mit kleineren Öffnungen versehen sind und das Abwasser aus ihnen unter Druck heraustritt, wodurch es versprengt, also bereits weitgehend verteilt wird, bevor es die Oberfläche des Tropfkörpers benetzt. Bei Streudüsen (Abb. 71) wird das Abwasser unter starkem Druck aus sehr engen Öffnungen herausgepreßt und prallt gegen einen metallenen Stift, wodurch es schirmartig in die Luft geworfen wird und in Tropfen aufgelöst auf den Körper niederrieselt. Streudüsen oder Zerstäuber für Abwasser sind in verschiedenen Abarten konstruiert worden. In amerikanischen Tropfkörperanlagen werden Streudüsen verwendet, bei denen mit periodisch wechselndem Druck des Wassers auch die Wasserstreuung regelmäßig zu- und abnimmt, wodurch große Gleichmäßigkeit in der Benetzung der Tropfkörperoberfläche erreicht wird.

Von beweglichen Verteilungsvorrichtungen sind Fahrsprenger und Drehsprenger zu nennen. Fahrsprenger (Abb. 72) werden zumeist bei länglichen, rechteckigen Tropf-

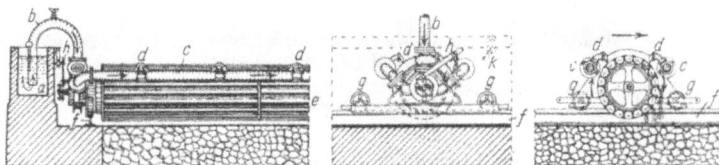

a = Zuflußrinne, b = Heber, c = Verteilungsrohr. d = Auslaufmundstück,
e = Sprengwalze, f = Schiene, g = Lauf- und Leitrolle, h = Rundschieber
mit Hebel, k = Umstellvorrichtung.

Abb. 72. Fahrsprenger. (System Geiger.)

körpern verwendet. Sie werden entweder durch einen besonderen Antrieb, z. B. elektrisch, oder durch das Abwasser selbst, z. B. nach Art des Mühlenrades, bewegt; die Abwasserzuführung findet mittels einer an der Längsseite des Tropfkörpers angeordneten Zulaufrinne statt, in die der kürzere Schenkel eines mit dem Fahrsprenger fest verbundenen Hebers eintaucht. Eine selbsttätige Umsteuervorrichtung bewirkt den Wechsel der Bewegungsrichtung, wenn der Fahrsprenger den Tropfkörper von einem Ende zum anderen durchlaufen hat.

Drehsprenger (Abb. 73, auch 66) sind im Mittelpunkt kreisförmiger Tropfkörper auf senkrechter Achse leicht drehbar angeordnet, wobei die Zuführung des Abwassers durch ein Rohr von unten oder von oben stattfinden kann. Aus dem Abwasseraufnahmegefäß strahlen waagerechte, im Sinne nur einer Drehrichtung gelochte Rohre aus. Dadurch, daß das Abwasser unter Druck aus den einseitig gerichteten Rohröffnungen austritt, drehen sich die Rohre in der entgegengesetzten Richtung, wobei die ganze Körperoberfläche besprengt wird. Es gibt mehrere gut durchgebildete Typen von Drehsprengern. Eine neuere englische Bauart löst die aus den Rohren austretenden Wasserstrahlen in Schleier auf, wodurch eine sehr gleichmäßige Beschickung der Tropf-körperoberfläche gewährleistet ist. In der Regel werden die schon oben erwähnten stoßweise arbeitenden Abfüll-vorrichtungen vorgeschaltet, so daß der Drehsprenger nach je mehreren Umdrehungen zur Ruhe kommt, um nach Empfang der nächsten Abwassermenge von neuem einzuspielen.

Eine vielfach bewährte Verteilungsvorrichtung besonderer Art, die den Vorzug der Billigkeit und Einfachheit aufweist,

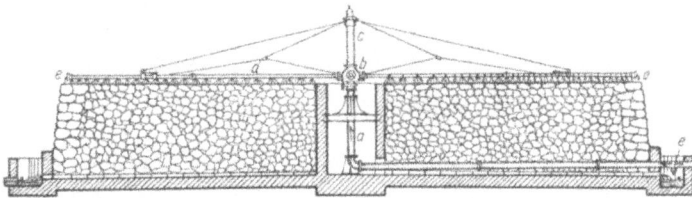

a = Zuführungsrohr, *b* = Drehkörper, *c* = Mittelsäule, *d* = Verteilungsrohr (gelocht), *e* = Entleerungshahn.

Abb. 73. Drehsprenger. (System Geiger.)

weil sie bewegliche Bestandteile entbehrlich macht, verdient hier noch kurz besprochen zu werden. Sie besteht aus einer „Deckschicht" von feinkörnigem Material, z. B. Koksgrus, feingesiebter Schlacke u. dgl., die oben auf dem Tropfkörper ausgebreitet wird. Zwischen der Deckschicht und den gröberen Tropfkörperbrocken müssen allmählich nach unten zu ansteigende Korngrößen zwischengebettet werden, um die Einspülung des feinkörnigen Materials in den Tropfkörper zu verhindern.

Bei der Beschickung wird die Deckschicht am besten einige Zentimeter hoch mit Abwasser überstaut, das nun gleichmäßig nach unten rieselt. Gegenüber anderen Verteilungsvorrichtungen erscheint neben Einfachheit der Beschickung auch der Umstand vorteilhaft, daß Geruchsbelästigungen gemildert werden, weil das Abwasser nicht in die Luft gespritzt wird, wie bei Sprengern und Streudüsen, und weil die Deckschicht den

Tropfkörper nach oben abschließt. Feinkörnige Deckschichten halten ferner die ungelösten Stoffe weitgehend zurück. Andererseits führt eben dieser Umstand zur verhältnismäßig raschen Verschlammung der Deckschichten, die daher regelmäßig von dem auf der Oberfläche sich absetzenden Belag durch Abkratzen befreit werden und in längeren Zeitabständen ganz abgehoben und gewaschen werden müssen. Natürlich kann die Deckschicht auch die Lüftung des Tropfkörpers mehr oder weniger behindern.

Im allgemeinen haben indes Deckschichten namentlich in Form von an den Rändern des Tropfkörpers hoch-

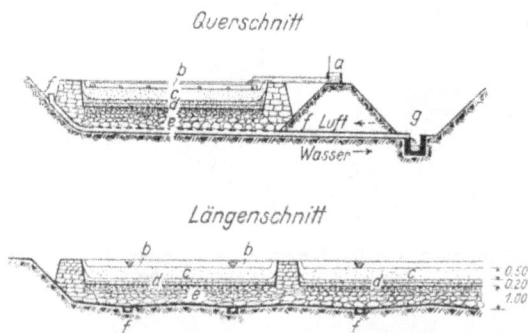

a = Zuflußrinne, b = Verteilungsrinne, c = Deckschicht aus feiner Kesselschlacke, d = Stützschichten aus wallnußgroßer Kesselschlacke, e = Füllung aus grober Schlacke, f = Dränung und Belüftung, g = Abflußgraben.

Abb. 74. Tropfkörper mit Deckschicht nach Dunbar.

gezogenen „Dunbar'schen Schalen" in verschiedenen Anlagen und langjährigem Betriebe befriedigt (Abb. 74). Sie sind namentlich für kleine Anlagen oft geeignet. Die rasche Verschlammung muß allerdings in Kauf genommen werden. Fast keine der Vorrichtungen, die bei der Abwasserreinigung benutzt werden, ist ganz vollkommen, und Vorteilen einer gewissen Anordnung pflegen stets irgendwelche Nachteile gegenüberzustehen. Die örtlichen Verhältnisse, verfügbaren Baustoffe, Kostenberechnungen usw., müssen von Fall zu Fall darüber entscheiden, welche Anordnung jeweils zu bevorzugen ist.

Wie schon oben erwähnt, verschlammen Füllkörper unverhältnismäßig schneller als Tropfkörper, weil in jenen die im

Abwasser noch anwesenden bzw. bei der biologischen Reinigung sich bildenden ungelösten Stoffe weit mehr zurückgehalten werden als in Tropfkörpern, deren gröberer Aufbau in Verbindung mit der senkrechten Bewegungsrichtung des Abwassers, die ununterbrochene Abschwemmung der ungelösten Stoffe nach der Sohle zu begünstigt. Abläufe aus Tropfkörpern weisen deshalb mehr Schwebestoffe auf als solche aus Füllkörpern. Man pflegt sie daher in Absetzbecken, Emscherbrunnen od. dgl. nachzuklären. Hierbei scheidet sich fäulnisfähiger Schlamm ab, in dem u. a. die abgestorbenen Bakterienleiber, Würmer, Insektenlarven usw. enthalten sind. In Füll- und Tropfkörpern siedeln sich neben den Bakterien auch Lebewesen höherer Art, insbesondere aber Würmer und Fliegenlarven an, die sich von den Schmutzstoffen des Abwassers bzw. von niedrigeren Lebewesen ernähren. In Tropfkörpern ist eine derartige Kleintierwelt, insbesondere aber sind Fliegen reichlicher vertreten als in Füllkörpern, weil in ersteren die Ansiedlung und Entwicklung dieser Lebewesen durch die ungehinderte Luftzufuhr begünstigt wird. Dies hat zur Folge, daß im Sommer an Tropfkörpern meist einige Fliegenarten auftreten. Besonders kann massenhaftes Auftreten der ,,Abwasserfliege" (Psychoda), deren Larven sich im Tropfkörper entwickeln (s. Abb. 63) lästig werden. Auch können Belästigungen durch üble Gerüche vorkommen, wenn das Abwasser in gefaultem Zustande (Abflüsse von Faulbecken) den Tropfkörpern zugeführt wird. Bieten doch freistehende Tropfkörper viel größere Verdunstungsoberflächen als Füllkörper, wobei gerade die besten Verteilungsvorrichtungen die Berührung des Abwassers mit der Luft, also auch das Entweichen überriechender Gase, fördern. Geruchsbelästigung und Fliegenplage kann man einigermaßen durch Umpflanzung der betreffenden Anlagen mit Buschwerk, wilden Wein u. dgl. mildern, auch Versprühung dünnen Chlorwassers leistet gute Dienste. Die genannten Nachteile sind meist nicht so schwerwiegend, als daß deswegen der Wert der Tropfkörper nennenswert beeinträchtigt werden könnte. Mehr ins Gewicht fällt schon der Umstand, daß Füllkörper die Temperatur des Abwassers gleichmäßiger erhalten als Tropfkörper, was namentlich in strengen Wintern von Bedeutung ist, da Tropfkörper unter Umständen infolge Einfrierens ganz außer Betrieb gesetzt werden müssen. Wesentlich ist ferner der Umstand, daß Tropfkörper viel mehr Gefälle verbrauchen als Füllkörper, so daß man diesen oft das Abwasser frei zuleiten kann, während es auf Tropfkörper meist heraufgepumpt werden muß. Nachgeklärte, d. i. von den ausgeschwemmten Schwebestoffen befreite Abläufe biologischer Körper, sind, ausreichende Bemessung derselben und sorgfältigen Betrieb vorausgesetzt, nicht mehr fäulnisfähig und können daher im Vorfluter auch bei geringer Verdünnung in der Regel keine Mißstände verursachen. Es ist indes zu beachten, daß die so gereinigten Wässer, die noch gelöste, pflanzennährende Stoffe zu enthalten pflegen, in kleinen Vorflutern, Abflußgräben usw. störende Wucherungen von Wasserpflanzen verursachen können. Um der „Verunkrautung" des Vorfluters vorzubeugen, kann es daher u. U. wünschenswert sein, die Abläufe noch weiter „auf Land" nachzubehandeln, womit gleichzeitig eine Verwertung der pflanzenernährenden Stoffe verbunden sein kann. Derartige Nachbehandlung deckt sich mit dem, was weiter unten unter Rieselverfahren und Bodenfiltration ausgeführt ist.

Außer den schon oben genannten anderen Vorteilen gegenüber Füllkörpern, hat den Tropfkörpern besonders der Umstand zur Verbreitung verholfen, daß zu ihrem Aufbau erheblich weniger Bodenfläche erforderlich ist als für Füllkörper, bzw. daß sie auf dieselbe Bodenfläche bezogen, eine viel höhere Leistungsfähigkeit entwickeln als Füllkörper. Um die Leistungsfähigkeit der Tropfkörper noch weiter zu steigern, wurde vorgeschlagen, die Luftzufuhr künstlich zu verstärken. So sind z. B. in Moskau die sog. „Aërofilter" (d. h. belüftete Filter) von Stroganoff entstanden, in denen Luft von der Sohle aus in den Brockenkörper eingeblasen wird, während gleichzeitig ein Teil des sich im Nachklärbecken absetzenden Schlammes zurückgepumpt wird, um mit dem Wasser ausgespülte noch wirksame Bakterien auf den Tropfkörper zurückzubringen. Ob die bei den ersten Versuchen sehr befriedigenden Aërofilter sich auch in Großanlagen auf die Dauer zweckmäßig und wirtschaftlich erwiesen haben, ist noch nicht bekannt geworden. Die Leistungsfähigkeit der Tropfkörper kann ferner gesteigert werden, wenn man sie in geschlossene Gehäuse einbaut, durch

welche Luft gepumpt werden kann. Es wird auf diese Weise
nicht nur möglich, die Luftmenge dem Bedarf des Tropfkörpers
genau anzupassen, sondern auch üble Gerüche und die Fliegenplage gänzlich auszuschalten. Der „gepanzerte" Tropfkörper
mit künstlicher Durchlüftung dürfte künftig in der Abwasserreinigung wertvolle Dienste leisten, zur Zeit liegen Ergebnisse
aus Großanlagen noch nicht vor.

XX. Tauchkörper.

Wie oben ausgeführt, haften den Füllkörpern einerseits
und den Tropfkörpern andererseits gewisse Nachteile an, die
die besonderen Vorzüge der einen und der anderen Bauart
schmälern. Um jene Nachteile nach Möglichkeit auszuschalten
und die der einen und der anderen Bauart eigenen vorteil-
haften Seiten besser auszunutzen, ist in neuerer Zeit eine
neue Art biologischer Körper entstanden, die insofern Füllkörpern ähnlich sind, als sie im Betriebe mit Wasser erfüllt
sind, andererseits aber mit Tropfkörpern die ununterbrochene
Belüftung und daher auch die Möglichkeit ununterbrochenen
Betriebes gemeinsam haben. Diese neuartigen biologischen
Körper nennt man Tauchkörper.

Es gibt feste und bewegliche Tauchkörper. Die festen
Tauchkörper sind im wesentlichen Füllkörper, die mit Einrichtungen zur künstlichen Belüftung mittels Preßluft ausgerüstet sind. Abb. 75 zeigt schematisch einen solchen Tauchkörper oder künstlich belüfteten Füllkörper, wie ein solcher
zuerst von der Emschergenossenschaft in Essen erbaut
und „Emscherfilter" benannt wurde. Während das Abwasser durch den Füllkörper vom Zulauf- zum Ablauf fließt,
wird gleichzeitig von der Sohle aus durch einen Rost aus
gelochten Rohren Luft eingeblasen. Die bei Füllkörpern alter
Art erforderlichen Lüftungspausen fallen weg, und es wird
infolgedessen an Zeit gespart, und eine kräftige Belüftung
bewirkt. Der Schlamm wird bei Tauchkörpern dieser Art
durch die Druckluft von den Brocken abgelöst und mit dem
Ablaufwasser ausgespült. Genügt dies nicht, dann muß allerdings das Brockenmaterial in längeren Zeitabständen nach

10*

Entleerung des Tauchkörpers in oder außerhalb desselben gewaschen werden.

Längsschnitt

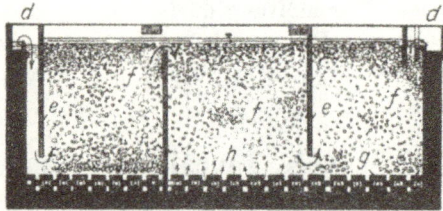

Grundriß

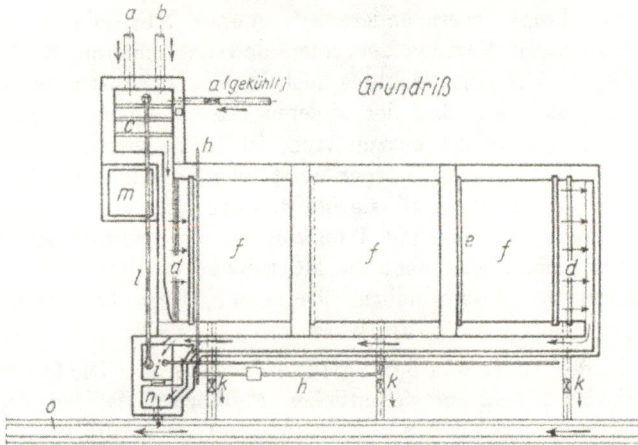

a = Zuflußleitung des Abwassers. b = Zuflußleitung des Mischwassers.
c = Mischschacht, d = Überlauf, e = Tauchwand, f = Schlackenfüllung,
g = Ziegelflachschichten, h = Preßluftleitung, i = Pumpenschacht, k =
Leerlauf, l = Rücklauf, m = Schaumschacht, n = Ablaufschacht, o =
Ablaufrinne.

Querschnitt

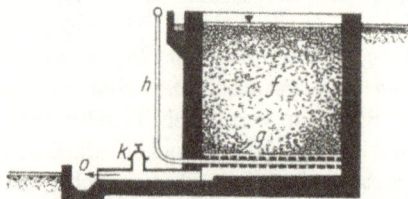

Abb. 75. Emscherfilter nach Bach.

Zwecks bequemer Schlammbeseitigung kann man auch Tauchkörper in Absetzräumen bzw. über Schlammsammelräumen einhängen und kann gegebenenfalls bewegliche Be-

Längsschnitt

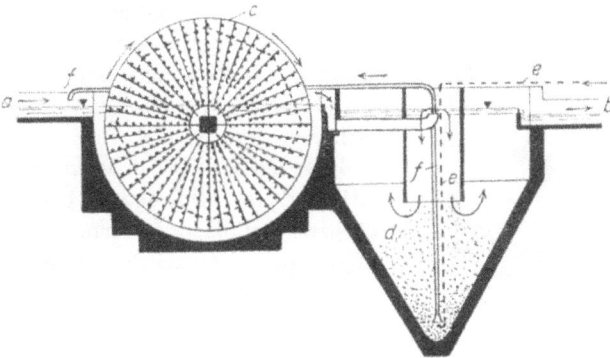

Grundriß

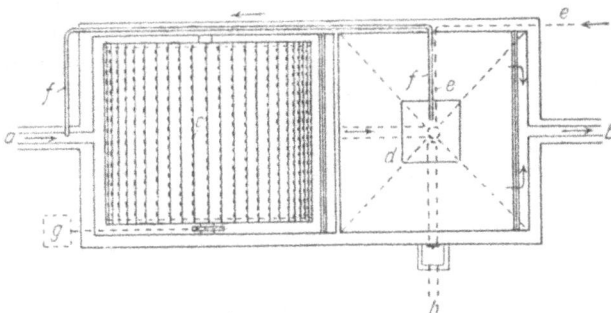

a = Zulauf, b = Ablauf, c = Tauchwalze, d = Absetzbecken, e = Druckluftleitung, f = Rücklaufschlammleitung, g = Antrieb, h = Schlammrohr.

Abb. 76. Biologische Tauchwalze. (Ruhrverband, Essen.)

lüftungsvorrichtungen anwenden, die zu erheblicher Ersparnis an Druckluft führen. Derartige Einrichtungen hat zuerst der Ruhrverband in Essen benutzt. Die Verbindung von

Tauchkörpern mit Absetzräumen bzw. Schlammsammelräumen gestattet überhaupt mannigfaltige Arbeitsweisen. Beachtenswert sind auch die beweglichen Tauchkörper, die meist als waagerecht angeordnete Walzen aus Holzgitterwerk, mit Reisig gefüllten Körben, u. dgl. ausgebildet werden (Abb. 76 u. 77). Dadurch, daß das biologische Material abwechselnd ins Abwasser taucht und dann wieder an die Luft kommt, wird bei nur geringem Kraftbedarf für die Umdrehung der Walze eine wirksame Belüftung erzielt, ohne daß wie bei Tropfkörpern Gefälle und Verteilungsvorrichtungen erforderlich werden.

Tauchkörper aller Art eignen sich sowohl zur biologischen Reinigung städtischer Abwässer besonders als Stufen im Zuge der Reinigungsfolge, wie auch zur Reinigung verschiedener gewerblicher Abwässer (s. diese). Die Möglichkeiten ihrer Anwendung sind zur Zeit noch nicht ausgeschöpft, nach den bisherigen Ergebnissen dürften sie sich in der Zukunft recht vorteilhaft erweisen.

Querschnitt

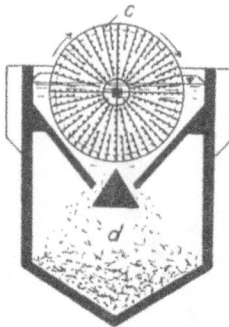

Grundriß

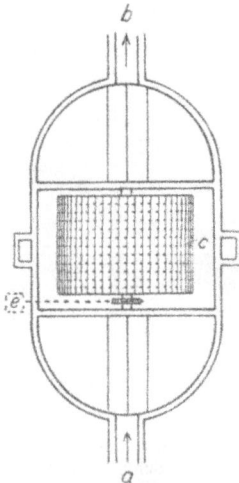

a = Zulauf, b = Ablauf,
c = Tauchwalze, d = Absetzbecken, e = Antrieb.

Abb. 77. Biologische Tauchwalze in Verbindung mit einem Emscherbrunnen. (Ruhrverband, Essen.)

XXI. Abwasserreinigung durch belebten Schlamm.

Seit der Zeit etwa kurz nach Beendigung des Weltkrieges hat, zuerst im Auslande, vor allem in England und den Vereinigten Staaten von Nordamerika, dann auch in Deutschland besonders durch den Ruhrverband in Essen erprobt und fortgebildet, ein neues biologisches Abwasserreinigungsverfahren Fuß gefaßt, das, sofern sich nur das Abwasser für diese Behandlungsweise eignet, was nicht immer der Fall ist, die anderen künstlichen biologischen Verfahren hinsichtlich des Wirkungsgrades und der Beschaffenheit der Abläufe erheblich übertreffen kann. Beim Abwasserreinigungsverfahren mit „belebtem Schlamm" sind die reinigenden Kräfte im wesentlichen dieselben wie bei den anderen biologischen Verfahren, nämlich Anziehungskräfte eines besonders beschaffenen Materials und die Lebenstätigkeit von Kleinlebewesen, die sich von den aufgesogenen organischen Stoffen des Abwassers ernähren, deren Luftbedarf jedoch durch künstliche Zufuhr gedeckt werden muß. Das Merkwürdige des Verfahrens ist nun, daß das wirksame Material aus dem Abwasser selbst gewonnen wird. Wird nämlich Abwasser bei Gegenwart von Bakterien (die ja in Abwässern stets reichlich vorhanden sind) einige Zeit dem Einfluß der Luft ausgesetzt, so gehen gelöste oder kolloide organische Stoffe in ungelösten Zustand über, sie „flocken aus". Schon wenn man Abwasser z. B. in einer Schale ruhig an der Luft stehen läßt, kann man beobachten, daß, meist nach wenigen Stunden, an der die Luft berührenden Wasseroberfläche eine dünne Kahmhaut entsteht, die, wenn man sie unter dem Mikroskop prüft, sich außerordentlich reich an (luftliebenden) Bakterien erweist. Entfernt man diese Kahmhaut, so bildet sich nach einiger Zeit an der belüfteten Wasseroberfläche eine neue und dies so oft, bis das Abwasser in Fäulnis übergeht, die nach einiger Zeit eintritt, da ja bei diesem Versuch die Luft wohl zur Oberfläche des Wassers unmittelbaren Zutritt hat, jedoch zu wenig in die Tiefe eindringen kann. Belüftet man jedoch die ganze Masse des Abwassers, z. B. indem man Luft in feiner Verteilung vom Boden des Gefäßes aus einbläst (ähnlich wie dies beim Belüften von Fischbehältern geschieht), so entstehen statt der Kahmhaut (deren Bildung in diesem Falle die Luftbläschen, die die Oberfläche des Wassers zerreißen, verhindern) Flocken, die nur eine andere Form derselben Substanz darstellen. Diese Substanz ist im wesentlichen ebenso beschaffen, wie der Belag, der „biologische Rasen" der Füll- oder Tropfoder Tauchkörper, sie bildet nämlich ein schleimiges Gemisch organischer, aus dem Abwasser ausgesonderter Stoffe, reichlich besiedelt mit Bakterien und anderen Kleinlebewesen. Ebenso

wie dem „biologischen Rasen" ist auch den durch Belüftung aus
dem Abwasser abgeschiedenen Flocken, im Zusammenhang mit
deren schwammig-schleimigen Aufbau, eine ungeheure Oberflächenentwicklung eigen, die wiederum die Aufsaugung der
organischen Stoffe aus dem Abwasser begünstigt. Die aufgesogenen Stoffe werden sodann, bei ausreichender Luftzufuhr
durch die Bakterien aufgezehrt und oxydiert, „abgebaut"
(vgl. S. 127 u. 129).

Die „biologischen Flocken" sind also im Hinblick auf die
Entfernung der organischen Stoffe aus dem Abwasser ebenso
wirksam, „aktiv", wie es der „biologische Rasen" der Brockenkörper ist. So lange sie aber im Abwasser freischweben, also
von allen Seiten von Abwasser umgeben und von diesem durch-
drungen sind, kommen sie in innigere Berührung mit den Ab-
wasserstoffen als die auf Materialbrocken festsitzenden Häute.
Bei ausreichender Luftzufuhr (diese bleibt immer unumgäng-
liche Voraussetzung) können dementsprechend freischwebende
„biologische Flocken" mehr Abwasser, bzw. es weitgehender
reinigen als etwa dieselbe Gewichtsmenge unbeweglichen „biologischen Rasens".

Wenn in einem Gefäß (Becken) die Kraft, die die biologischen Flocken in Schwebe hält (Druckluft, Rührwerk), still-
gelegt wird, so setzen sich die Flocken zu Boden und bilden
einen „Schlamm". In Verbindung mit diesem, dem Abwasser-
reinigungsfachmann sehr vertrauten Begriff, hat man die Gesamtheit der in einem Becken anwesenden biologischen Flocken
„aktivierten" und bei Verdeutschung des Ausdruckes „belebten Schlamm" benannt, und die letztere Bezeichnung hat sich
im deutschen technischen Sprachgebrauch eingebürgert. Hierbei ist unter „belebt" nicht der Umstand zu verstehen, daß
in den Flocken Kleinlebewesen zahlreich anwesend sind, denn
dies ist sowohl im Abwasser als solchem, wie auch bei jeder
Art aus diesem abgesonderter Rückstände der Fall. Vielmehr
ist unter „belebt" im vorliegenden Sinne die Wirksamkeit
der Flocken, für die die Oberflächenentwicklung und die Anwesenheit luftliebender Bakterien entscheidend ist, zu verstehen. Zu Mißverständnissen kann ferner die Bezeichnung
„Schlamm" Anlaß geben, da dies zur Auffassung führen kann
(und früher tatsächlich geführt hat), daß der „belebte" Schlamm

durch „Belebung" von gewöhnlichem Schlamm herzustellen ist, daß daher das Abwasser schon Schlamm, also ungelöste Stoffe enthalten muß, wenn es durch „belebten Schlamm" gereinigt werden soll. In Wirklichkeit werden jedoch, wie oben ausgeführt, die wirksamen biologischen Flocken nicht aus den ungelösten Stoffen erzeugt, sondern aus der gelösten und kolloiden organischen Substanz des Abwassers, das zuvor möglichst weitgehend von den ungelösten Stoffen in Absetzbecken befreit, also entschlammt werden sollte.

Wiewohl also die Bezeichnung „belebter Schlamm" nicht ganz glücklich gewählt sein mag, so soll sie im folgenden beibehalten werden, weil sie sich bereits so umfassend eingebürgert hat, daß ein Abänderungsvorschlag aussichtslos erscheint.

Zur Ausführung des Verfahrens, so wie es in den zuerst gebauten Anlagen gehandhabt wurde, läßt man durch Absetzen oder Siebe vorgereinigtes Abwasser in Becken laufen, die an der Sohle mit luftdurchlässigen Platten (Filterplatten) versehen sind, durch die von unten, aus besonderen Druckluftkammern Luft in das Abwasser geblasen wird. Die Luft soll in feinsten Bläschen ins Abwasser eintreten und sich in diesem möglichst gleichmäßig verteilen, so daß das Abwasser ganz mit Luft durchsetzt ist. Dies ist notwendig, damit möglichst viel Luftsauerstoff im Wasser gelöst wird, sowie, damit eine Ablagerung der Flocken vermieden, diese vielmehr in Schwebe gehalten werden, und so ihre Wirksamkeit voll ausgenutzt wird.

Schon vor oder beim Einlauf in die Belüftungsbecken wird dem Abwasser zweckmäßig eine gewisse Menge wirksamen Flockenschlammes („belebten Schlammes") zugesetzt, der unter Umständen, um seine Wirksamkeit zu erhalten bzw. zu steigern, in besonderen Becken nachbelüftet wird. Da die „belebten" Schlammflocken von den in Betracht kommenden Kleinlebewesen bevölkert sind, so spielen sich, wie schon erwähnt, dieselben Vorgänge ab wie in Füll-, Tropf- oder Tauchkörpern: Ansaugung der organischen Stoffe durch die wirksamen Flocken und Abbau jener Stoffe durch die Lebenstätigkeit der Kleinlebewesen.

Die eingeblasene Luft hat demnach zweierlei Aufgaben zu erfüllen: die Flocken in Schwebe zu halten und das Wasser mit Luft anzureichern, damit es den Kleinlebewesen an dem erforderlichen Sauerstoff nicht mangelt. Es hat sich nun bald gezeigt, daß von der eingeblasenen Luft der weitaus größte Anteil für die mechanische Tätigkeit, die Flocken in Schwebe zu halten, in Anspruch genommen wird, während das Sauerstoffbedürfnis der Kleinlebewesen schon durch einen kleinen Bruchteil jener Druckluft völlig befriedigt wird. Dies führte zunächst dazu, die teure Druckluft teilweise, nämlich soweit es sich um Verrichtung der mechanischen Tätigkeit handelt, durch

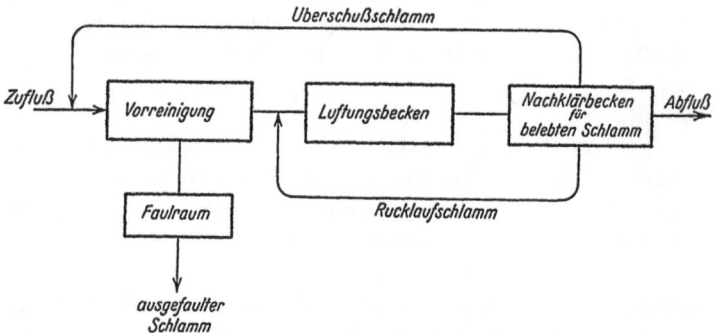

Abb. 78. Abwasserreinigungsanlage mit „belebtem Schlamm" nach Imhoff (Schema).
Hier ist angenommen, daß der „Überschußschlamm", d. i. derjenige Teil der im Nachklärbecken abgesetzten Flocken, der nicht zur Ergänzung des Flockenbestandes im Lüftungsbecken benötigt wird, in den Zufluß zur Vorreinigung gepumpt und zusammen mit dem Vorreinigungsschlamm abgefangen und ausgefault wird. Diese Arbeitsweise wurde erstmalig in der Kläranlage des Ruhrverbandes in Essen-Rellinghausen erprobt.

Rührwerke zu ersetzen oder Vorrichtungen anzubringen, die die Durchwirbelung der Flocken bei geringerem Druckluftverbrauche gestatten. Im Verlaufe dieser Bestrebungen zeigte sich weiter, daß gegebenenfalls belebter Schlamm sich auch erzeugen und Abwasser mittels diesem reinigen läßt, wenn man auf Druckluft gänzlich verzichtet und nur durch geeignete Rührvorrichtungen dafür sorgt, daß das Abwasser und die Flocken mit der Außenluft innig in Berührung gebracht werden. So gibt es schon heute eine ganze Anzahl verschiedener „Belebtschlammverfahren": Solche, die nur mit Druckluft in ursprünglicher Form arbeiten, andere, die, um an Druckluft zu sparen, das Abwasser umwälzen, was durch einseitige Einführung

der Druckluft in die Belüftungsbecken in Verbindung mit Leit-
wänden, sowie durch Spritzwasser und sonstige Kunstgriffe
bewerkstelligt werden kann, wiederum andere, die Druckluft
samt Rührwerken oder letztere allein, z. B. als Paddelräder
oder Wurfkreisel, verwenden usw. Diese ganze Entwicklung
ist zur Zeit noch in vollem Fluß, so daß hier nicht die verschiedenen Ausführungsmöglichkeiten behandelt, sondern nur
die wesentlichen Umrisse des Verfahrens aufgezeigt werden
können. Ausführlicheres wird der Leser in dem am Schlusse
angeführten Schrifttum finden.

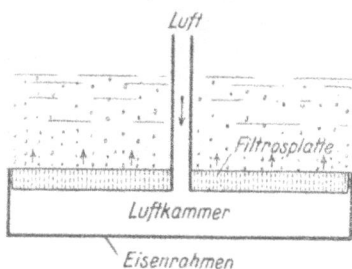

Abb. 79. Druckluftzuführung
mittels „Filtrosplatte".

(Die Bezeichnung „Filtros" stammt
aus Amerika. Schon seit Jahren werden
in Deutschland Filterplatten erzeugt,
die den amerikanischen ebenbürtig,
wenn nicht überlegen sind.)

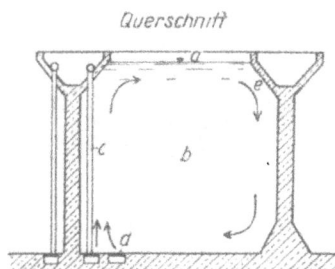

a = Wasserspiegel, b = Becken, c =
Druckluftleitung, d = Filterplatten,
e = Abweisplatten.

Abb. 80. Druckluft mit Wasserum-
wälzung nach Hurd (besonders in
großen amerikanischen Anlagen angewendet).

Eine Abwasserreinigungsanlage für belebten Schlamm
erfordert im allgemeinen folgende Einrichtungen: die Vorreinigung, die durch Absetzen der ungelösten Stoffe, zum
mindesten aber durch Feinsiebe erfolgen soll, die Belüftungsbecken, in denen das Abwasser mit dem Flockenschlamm und
mit Luft in innige Berührung tritt und die entsprechend dem
angewendeten Verfahren in verschiedener Weise ausgebildet
werden können, die Nachklärbecken, in denen der Schlamm
vom gereinigten Wasser geschieden und zum Teil in den Zulauf
zurückgeführt (zurückgepumpt) wird, um in den Belüftungsbecken die zur Reinigung des Abwassers erforderliche Menge
belebten Schlammes auf gleicher Höhe zu erhalten. Mitunter wird im Zuge der Rückführung des Schlammes noch ein
besonderes Schlammbelüftungsbecken eingeschaltet, in

dem die Schlammflocken unmittelbar vor der Zumischung zum
Abwasser auf höchste Wirksamkeit gebracht werden sollen. Für
die Erzeugung der Druckluft ist eine Kraftanlage mit Luft-
verdichtern (Luftkompressoren) erforderlich, von denen
die Luftleitungen zu den Luftkammern in der Sohle der
Belüftungsbecken ausgehen. Ebenso ist für die Betätigung
etwa angewendeter Rührwerke eine Kraftanlage erforderlich.

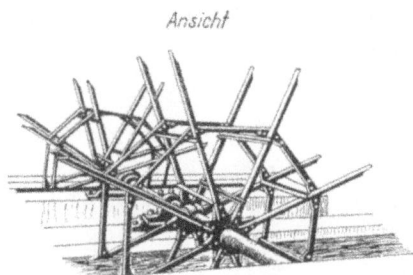

Ansicht

Querschnitt

Abb. 81. Haworthsche Paddelräder
nach Abnahme der Schutzdächer.
(Die Luft wird mittels der Paddeln ins
Abwasser eingeschlagen und zugleich wel-
lenartige Bewegung des Wassers bewirkt.)

Grundriß

Abb. 82. Wurfkreisel (nach
Bolton).
(Das Abwasser samt Flocken
wird durch den Zylinder nach
oben gesaugt und schirmartig
in die Luft geworfen, wobei
eine kräftige Belüftung stattfindet.)

Abb. 78 zeigt schematisch die Anordnung einer Abwasserreinigungsanlage mit belebtem Schlamm, Abbild. 79—86 einige Einzelheiten.

Bei Inbetriebsetzung einer Abwasserreinigungsanlage mit belebtem
Schlamm, muß zunächst die erforderliche Menge Flocken durch Belüftung des Abwassers gebildet werden. Diese „Einarbeitungszeit" kann
mehrere Tage bis Wochen dauern.
Ist der erforderliche Flockenschlamm angesammelt, dann wird
das vorgeklärte Abwasser am besten schon in der Zulaufrinne
zum Belüftungsbecken mit dem Flockenschlamm vermischt
und mit diesem im Belüftungsbecken mehrere Stunden unter
steter Bewegung in innigster Berührung gehalten, wobei, wie
schon erwähnt, die Belüftung und Bewegung entweder durch

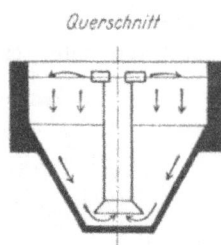

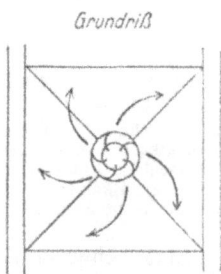

Druckluft allein oder unter Zuhilfenahme von Rührwerken, gegebenenfalls sogar durch diese allein, stattfindet. Zur ausreichenden Reinigung des Abwassers durch belebten Schlamm scheint unter günstigen Verhältnissen schon eine dreistündige Aufenthaltszeit im Belüftungsbecken zu genügen, unter Umständen muß jedoch die Belüftungsdauer auf 6 Stunden und länger ausgedehnt werden, wobei mindestens 15% der Abwassermenge an Flokkenschlamm, oft auch mehr, zugegen sein muß. Während der Belüftungszeit vermehrt sich naturgemäß der belebte Schlamm, weil ja gelöste Stoffe aus dem Abwasser herausgeholt und zum Teil in Flocken verwandelt werden.

Nach beendigter Belüftung fließt das mit Flocken durchsetzte Abwasser in Absetzbecken (Nachklärbecken), wie ein solches z. B. Abb. 83 zeigt. Die Flocken belebten Schlammes setzen sich im Absetzbecken rasch zu Boden, so daß

Querschnitt des Lüftungsbeckens

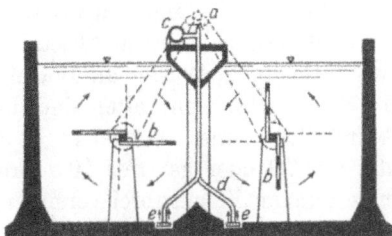

a = Antrieb, b = Rührwerk, c = Luftrohrleitung, d = Luftleitung, e = Luftfilter.

(Das Paddelrührwerk erfüllt einen doppelten Zweck: es wälzt das Abwasser um, wobei die Flocken in Schwebe erhalten werden und verlängert den Aufenthalt der Luftblasen im Wasser, wodurch die eingeblasene Luft besser ausgenutzt wird.)

Querschnitt des Nachklärbeckens für belebten Schlamm

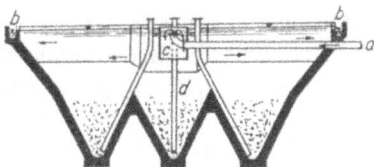

a = Zuflußrohr. b = Abflußrinne, c = Tauchzylinder, d = Schlammleitung.

Abb. 83. Abwasserreinigungsanlage mit „belebtem Schlamm". (Rührwerk nach Imhoff.)

zur klaren Trennung der geklärten Flüssigkeit vom Schlamm meist eine Aufenthaltszeit von etwa ½ Stunde ausreicht. Während das Klärerzeugnis in der üblichen Weise dem Ablauf und der Vorflut zugeführt wird, und ein — meist kleinerer — Teil des anfallenden Schlammes wie oben erwähnt zurück zum Belüftungsbecken gepumpt oder gedrückt werden muß, um in diesem die erforderliche Menge Reinigungsmaterial aufrechtzuerhalten, verbleibt die Sorge um die Unterbringung des restlichen, sog. „Überschußschlammes". Die Menge desselben ist nicht nur meist erheblich höher als die des „Rückführschlammes", sie übertrifft auch in der Regel die Menge des in der Vorreinigung anfallenden Klärschlammes um das Mehrfache, weil der „belebte", flockige Schlamm außerordentlich wasserreich ist. Während Klärschlamm in Absetzbecken der Vorreinigung mit etwa 94 bis 95% Wasser zu Boden fällt, im Liter also 50 bis 60 g Trockenstoffe enthalten sind, kann der Wassergehalt „belebten" Schlammes 98 oder sogar 99% betragen, so daß im Liter nur 20 oder gar nur 10 g Trockenstoffe mit Wasser zu einem dünnen Flockenbrei vereinigt sind. Verdünnt man aber

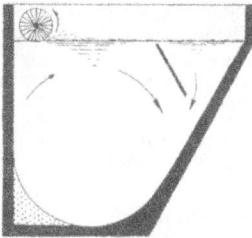

Abb. 84. Becken für Abwasserreinigung mit belebtem Schlamm nach Kessener. Querschnitt schematisch.

Die im Sinne des Pfeiles sich drehende Walzenbürste rauht die Oberfläche des Wassers auf, zugleich versprüht sie das Wasser und schlägt Luftblasen hinein. Das so mit Sauerstoff angereicherte Wasser ist gezwungen, im Sinne der Pfeile umzulaufen, wodurch eine kräftige Belüftung des ganzen Wasserquerschnitts gewährleistet ist. Hinter der Ablenkplatte werden aufs neue Wellen erzeugt, die die Durchmischung des Wassers fördern.

einen Schlamm von nur 95% Wassergehalt soweit mit Wasser, daß der Gehalt an diesem nunmehr 98% beträgt, so bedeutet dies, daß aus 1 l jenes 95proz. Schlammes 2,5 l des 98proz. geworden sind. Bei weiterer Verdünnung auf 99% Wasser ergeben sich 5 l Schlamm.

Der hohe Wassergehalt des belebten Schlammes ist, soweit es sich um die Unterbringung bzw. Beseitigung des „Überschußschlammes" handelt, naturgemäß außerordentlich lästig, weil bei jeder Art von Aufarbeitung entsprechend große Räume bzw. Arbeitsaufwand für die Bewegung der großen Schlammmengen erforderlich wird. Seit Anfang der Einführung der „Belebtschlammanlagen" sind daher Abwassertechniker im In- und Auslande bemüht, geeignete Verfahren zur Aufarbeitung des „Überschußschlammes" ausfindig zu machen. Hierbei hat in Deutschland das seinerzeit von Imhoff vorgeschlagene und erstmalig in der Kläranlage des Ruhrverbandes in

Abb. 85. Ansicht eines Kessener-Beckens für Abwasserreinigung mit belebtem Schlamm (leer).

Abb. 86. Kessener-Becken im Betriebe. Kräftige Aufwühlung und dadurch Belüftung der Wasseroberfläche.

Essen-Rellinghausen durchgeführte Verfahren Anklang und
Eingang gefunden, wonach der Überschußschlamm mit dem
Klärschlamm der Vorreinigung gemischt und diese Mischung
ausgefault wird, wobei sich die auf S. 80 u. 81 auseinander-
gesetzten Vorteile ergeben. Naturgemäß müssen zwecks Durchführung dieses Verfahrens die Schlammausfaulräume so groß
bemessen werden, daß in ihnen die, wie oben erwähnt, meist
das Mehrfache des Vorreinigungsschlammes betragenden Mengen
Überschußschlamm Aufnahme finden können, wenn man nicht
zur künstlichen Erwärmung der — getrennten — Schlammfaulräume zwecks Beschleunigung des Ausfaulvorganges Zuflucht
nehmen will (vgl. S. 207—210). In England hat man bisher
meist versucht, den Überschußschlamm auf gedränten Beeten
in dünnen Schichten zu entwässern, oder auf Land, in flachen
Erdbecken, Erdfurchen u. dgl. mehr, unterzubringen. In den
Vereinigten Staaten, die in Städten wie Chicago, Milwaukee,
Indianapolis, New York u. a. m. die größten Belebtschlammanlagen der Welt besitzen, ist in einzelnen Fällen das deutsche
Ausfaulverfahren zur Anwendung gekommen, im allgemeinen
besteht jedoch dort — hauptsächlich wohl um den Bau der
riesigen Ausfaulbecken, die in Betracht kommen müßten, zu
vermeiden —, mehr die Neigung, den Überschußschlamm auf
mechanischen Filtern (Vakuumfilter) (vgl. Abb. 38—40) zu
entwässern und die gewonnenen, verhältnismäßig wasserarmen
Schlammkuchen entweder in geeigneten Öfen (Drehöfen) weiter
bis zur Mahlfähigkeit zu trocknen, um letzten Endes einen
streubaren Dünger zu gewinnen oder unter Zusatz billiger
Kohlen zu verbrennen. Die mechanische Filterung des Überschußschlammes ist indes ein recht umständliches Verfahren,
das eine Vorbereitung des Filtriergutes durch Zusatz von
Chemikalien, Einstellung eines bestimmten Säuregrades u. dgl.
sowie eine kostspielige Einrichtung erfordert. Es erscheint
daher zur Zeit nicht wahrscheinlich, daß die amerikanische Art
der Überschußschlammaufbereitung in deutschen Kläranlagen
zur Einführung gelangen könnte.

Die schwierige Schlammbehandlung bildet die eine Schat-
tenseite der Belebtschlammverfahren. Als die andere ist die
große Empfindlichkeit der belebten Flocken sowohl gegen
stärkere Änderungen in der Beschaffenheit des Abwassers, wie

besonders gegen gewisse Stoffe, die aus gewerblichen Abläufen stammen können, anzusehen. Säuren, stärkere Laugen, verschiedene organische Stoffe, können, wenn sie in die Belüftungsbecken gelangen, die Wirksamkeit der Flocken rasch lahmlegen, so daß der „belebte Schlamm" von neuem aufgebaut werden muß. Die belebten, freischwebenden Flocken sind in dieser Hinsicht weit empfindlicher als die festsitzenden biologischen Häute von Brockenkörpern, da in den Poren des Brockenmaterials Reserven an Kleinlebewesen angesiedelt sind, die vor den in Frage kommenden Giftstoffen besser geschützt sind als die ihrem Angriff von allen Seiten ausgesetzten Flocken.

Nicht selten treten ferner in Belüftungsbecken „Belebtschlammparasiten" auf, die sich von den Flocken ernähren. Durch solche Parasiten kann u. U. der Flockenbestand eines Belüftungsbeckens in verhältnismäßig kurzer Zeit stark beeinträchtigt werden.

Die größten Schwierigkeiten aber bereitet, wo sie auftritt, die sog. „Blähkrankheit" des belebten Schlammes.

Aus bis jetzt noch nicht ausreichend aufgeklärten Gründen können nämlich die Flocken belebten Schlammes ihren Umfang innerhalb ganz kurzer Zeit außerordentlich vergrößern, wobei der Wassergehalt des so entstehenden schleimartigen Gebildes auf etwa 99,6% und darüber ansteigt. Der „Blähschlamm" pflegt im Gegensatz zur braunen Farbe gesunden, belebten Schlammes, meist eine weißlich-graue Färbung aufzuweisen und Fadenpilze zu beherbergen, von denen noch nicht sicher ist, ob sie eine der Ursachen oder eine Begleiterscheinung des Blähschlammauftretens bilden. Der Blähschlamm setzt sich außerordentlich langsam ab, so daß, wenn diese „Krankheit" in einem Belüftungsbecken eintritt und es nicht gelingt, durch verstärkte Belüftung, Zusatz gewisser Chemikalien oder sonstige nur selten zum Ziele führende Maßnahmen, den Blähzustand zu überwinden, meist nichts anderes übrig bleibt, als den ganzen Inhalt des Belüftungsbeckens abzulassen und mit der Bildung gesunden Flockenschlammes von neuem zu beginnen.

Als Ursachen der Blähkrankheit belebten Schlammes werden gewisse gewerbliche Abwässer, insbesondere solche, die

Zucker oder verwandte Stoffe enthalten, ferner ungenügende
Belüftung, unrichtiges Mengenverhältnis von Flockenschlamm
zu Abwasser, Temperatureinflüsse u. a. m. angeführt. Wie
schon erwähnt, sind diese Ursachen bis jetzt noch keineswegs
so aufgeklärt, daß man sich im Betriebe gegen die unangenehme
Überraschung des Blähschlammauftretens mit Sicherheit
schützen könnte.

Sieht man von den obengenannten Schwierigkeiten ab,
die in gewissen Fällen die Anwendung des belebten Schlammes
nicht empfehlenswert machen oder ausschließen, so leistet doch

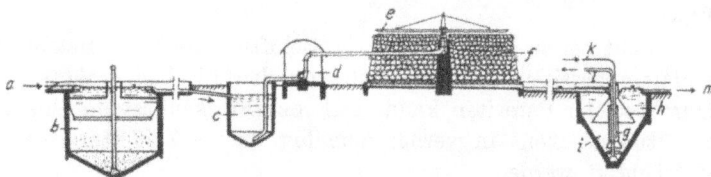

Abb. 87. Biologische Stufenreinigung.
(Kläranlage der Emschergenossenschaft in Holzwickede.)

Das Abwasser tritt bei *a* in den Emscherbrunnen *b* ein. Der geklärte Ablauf
fließt in den Pumpenschacht *c*, aus dem das Abwasser mittels der Pumpe *d*
auf den Tropfkörper *f* gehoben und mittels des Drehsprengers *e* verteilt wird.
Der Ablauf des Tropfkörpers mitsamt den ausgewaschenen Schlammstoffen
gelangt in den Zylinder *g*, in dem die durch *k* zugeführte Druckluft Belebtschlamm erzeugt, der eine weitere Reinigung des Abwassers bewirkt. Das Wasser
wird sodann im Aufsteigen im Raume *h* nachgeklärt und fließt bei *m* zum Vorfluter ab, der überschüssige belebte Schlamm setzt sich im Trichter *i* ab und
wird von da mittels der in *g* angeordneten Mammutpumpe durch das Rohr *l*
herausgeschafft und in den Schlammraum des Emscherbrunnens zur gemeinsamen Ausfaulung mit dem Vorklärschlamm befördert.

das Verfahren im großen ganzen vorzügliches und ist als großer
Fortschritt in der Kunst der Abwasserreinigung zu bewerten.
Abläufe gut betriebener Belebtschlammanlagen sind in der
Regel reiner, insbesondere klarer und farbloser als solche biologischer Körper und kommen den durch Landbehandlung
gereinigten Abläufen am nächsten, können sie sogar an Reinheit übertreffen. Auch eignet sich das Belebtschlammverfahren zur Verbindung mit anderen biologischen Verfahren,
besonders mit Tropfkörpern. Hierbei können (englische Arbeitsweise) die Belüftungsbecken den Tropfkörpern vorgeschaltet werden, so daß die Belastung der letzteren mit dem
„ausgeflockten" Abwasser auf das 2- bis 3fache der normalen

Belastung gesteigert werden kann; oder man kann (deutsches Verfahren, zuerst angewendet in der Kläranlage Holzwickede der Emschergenossenschaft) das Belüftungsbecken dem Tropfkörper nachschalten und mit geringfügigen Mehrkosten den Tropfkörperablauf auf höhere Reinheit bringen. Abb. 87. Auch andersartige Verbindungen (Stufenanordnungen) sind möglich (u. a. in einigen Kläranlagen des Ruhrverbandes durchgeführt).

XXII. Rieselverfahren und Bodenfiltration.

Auf Rieselfeldern und durch Bodenfiltration wird Abwasser unter Anwendung des gewachsenen Bodens als Trägers der wirksamen Kräfte gereinigt. Während jedoch Rieselfelder das Abwasser nicht nur reinigen, sondern auch der Landwirtschaft nutzbar machen, also dem Pflanzenbau dienen, verzichtet die Bodenfiltration auf letzteren, ist aber dafür imstande, erheblich größere Abwassermengen auf einem Geländestück gleicher Größe zu bewältigen.

Die reinigende Wirkung gewachsenen Bodens auf verschmutztes Wasser, also auch Abwasser, ist erheblich kräftiger als die künstlicher, biologischer Körper. Finden sich doch im gewachsenen Boden in natürlicher, ursprünglicher Weise, alle diejenigen wirksamen Kräfte zusammen, die wir in dem Menschenwerke der künstlichen biologischen Körper nachzuahmen bestrebt sind. Zeugen der Leistungsfähigkeit des gewachsenen Bodens hinsichtlich der Reinigung verschmutzter Wässer sind ja vor allem Grundwässer, denen wir unser bestes Trinkwasser entnehmen. Die Grundwässer werden gebildet, bzw. ergänzt durch Niederschlagswässer, die auf der Oberfläche der Erde verschiedene Verunreinigungen aufnehmen müssen und dennoch nach Durchgang durch die Bodenschichten, die zwischen der Erdoberfläche und dem Grundwasserträger liegen, vorzüglich gereinigt erscheinen.

Demnach unterliegt es keinem Zweifel, daß die Behandlung „auf Land" die beste Reinigungsart des Abwassers darstellt. Daß sie nicht so oft, wie es wünschenswert wäre, angewendet werden kann, liegt an den jeweiligen örtlichen Verhältnissen, die in vielen Fällen ihre Anwendung ausschließen.

11*

Bald ist es Mangel an geeignetem Gelände, bald die Kosten-
frage, wenn eine billigere Behandlungsweise berechtigten Anforderungen genügt, oft kann Abwasser infolge des Gehaltes
an pflanzenschädlichen Stoffen aus den Abflüssen der Gewerbe,
zum Rieseln nicht verwendet werden. Mit der wachsenden
Besiedlung und mit der Vermehrung der großgewerblichen
Tätigkeit schwindet leider in Deutschland immer mehr die
Möglichkeit zur Anlage neuer Rieselfelder. Es kommt hinzu,
daß im allgemeinen nur landwirtschaftlich minderwertige
Ländereien für Rieselfelder in Betracht kommen, da gute
Böden in der üblichen Bewirtschaftung wertvollere Erträge
liefern. Insbesondere eignet sich trockenes Ödland für Rieselei,
wenn dem unfruchtbaren Boden durch Zuführung von Dungstoffen des Abwassers landwirtschaftliche Erträge abgewonnen
werden können.

Der Reinigungsvorgang des Abwassers bei der Landbehandlung ist im wesentlichen derselbe wie bei der künstlichen biologischen Reinigung. Zuerst werden die Schmutzstoffe, die ungelösten sowohl wie die gelösten, im Boden festgehalten, erstere mechanisch, die anderen durch Ansaugung
aus der Lösung, vermittelst der Oberflächenwirkung der Boden-
teilchen. Dann bemächtigen sich die Bakterien dieser Schmutzstoffe und bauen sie ab. Nur gehen alle diese Vorgänge noch
viel wirkungsvoller vor sich als in künstlichen biologischen
Körpern. Bei Rieselfeldern beteiligen sich außerdem noch
landwirtschaftliche Pflanzen an dem Abbau der Schmutzstoffe, indem sie diejenigen dieser Stoffe bzw. ihrer Umwandlungsprodukte, die sie zur eigenen Ernährung verwerten können,
vermittelst der Wurzeln aus dem Boden aufsaugen.

XXIII. Rieselfelder.

Bei Rieselverfahren ist zu unterscheiden zwischen „Oberflächenrieselung" (mitunter auch „wilde" Rieselung genannt) und der „Sickerrieselung". Ein sog. „Spritzverfahren", das noch Erwähnung finden wird, ist ebenfalls der
Oberflächenrieselung zuzuzählen.

Die Oberflächenrieselung findet bei wenig durchlässigen Bodenarten Anwendung oder dann, wenn die betreffen-

den Flächen auf Hängen liegen, so daß das Abwasser ober-
irdisch abfließen kann. Sie ist ferner angebracht, wenn das
Gelände wegen hohen Grundwasserstandes nicht gedränt werden kann. Für Oberflächenrieselung sind bedeutend größere
Flächen erforderlich als für Sickerrieselung. Die Zurichtung
der Felder ist aber für jene erheblich einfacher und billiger als
für diese, da von Dränrohrverlegungen abgesehen wird. Für
das ankommende Abwasser genügt ein Verteilungsgraben
(Rinne) entlang dem Höhenzug des Geländes und für die Abläufe im Talzuge ein Abfanggraben, der in die Vorflut ausmündet.

Der Betrieb besteht im wesentlichen in der Bewässerung
der in Betracht kommenden Flächen, in dem Maße, als es für
das Wachstum der zu ziehenden Pflanzen erforderlich und
erträglich ist. Diese Art der Düngung wird „Kopfdüngung"
genannt.

Bei dieser Rieselungsart dringt das Abwasser nur wenig
in den Boden ein. Die Schmutzstoffe werden zumeist auf der
Oberfläche zurückgehalten bzw. von den Pflanzen über dem
Boden verwertet, weniger durch die Wurzeln aufgesogen. Die
Reinigung des Abwassers ist demnach auch unvollständig,
indem hauptsächlich die Schwebestoffe zurückgehalten werden
und in dünner Lage sich an der Luft zersetzen, während die
gelösten Stoffe nur teilweise abgebaut bzw. verwertet werden.
Die Abläufe, die bei Trockenwetter naturgemäß der Menge
nach erheblich geringer sind als das aufgebrachte Wasser,
pflegen noch fäulnisfähig zu sein, bzw. müssen sie unter Umständen, um die Fäulnisunfähigkeit zu erlangen, wiederholt
auf den Boden aufgebracht werden, was Zurückpumpen der
Abläufe oder Verwendung noch weiterer Flächen zur Reinigung des Abwassers erfordert.

Zum Anbau können bei Oberflächenrieselung nur solche
Nutzpflanzen gewählt werden, die nicht dem menschlichen
Genusse in rohem Zustande dienen.

Da die Reinigungswirkung für Abwasser nur unvollständig zu sein pflegt, so eignet sich die Oberflächenrieselung
hauptsächlich für bereits weitgehend vorgereinigtes Abwasser,
insbesondere für die Abläufe künstlicher biologischer Anlagen,
deren Dungstoffe so noch verwertet werden können. Zu-

gleich kann man damit Verunkrautungen des Vorfluters vorbeugen.

Oberflächenrieselung pflegt, da sie ausgedehnte und
billige Landflächen erfordert, zumeist nur dann angewendet zu
werden, wenn ein ordnungsmäßiger Rieselbetrieb auf gedränten
Flächen nicht möglich ist.

Das oben erwähnte Spritzverfahren, auch „Eduards-
felder Spritzverfahren" nach dem Gute Eduardsfelde
bei Posen, auf dem es zum ersten Male angewendet wurde,
benannt, unterscheidet sich von der Oberflächenrieselung im

Abb. 88. Feldberegnung mit Abwasser (Regnerbau Calw, Württb.)

wesentlichen dadurch, daß hierzu rohes Abwasser, so wie
es die Kanalisation liefert, verwendet wird und daß keine
Abläufe in die Vorflut abgeführt werden. Es ist demnach ein
selbständiges Abwasserbeseitigungs-, nicht aber Reinigungsverfahren, da es keine Abläufe liefert, vielmehr außer den
Dungstoffen auch die gesamte Wassermenge zur Deckung des
Feuchtigkeitsbedürfnisses der Pflanzen herangezogen wird.

Bei diesem Verfahren wird das Abwasser in Rohrleitungen
zu den Feldern gedrückt und mittelst Schläuchen verspritzt.
Es ist bisher nur in wenigen Orten ausgeführt worden, doch
hat es bei richtiger Anwendung befriedigende landwirtschaftliche Erträge geliefert.

Neuerdings werden auch in steigendem Maße geklärte Abwässer, mit oder ohne Verdünnung mit reinem Wasser, zur Feldberegnung verwendet, wobei das Wasser aus fahrbaren Geräten, denen es durch Schläuche zugeführt wird, über die Felder versprüht wird (Abb. 88). Bei diesem Verfahren kommt es, wie schon aus der Bezeichnung hervorgeht, in erster Linie auf Befeuchtung des Bodens bei Trockenwetter an. Soweit Abwasserbeseitigung in Betracht kommt, ist daher die Anwendung des Verfahrens nur auf gewisse, nicht zu langen Zeiträume im Jahre beschränkt.

Die Anlage von Rieselfeldern mit Sickerung erfordert zunächst genügend durchlässigen Boden, der die Versickerung der aufgebrachten Abwassermenge gestattet, sodann darf der Grundwasserstand nicht zu hoch sein, um die Sickerwassersammelrohre, die „Dränung", verlegen zu können. Ist der Untergrund leicht durchlässig, dann ist unter Umständen Dränung entbehrlich.

Allzu durchlässiger, also sandiger Boden ist indes zur Anlage von Rieselfeldern weniger geeignet, weil das Abwasser zu rasch nach unten durchfallen würde, ohne ausreichend gereinigt und von den Pflanzen hinsichtlich der Dungstoffe und der Feuchtigkeit gehörig ausgenutzt zu werden. Erdiger, lehmiger Sand ist die günstigste Bodenart.

Zu Sickersträngen (D;Drännetzen) verwendet man gebrannte Tonrohre, die mit leichtem Gefälle nach dem Abfluß verlegt sind. Das Sickerwasser dringt an den Stoßflächen der Rohre in das Innere derselben ein. Gefälle und Bemessungen der Dränrohre müssen passend gewählt sein, um übermäßiges Anstauen des Sickerwassers zu vermeiden. Sind bei leicht durchlässigem Untergrund Dränungen überflüssig, dann verbilligt sich naturgemäß die Anlage der Rieselfelder erheblich.

Die Zurichtung des Geländes zur Rieselung umfaßt die Einrichtung von „Schlägen", d. i. einzeln zu bewässernden Flächenabschnitten, die voneinander durch Erddämme getrennt werden. In diesen befinden sich die Abwasserzuleitungsgräben, aus denen das Abwasser durch Ziehen von Schützen in die Schläge eingelassen wird. Auf den Kronen der Dämme sind Geh- bzw. Fahrstege angelegt. Die Schläge sind entweder zum Überstauen mit Abwasser bestimmt und in diesem Falle ausgeebnet oder aber mittelst längs und quer laufender Gräben in schmale Beete eingeteilt. Letztere Anordnung wird dann erforderlich, wenn es sich um Pflanzen handelt, die im rohen Zustande genossen werden sollen (z. B. verschiedene Gemüse) und daher mit dem Abwasser nicht unmittelbar in Berührung gebracht werden dürfen. Das Abwasser füllt dann die Rillen zwischen den Beeten und dringt seitwärts zu den Wurzeln ein. Abb. 89 zeigt schematisch die Herrichtung eines Rieselfeldes.

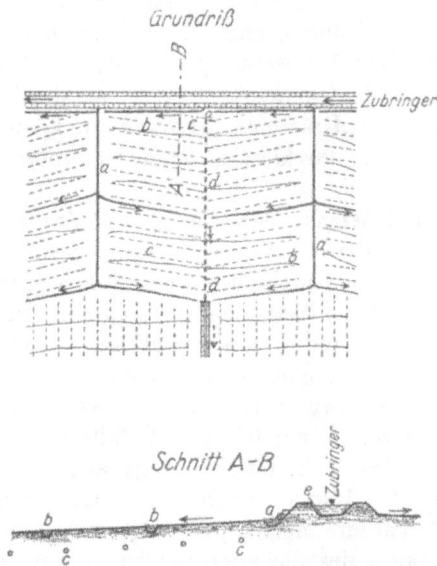

a = Bewässerungsgraben, b = Rieselrinne, c = Saugdrän,
d = Sammeldrän, e = Schieber.
Abb. 89. Rieselfeldanlage.

Betrieb und Bewirtschaftung gehören im übrigen in das Gebiet der Landwirtschaft und können hier nicht näher behandelt werden.

Abläufe der Rieselfelder enthalten mitunter noch unausgenutzte Dungstoffe, die unter Umständen zur Verunkrautung der Abflußgräben bzw. des Vorfluters führen können. Durch weitere Behandlung auf Land, z. B. Wiesenbewässerung oder

Oberflächenrieselung, können solche Abläufe noch nutzbringend verwertet werden, bevor man sie in endgültig gereinigtem Zustande und der Menge nach verringert dem Vorfluter übergibt.

XXIV. Bodenfiltration.

(Staufilter.)

Mit dem Ausdruck „filtrieren" („filtern"), bezeichnet man den Durchgang von Flüssigkeit durch eine porige Materialschicht zum Zwecke der Reinigung jener Flüssigkeit. Die Reinigung kann zunächst darin beruhen, daß ungelöste Stoffe, die die Flüssigkeit trüben, von dem „Filter" nach Art eines dichten Siebes zurückgehalten werden. Sämtliche mechanischen Filter, z. B. Fließpapier, Filtertücher, Filterpressen, erfüllen nur diesen Zweck.

Wenn es sich um Abwasser handelt, können Materialfilter neben der Zurückhaltung ungelöster Stoffe auch biologische Reinigungswirkungen, die sich auf die gelösten organischen Stoffe erstrecken, zeitigen. Füll-, Tropf- und Tauchkörper sind biologische Filter und ebenso Rieselfelder. Diese letzteren verfolgen indes nicht ausschließlich den Zweck der Abwasserreinigung, sondern bilden zugleich landwirtschaftlich ausgenutzte Flächen. Wird von landwirtschaftlicher Nutzung des Geländes gänzlich abgesehen und letzteres ausschließlich der Abwasserreinigung vorbehalten, so können auf ebenso großen Flächen bedeutend größere Mengen Abwasser gereinigt werden. Man spricht dann von „Bodenfiltern" („intermittierender", d. h. aussetzender Bodenfiltration) oder von „Staufiltern".

Die für Staufilter erforderliche Bodenart soll durchlässig sein, also möglichst Sand enthalten. Rieselfelder können nur auf Böden angelegt werden, die nicht zu sehr wasserdurchlässig sind, weil die Feuchtigkeit und die Dungstoffe den Pflanzenwurzeln zur Verfügung gehalten werden müssen. Da auf Staufiltern keine Pflanzen gezüchtet werden, vielmehr nur möglichst viel Abwasser filtriert werden soll, so ist der Boden in gewissen Grenzen, die durch die Notwendigkeit der Reinigung des Abwassers sich ergeben, je durchlässiger desto geeigneter. Befindet sich daher über durchlässigem, lehmiger

Boden oder Ackererde, so müssen diese entfernt werden, um das Abwasser unmittelbar auf die durchlässige Schicht aufleiten zu können.

In Ermangelung geeigneten natürlichen Geländes kann man Staufilterflächen durch Aufschüttung von Sand, Schlacken od. dgl. Material künstlich schaffen. Es ist hierzu sorgfältige Auswahl der Korngrößen des Materials erforderlich, um die biologische Reinigung möglichst wirksam zu gestalten. Im allgemeinen wird es jedoch, wenn geeignetes natürliches Gelände nicht gegeben ist, vorteilhafter sein, künstliche biologische Körper zu bauen als Staufilter anzuschütten.

Staufilter sind ähnlich wie Rieselfelder anzulegen. Dämme teilen das Gelände in einzelne, ebene Stauabschnitte. Die

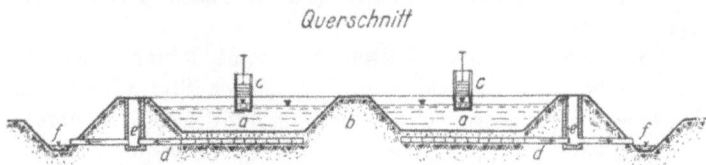

a = Staubecken, *b* = Damm, *c* = Schütz, *d* = Sammeldrän, *e* = Schieberschacht, *f* = Abflußgraben.

Abb. 90. Staufilteranlage.

Abwasserzuführung erfolgt durch Gräben, die mit Schützen zum Überfluten der einzelnen Abschnitte versehen sind. Die Filterfläche wird mit Abwasser überstaut und dann sich selbst überlassen. Nach Ablauf einer gewissen Zeit ist das Abwasser in den Boden eingesickert und die Filterfläche bloßgelegt. Das Filter bleibt dann noch eine Zeitlang zwecks Durchlüftung in Ruhe, ähnlich wie beim Betriebe von Füllkörpern. Wie diese müssen sich auch Staufilter einarbeiten, bevor sie befriedigend gereinigte Abläufe liefern. Die Durchlässigkeit des Untergrundes kann, wenn nötig, durch Dränung verbessert werden. Abb. 90 zeigt den Querschnitt durch eine Staufilteranlage.

Das Reinigungsvermögen der Staufilter dürfte bei sorgfältigem Betriebe dem der Rieselfelder und der Reinigungsanlagen mit belebtem Schlamm nahekommen, das der Füll- und Tropfkörper übertreffen. Die Staufilter stehen demnach,

hinsichtlich der erforderlichen Fläche und der Reinigungswirkung etwa in der Mitte zwischen künstlichen biologischen
Körpern und Rieselfeldern. In geeigneten Fällen erscheinen
sie empfehlenswert. Sie sind früher hauptsächlich in Amerika
benutzt worden, während in Deutschland mehr die Neigung
besteht, Abwasser, das schon auf Land gereinigt werden soll,
auch landwirtschaftlich auszunutzen. Indes wurden auch in
Deutschland einige Staufilteranlagen errichtet, die die Erwartungen erfüllt zu haben scheinen.

XXV. Untergrundrieselung.

Die Untergrundrieselung zeichnet sich dadurch aus, daß
hierbei Abflüsse nicht entstehen, das Abwasser vielmehr restlos vom Boden bzw. vom Grundwasser aufgenommen wird.
Zumeist wird das Verfahren bei kleinen Kläranlagen von Einzelhäusern, Krankenanstalten u. dgl. angewendet, und zwar als
Schlußglied der betreffenden Anlage. Derartige kleine Abwasserreinigungsanlagen werden in einem späteren Kapitel (XXVII)
gesondert behandelt.

Voraussetzung für Anwendung der Untergrundrieselung
ist nicht zu hoher Grundwasserstand, der die Verlegung von
Sickerrohren in geeigneter Tiefe gestattet. Das Abwasser
darf einerseits nicht ungereinigt in das Grundwasser durchfallen, und andererseits müssen die Dränrohre doch tief genug verlegt werden können, um die Pflanzenwurzeln nicht zu behindern und das Abwasser nicht auf die Oberfläche des Bodens
austreten zu lassen. Auch sind unangenehme Ausdünstungen
des Bodens zu vermeiden. Erfahrungsgemäß sind Grund-
wasserstände von höchstens 150 cm unter Bodenoberfläche
zulässig, und die Dränung wird etwa 60 cm bis 1 m tief aus-
gelegt. Höherer Grundwasserstand muß gegebenenfalls abgesenkt werden.

Was die Beschaffenheit des Bodens anbelangt, so sind
zwar durchlässige, luftige Böden am geeignetsten, doch lassen
sich Untergrundrieselanlagen unter Umständen auch in schweren Böden unter Anwendung der von Friedersdorff einge-
führten Bodenbelüftung einrichten, wobei die Dränrohre
zugleich als luftzuführende Kanäle wirken.

Die Betriebsweise ist selbsttätig, dergestalt, daß das gut vorgeklärte Abwasser, das nur noch wenig ungelöste Stoffe enthalten darf, aus der Reinigungsanlage in das Drännetz fließt und an den Stoßflächen der Sickerrohre in den Boden austritt. Die Wirkungsweise der Dränung ist hierbei also der bei Rieselfeldern, Bodenfiltern, Schlammtrockenplätzen usw. entgegengesetzt. Die Tonrohre dienen nicht dazu, um die Feuchtigkeit der überstehenden Bodenschicht an sich zu ziehen, sondern sie führen dem Boden Wasser zu. Dieses versickert gänzlich, wobei es teils nach unten, teils nach oben gezogen wird. Hierbei kann die gleichmäßige Durchfeuchtung des Bodens und Zufuhr düngender Stoffe des Abwassers vorteilhaft zum Pflanzenbau ausgenutzt werden.

Die Schmutzstoffe des Abwassers werden bei Untergrundrieselung durchaus ähnlich abgebaut, wie bei den anderen biologischen Verfahren. Die Größe der Fläche muß so bemessen sein, daß der Boden die Schmutzstoffe vollkommen aufarbeiten kann, ohne überlastet zu werden, und daß die Zufuhr der Feuchtigkeit mit dem Aufsaugungsvermögen des Untergrundes und mit der Verdunstung des Wassers im Gleichgewicht bleibt, so daß Überfeuchtung des Bodens vermieden wird. In der Regel werden Vorrichtungen angeordnet, die das Abwasser in regelmäßigen Zeitabständen stoßweise von der Reinigungsanlage in das Dränrohrnetz abgeben. Nach Versickern des Abwassers im Untergrunde tritt für den Boden eine Ruhepause bis zur nächsten Beschickung ein, währenddessen die reinigenden Kräfte wieder hergestellt werden. Inzwischen wird auch das Wasser im Boden soweit verteilt, daß für die folgende Beschickung Raum frei wird.

Infolge des selbsttätigen Betriebes sind bei sachgemäßer Anlage besondere Arbeitskräfte zur Bedienung von Untergrundrieselungsanlagen nicht oder nur in geringem Maße erforderlich. Das Verfahren eignet sich daher in Verbindung mit ebenfalls selbsttätig wirkenden Reinigungsanlagen insbesondere für Einzelhäuser z. B. in Gartenstädten. Für große städtische Kläranlagen kommt die Untergrundrieselung als Nachreinigung kaum in Betracht, da die hierzu erforderlichen großen Flächen in den meisten Großstädten kaum vorhanden sind, und die Herrichtung vermutlich zu kostspielig sein würde.

Abb. 91 zeigt schematisch eine Untergrundrieselungsanlage, die an eine Einzelhauskläranlage angeschlossen ist.

Da, wie eingangs erwähnt, das Abwasser aus den Dränrohren letzten Endes ganz oder zum Teil ins Grundwasser gelangen kann, so sind Untergrundrieselungsanlagen überall

Längenschnitt

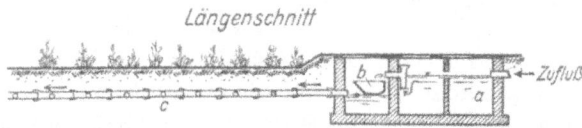

a = Klärbecken, b = Kippmulde, c = Dränleitung.

Anordnung der Dränleitung

Grundriß

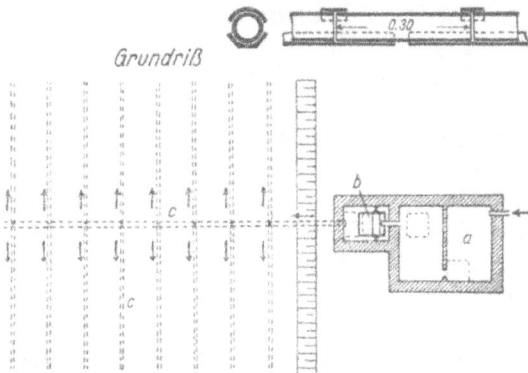

Abb. 91. Untergrundberieselungsanlage im Anschluß an eine Einzelhauskläranlage.

dort auszuschließen, wo das betreffende Grundwasser als Trinkwasser benutzt wird oder benutzt werden könnte; denn auch unter Annahme bester biologischer Reinigung erscheint es unzulässig, Abwasser dem Trinkwasser zuzumischen.

XXVI. Fischteiche. Stauseen.

Seit etwa 2 Jahrzehnten ist es gelungen, die in geklärten städtischen Abwässern noch enthaltenen organischen Stoffe der Züchtung von Fischen nutzbar zu machen und dabei gleichzeitig das „Abwasser" in ein „natürliches Wasser" zu überführen. Der glückliche Gedanke stammt von Hofer, der sich auch um die Ausbildung des Verfahrens verdient gemacht hat. Einen hohen Grad der Vervollkommnung erreichte es durch Schillinger im Teichgut Aschheim bei München, wo die mechanisch vorgereinigten Abwässer der Stadt München zu einer großzügigen Karpfenaufzucht benutzt werden. Das Verfahren erfordert Anlage von Teichen, in denen das geklärte Abwasser mit reinem sauerstoffreichen Wasser in geeignetem Verhältnis gemischt wird, so daß die für das Atmungsbedürfnis der Fische nötige Menge im Wasser gelösten Sauerstoffes stets vorhanden ist. In den Teichen werden planmäßig abgestuft verschiedene Wassertiere von den niederen bis zu den Fischen hinauf aufgezogen. Es wird so ein Zustand geschaffen, daß die Fische andere niedere Lebewesen fressen, diese wieder tieferstehende usw. bis zu den einfachen Kleintierchen und Spaltpilzen herunter, die aus den Schmutzstoffen des Abwassers die Nahrung ziehen. Betrieb und Bewirtschaftung der Fischteiche gehören ins Gebiet der Fischereikunde, sollen daher hier nicht näher behandelt werden. Ich erwähne die Fischteiche nur, weil sie auch zugleich ein Endglied der Abwasserreinigung bilden und als solches nach den bisherigen günstigen Erfolgen in geeigneten Fällen empfehlenswert zu sein scheinen, u. a. im Anschluß an Rieselfelder und künstliche biologische Anlagen, insbesondere Reinigungsanlagen mit belebtem Schlamm. Die bisherigen Erfahrungen zeigen, daß in vollkanalisierten Städten, die Abwasserfischteiche unterhalten, etwa 250 g Fischfleisch für den Kopf der angeschlossenen Bevölkerung im Jahre gewonnen werden können.

Schon im VII. Kapitel wurde ausgeführt, daß die Selbstreinigungskräfte eines Vorfluters befähigt sind, eine gewisse Menge Abwasser unschädlich zu machen, und es wurde auch darauf hingewiesen, daß auch stehende oder sehr langsam fließende Gewässer den Abbau der Abwasserstoffe gut besorgen können. Der Ruhrverband, dem die Reinhaltung des Ruhrflusses, des mittelbaren Trinkwasserspenders des Industriegebietes zwischen Ruhr und Lippe obliegt, hat es erstmalig unternommen, die Selbstreinigungskraft des Vorfluters (der Ruhr) durch Aufstauung und damit Verlängerung der Laufzeit des Wassers zu heben. Es sind so im Zuge der Ruhr

einige „S t a u s e e n" (Hengsteysee, Herbedersee, Baldeneyer
See) entstanden, die die Aufgabe haben, in dem, mit nicht
ausreichend gereinigten Abwässern beladenen Flußwasser, die
Selbstreinigungskräfte zu steigern. In solchen Stauseen ist
nicht nur den in Betracht kommenden Kleinlebewesen eine
längere Einwirkungszeit auf die abzubauenden Abwasserstoffe
gewährleistet, es kommt noch die Belüftung und Besonnung
des Wassers auf einer erheblich verbreiterten Oberfläche, sowie
die Möglichkeit zum Absetzen der Schwebestoffe, infolge der
verlangsamten Wasserbewegung hinzu. Freilich können Stauseen — die besonders dann in Betracht kommen, wenn die
durch Aufstau gewonnene Gefällstufe zur Krafterzeugung
nutzbringend verwertet werden kann — nicht etwa bei Einleitung von rohem, sondern von zumindest mechanisch vorge-
klärtem Abwasser, angemessen wirken. Auch ist zu beachten,
daß f l a c h e Stauseen bzw. flache Strecken derselben, gerade
wegen der Besonnung in Verbindung mit den düngenden Eigenschaften der eingeleiteten Abwässer, leicht dem Verwuchs an-
heimfallen und nur bei regelmäßiger Entkrautung, die sich mitunter recht schwierig gestalten kann, vor der schließlichen
Verlandung bewahrt werden können. Auch die Beseitigung
des Schlammes aus Stauseen kann sich zu einer schwierig zu
lösenden Aufgabe auswachsen, wenn nicht, was mitunter möglich sein dürfte, der Schlamm gelegentlich Hochwasserführung
des Flusses stoßweise abgeschwemmt werden kann.

XXVII. Kleine Kläranlagen.
(Einzelkläranlagen, Hauskläranlagen.)

In den vorangegangenen Abschnitten wurden in kurzen
Zügen Abwasserreinigungsanlagen besprochen, die entweder
bereits vielfach verbreitet sind oder doch ihrem Wesen nach
einer weiteren Verbreitung fähig zu sein scheinen. Außer den
besprochenen gibt es noch verschiedene andere Abwasserreinigungsverfahren, die, obzwar von guter Wirkung, doch
aus verschiedenen Gründen nur mehr oder weniger ö r t l i c h e
Bedeutung haben, so daß sie nur in verhältnismäßig seltenen
Fällen anwendbar sind. Einige andere Verfahren, die ihrer-
zeit Daseinsberechtigung hatten, sind heute technisch über-

holt, so daß sie nur noch der Geschichte angehören. Eine
Beschreibung derartiger Verfahren muß hier aus Raumrück-
sichten unterbleiben. Es sei diesbezüglich auf das am Schlusse
angeführte Schrifttum verwiesen. Dagegen scheinen mir
kleine Kläranlagen für Einzelhäuser einer kurzen
Besprechung wert, da derartige Anlagen auch in der Zukunft
vielfach ihre Daseinsberechtigung behalten werden, obgleich,
wo es nur immer möglich ist, Vollkanalisation mit zentraler
Kläranlage als die billigste, technisch zuverlässigste und gesundheitlich einwandfreieste Beseitigungsart menschlicher Aus-
wurfstoffe, erachtet und empfohlen werden muß.

In städtischen und sonstigen zentralen Kläranlagen,
die das Abwasser von vielen Tausenden Einwohnern reinigen,
spielt der erforderliche Flächenraum des Geländes, also der
Grunderwerb, oft eine bedeutende Rolle, da geeignete Grund-
stücke vor den Toren der Großstädte meist kostspielig zu sein
pflegen und der Erwerb mitunter Schwierigkeiten begegnet,
so daß räumliche Beschränkung geboten ist. Hingegen fällt
in der Regel die Bedienung der Kläranlage, d. i. die Kosten
der zum Betriebe notwendigen Angestellten und Arbeiter,
weniger ins Gewicht, da sich diese Kosten, auf den Kopf der
Bevölkerung berechnet, zu meist ganz kleinen Beträgen verteilen. Ferner sind einige andere Umstände, wie Sichtbarkeit
des Abwassers, Ausdünstungen, Schlammlager usw., soweit es
sich um die Berührung mit der Einwohnerschaft handelt, in
Städten nicht von ausschlaggebender Bedeutung, da die
Kläranlagen außerhalb der Stadt angeordnet werden.

Bei Einzelhäusern dagegen, die frei im Gelände liegen
(Landhäuser, Villen, Hotels in Sommerfrischen u. dgl.), braucht
der Flächenraum für die Kläranlage in der Regel im Verhältnis
nicht so knapp bemessen zu sein. Sichtbarkeit des Abwassers,
Gerüche usw., die den Einwohnern den Aufenthalt in und
neben dem Hause verleiden würden, muß man jedoch unter
allen Umständen zu vermeiden trachten. Ausschlaggebend ist
jedoch die Bedienungsfrage. Da nur in den seltensten Fällen
sachgemäße Bedienung durch Hauseinwohner in Frage kommt
bzw. eine geeignete Arbeitskraft, etwa in Nebenbeschäftigung,
hierzu verfügbar sein kann, so ist die erste Voraussetzung für
die Brauchbarkeit einer Hauskläranlage, daß sie möglichst

wenig Aufsicht und Bedienung erfordert, also beinahe selbsttätig arbeitet. Wichtig ist auch die Vorflutfrage. Einzelstehende Häuser sind nicht immer unmittelbar an einem Fluß u. dgl. belegen, und der Bau eines offenen oder geschlossenen Gerinnes zum Vorfluter kann zu teuer sein, müßte auch oft über fremdes Gelände führen. Kleine Vorfluter, um die es sich in der Mehrzahl der Fälle handeln wird, dürfen nur gut gereinigtes Abwasser aufnehmen. Hauskläranlagen müssen daher meist das Abwasser weitgehend reinigen, damit durch die Unterbringung der Abläufe keine Schwierigkeiten entstehen, insbesondere dann nicht, wenn natürliche, ausreichend verdünnende Vorflut fehlt. Schließlich kommt beim Betrieb von Hauskläranlagen die Schlammausräumung nur in längeren Zeiträumen in Betracht.

Aus dem Vorstehenden ergeben sich folgende Folgerungen für gute Hauskläranlagen: Selbsttätige Wirkungsweise, beruhend auf Einfachheit der Gesamtordnung und der Einzelteile sowie im Verhältnis geräumige Bemessung der Anlage, weitgehende, demnach biologische Reinigung, keine nennenswerte Schlammerzeugung, demnach weitgehendste Ausfaulung des Schlammes, Unsichtbarkeit, Geruchlosigkeit und Fliegenfreiheit, unter Umständen nur durch vollkommene Abdeckung der ganzen Anlage erreichbar, schließlich belästigungsfreie Unterbringung der Abläufe, in Ermangelung des Zutrittes zu einem geeigneten Vorfluter am besten durch Untergrundrieselung. Hauskläranlagen dürfen ferner aus gesundheitlichen Gründen sowie aus Gründen des Schönheitsempfindens nicht im Hause selbst, also im Kellergeschoß oder dicht am Hause untergebracht werden; eine solche Einrichtung ist in jedem Falle verwerflich. Vielmehr soll stets eine gewisse Entfernung, die ich mit mindestens 10 m annehmen möchte, die aber so groß gewählt werden sollte, wie es eben die Verhältnisse gestatten, zwischen Wohnhaus und der zugehörigen Kleinkläranlage gewahrt werden.

Allen den vorgenannten Bedingungen gerecht zu werden ist gewiß recht schwierig, weshalb es im allgemeinen nicht oft gelingen mag, völlig befriedigend arbeitende Hauskläranlagen zu schaffen.

Mit Rücksicht auf die erwünschte selbsttätige Wirkungsweise pflegt man das gesammelte Hausabwasser in F a u l k a m - m e r n zu leiten. Der sich absetzende Schlamm soll hier soweit ausfaulen, daß Öffnung der Kammern und Entfernung der ausgefaulten Schlammreste erst nach monate- oder jahrelangem Betriebe nötig wird. Die sich zugleich bildenden Schwimmschichten sollen gleichfalls nur in längeren Zeitabständen entfernt werden. Um eine so gründliche Ausfaulung sicherzustellen, wird in der Regel die Anordnung von zwei oder mehreren hintereinandergeschalteten Faulkammern erforderlich sein. Zum Übertritt des Abwassers aus der einen in die nächstfolgenden Kammern dienen R o h r e , deren Öffnungen etwa in der Mitte der Wasserstandshöhe in den so verbundenen Kammern liegen, so daß nur möglichst wenig Schwebestoffe von der ersten in die zweite Kammer usw. gelangen. Die Schaltung mehrerer Kammern nacheinander bezweckt, die ungelösten Stoffe möglichst restlos aus dem Abwasser abzufangen und dieses zugleich möglichst weitgehend auszufaulen. Als letzte Reinigungsstufe kommt meist ein T r o p f k ö r p e r , der in einer besonderen Kammer eingebaut ist und für den sich als Verteilungsvorrichtung Kipprinnen mit unterlegten Holzzungen, oder die D u n b a r ' s c h e S c h a l e n d e c k s c h i c h t eignen, in Betracht. Soll Untergrundrieselung angewendet werden, so wird statt des Tropfkörpers in der letzten Kammer eine K i p p m u l d e oder andere Beschickungsvorrichtung eingebaut, die das Abwasser an das Dränrohrnetz der Untergrundrieselung abgibt.

In Abb. 92 ist eine Hauskläranlage, bestehend aus 3-kammerigem Faulraum und Tropfkörper, dargestellt.

Man pflegt die ganze Anlage, Faulkammern, Tropfkörper, Beschickungsvorrichtung usw. dicht abzudecken. Wenn Geruchsbelästigung nicht zu befürchten ist, so käme auch in Betracht, die Anlage in einer mit Drahtnetz (wegen der Fliegen) bespannten Laube unterzubringen. Das Regenwasser kann in die letzte Faulkammer eingeleitet werden, um das Abwasser zu verdünnen. Die zur Belüftung des biologischen Körpers sowie zur Abführung der Gase aus den Faulkammern erforderliche Luft tritt am Auslauf in der Abflußrinne des Abwassers hinter dem Tropfkörper oder, wenn Untergrundrieselung an-

gewendet wird, in den Dränrohren ein und durch ein Rohr,
das höher als das Dach des Hauses geführt ist (oder Anschluß
an den Schornstein findet), aus. So wird die ganze Anlage, bei
der Untergrundrieselung auch der Boden, gut durchgelüftet,
und die Gase entweichen, ohne Geruchsbelästigung zu verursachen.[1]) Regelmäßige Bedienung ist bei sorgfältiger Durch-

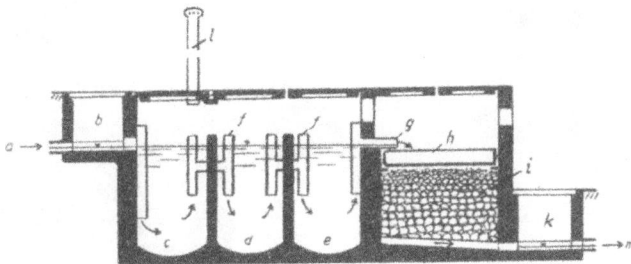

Schnitt A-B

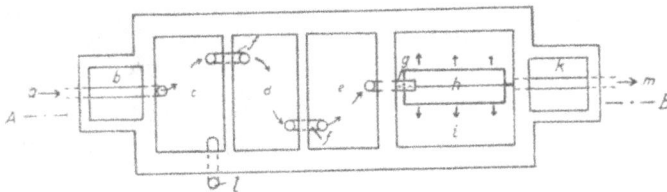

Grundriß

a = Zulauf, b = Vorschacht, c, d, e = Faulkammern, f = Verbindungsrohre,
g = Ablauf nach der Tropfkörperkammer, h = Kipprinne, i = Tropfkörper,
k = Ablaufschacht, l = Lüftungsrohr, m = Ablauf nach dem Vorfluter.

Abb. 92. Hauskläranlage.

arbeitung der Anlagen nicht erforderlich, es wird zumeist genügen, sie in längeren Zeitabständen, z. B. einmal im Viertel-
jahre, nachzusehen. Die Ausräumung der Schlammkammern
dürfte bei ausreichender Bemessung nur etwa einmal im Jahre
erforderlich werden. Im übrigen soll eine gute Hauskläranlage

---

[1]) Eine besondere wirksame Belüftung bei Untergrundrieselung
erzielt Friedersdorff vermittelst eines an den Sickerstrang angeschlossenen Lüftungsschachtes, wodurch auch die Anlage von
Untergrundrieselungen auf schweren Böden ermöglicht wird.

12*

so erbaut sein, daß jeder Teil derselben, unbeschadet der Abdichtung nach außen, nach Öffnung der Abschlußdeckel u. dgl. leicht zugänglich ist, um etwa vorkommende Störungen bequem beseitigen zu können.

Die Emschergenossenschaft hat eine Hauskläranlage in Gestalt eines kleinen Emscherbrunnens (Ausführung in

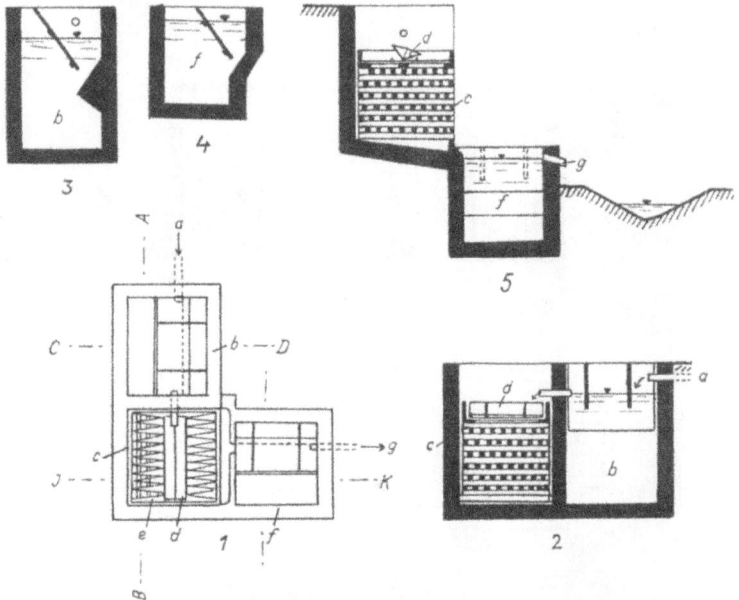

a = Zulauf, b = Kleinemscherbrunnen als Vorklärung, c = Tropfkörper aus Holzlatten, d = Kipprinne, e = Holzzungen zur weiteren Verteilung des Abwassers, f = Kleinemscherbrunnen als Nachklärung, g = Ablauf.
1 = Grundriß, 2 = Schnitt A—B, 3 = Schnitt C—D, 4 = Schnitt E—F, 5 = Schnitt J—K.

Abb. 93. Hauskläranlage nach Frank. (Emschergenossenschaft.)

Kastenform) in Verbindung mit aus Holzlatten hergestelltem Tropfkörper (Lattenkörper nach Frank) erprobt (Abb. 93). Zur Beschickung des Tropfkörpers dienen in diesem Falle Kipprinnen mit unterlegten Holzzungen. Im „Lattenkörper" wird das entschlammte Abwasser zufolge der sehr reichlichen Belüftung außerordentlich gut gereinigt. Die Verwendung von Lattenkörpern für große zentrale Abwasserreinigungsanlagen kommt jedoch wegen der zu hohen Baukosten weniger in Betracht.

Verfahren mit Druckluft, Rührwerken usw. sind für Kleinkläranlagen nicht geeignet.

Zahlreiche besonders in der Nachkriegszeit angepriesene Bauarten von, mitunter aus käuflichen Einzelteilen zusammensetzbaren Hauskläranlagen, die u. a. gerne „Frischwasserkläranlagen" benannt werden, um den Anschein zu erwecken, als ob das Abwasser nach Behandlung in diesen Anlagen in noch frischem, unangefaultem Zustande abfließt, erweisen sich meist als mehr oder weniger ungeeignet, besonders wegen zu kleinen Bemessungen und verwickelter Bauteile, die zwar gut gemeint sein mögen, sich jedoch im praktischen Betriebe nicht bewähren. Die Erzielung „frischer" Abläufe aus Hauskläranlagen ist schon deshalb aussichtslos, weil der Abwasserzufluß zu solchen in der Regel sehr ungleichmäßig ist, daher es nicht ausbleiben kann, daß besonders in der Nachtzeit, wegen Ermangelung an Zufluß, das Abwasser sich in dem Becken viel zu lange aufhält und in Fäulnis gerät. Dem Umstande, daß bei einem Hausklärbecken frische Abläufe nicht zu erwarten sind, muß eben durch Nachschaltung einer biologischen Reinigung Rechnung getragen werden.

Bei größeren Siedlungen in zerstreuter Bauweise, wie z. B. Gartenstädten, kann für eine größere Anzahl Einzelkläranlagen ein gemeinschaftlicher Wärter bestellt werden, so daß sich die Kosten der Wartung auf die einzelnen Häuser zu kleinen Beträgen verteilen, und die Häuserbewohner der Sorge um ihre Kläranlagen enthoben werden. Wenn irgend möglich, ist jedoch auch für Gartenstädte Schwemmkanalisation mit zentraler Kläranlage anzustreben.

Der Bedarf der Siedler an Düngeschlamm wird aus einer zentralen Kläranlage in der Regel bequemer und letzten Endes mit geringeren Kosten gedeckt werden können als aus Einzel- bzw. Hauskläranlagen.

XXVIII. Abwasserentkeimung. Chlorung.

Abwasser kann Krankheitserreger enthalten und daher unter Umständen, meist auf dem Wege über das Vorflutwasser, zur Verbreitung von Krankheiten Anlaß geben. Letzteres ist namentlich dann zu befürchten, wenn in der schwemmkanalisierten Ortschaft Seuchen wie Typhus, Ruhr, Cholera u. dgl. ausgebrochen sind. Um dem Abwasser die Fähigkeit zum Weitertragen ansteckender Krankheiten zu nehmen, muß es „entkeimt" („desinfiziert") werden, d. h. es müssen die im Abwasser etwa enthaltenen lebendigen und fortpflanzungsfähigen Krankheitskeime abgetötet werden.

Auf die Grundsätze und die Technik der Abwasserentkeimung kann hier nicht näher eingegangen werden. Es sei nur erwähnt, daß Krankheitskeime im Abwasser durch Zusatz verschiedener Mittel abgetötet werden können. Unter den betr. Mitteln hat sich bisher das Chlor am besten bewährt. Dieses kann entweder in Gestalt von Chlorkalklösungen oder ähnlicher Chlorträger oder als gasförmiges Chlor dem Abwasser einverleibt werden. Letzteres ist zur Zeit das am meisten gebräuchliche Verfahren.

Das Chlorgas befindet sich in Stahlflaschen oder größeren Stahlbehältern, unter Druck zu flüssigem Chlor verdichtet. Es wird diesen Behältern mittels Ventilen entnommen und entweder nach Durchgang durch eine Meßeinrichtung, die nach entsprechender Einstellung die zur Entkeimung des Wassers erforderlichen Mengen selbsttätig zumißt, unmittelbar ins Abwasser eingeleitet („direktes" Verfahren) oder zunächst in Wasser gelöst, um sodann als Chlorwasser dem Abwasser zugesetzt zu werden („indirektes" Verfahren, meist aus verschiedenen Gründen dem direkten Verfahren vorgezogen, bei geringen Abwassermengen ausschließlich anwendbar).

Für die Wirkung des Entkeimungsmittels ist in der Regel eine gewisse Zeit erforderlich, was unter Umständen die Anlage besonderer Aufenthaltsräume (Becken) für das zu behandelnde Abwasser bedingt. Außer der Abtötung schädlicher Keime können durch Chlorung des Abwassers noch andere beachtenswerte Wirkungen erzielt werden, so vor allem Entgeruchung fauligen Abwassers und Aufschub bzw. Beseitigung der Fäulnisfähigkeit. Die Beseitigung des fauligen Geruches ergibt sich dadurch, daß das Chlor den Schwefelwasserstoff sofort zerstört. Infolge Abtötung der fäulniserregenden

1 = Chlorflasche, 2 = Flaschen-
ventil, 3 = Anschlußventil, 4 =
Gaszuleitung, 5 = Hochdruck-
manometer, 6 = Filter, 7 = Re-
duzierventil, 8 = Einstellventil,
9 = Niederdruckmanometer,
10 = Abblaseventil, 11 = Chlor-
mengenmesser, 12 = Verbin-
dungsleitung, 13 = Rückschlag-
ventil, 14 = Abblaseleitung,
15 = Mischglas, 17 = Strahl-
düse, 18 = Wassermanometer,
19 = Wassereinstellventil, 21 =
Schmutzfänger, 22 = Wasser-
zuleitung, 23 = Chlorlösungs-
leitung.

Abb. 94. Feste Chlorungsanlage.
(Chlorator G.m.b.H., Berlin.)

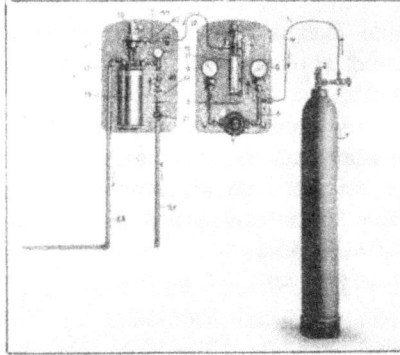

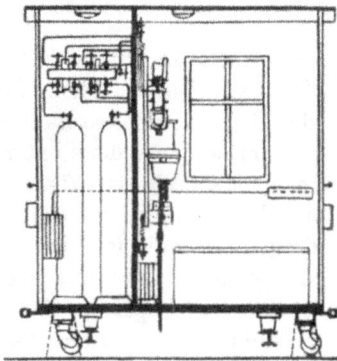

Längsschnitt

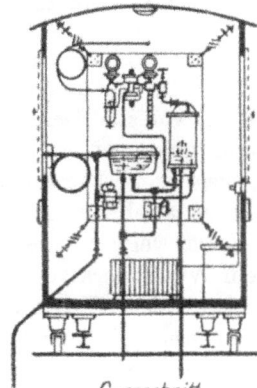

Querschnitt

(Blick in den Bedienungsraum)

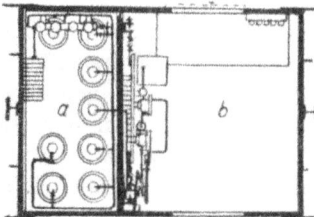

Grundriß

a = Raum für die Stahlzylinder mit
verflüssigtem Chlorgas, Anschluß-
leitungen und Heizkörper, b = Bedienungsraum mit den Chlorver-
teilungseinrichtungen, Wasserzu-
leitung und Ableitung der einge-
stellten Chlorwasserlösung.

Abb. 95. Fahrbare Chlorungsanlage.
(Bamag-Meguin A.G., Berlin.)

Bakterien wird sodann die Fäulnis des Abwassers zumindest eine Zeit lang verzögert. Inzwischen kann aber das Abwasser bereits einen ausreichend verdünnenden Vorfluter erreicht haben, so daß Fäulnis praktisch vermieden wird. Das Verfahren der Chlorung des Abwassers kommt daher in geeigneten Fällen auch als teilweiser Ersatz für die biologische Reinigung in Betracht, zumal dann, wenn aus irgendeinem Grunde der Bau einer biologischen Anlage auf längere Zeit verschoben werden muß.

Abb. 94 zeigt eine feste, Abb. 95 eine fahrbare Chlorungsanlage, die im Bedarfsfalle an einen Kraftwagen angekoppelt und nach der Kläranlage, deren Abwasser entkeimt werden soll, gefahren werden kann.

XXIX. Kläranlagen für gewerbliches Abwasser.

Gewerbliche Abläufe unterscheiden sich im Hinblick auf die zu ihrer Reinigung zu wählenden Verfahren vor allem dadurch von städtischen Abwässern, daß sie meist nicht so starken Schwankungen der Menge und Verschmutzung wie diese unterliegen, unter Umständen sogar recht gleichmäßig sein können. Es ist ja selbstverständlich, daß im Fabriksbetriebe nicht mehr Wasser verwendet wird, als unbedingt notwendig ist. Die an ein Wasserwerk zu bezahlenden oder sonst mit Kosten zu beschaffenden Wassermengen werden in der Regel sorgfältig gemessen. Die Art und Menge der Abfallstoffe, die mit dem verbrauchten Abwasser abgestoßen wird, steht meist in einem gewissen Verhältnis zum Werkserzeugnis und kann daher einigermaßen geschätzt werden.

Einige Beispiele mögen dies erläutern.

In Zuckerfabriken werden die Zuckerrüben, nachdem sie schon auf dem Felde, so gut es geht, vom Erdreich befreit und dann zur Fabrik angefahren worden sind, gewaschen. Hierzu dient ein Trog mit fließendem Wasser, in dem sich eine mit eisernen Armen besetzte Welle dreht, die die Rüben umwirft, wobei sie gründlich vom anhaftenden Erdreich abgespült werden. Die Menge der Rüben, die in einer Zeiteinheit durch den Waschtrog geschwemmt wird, gleicht sich ungefähr, und ebenso bleibt die Menge des Waschwassers und des von den Rüben abgespülten Erdreiches in der Zeiteinheit ziemlich dieselbe. Es sind also im vornherein bekannte Größen, mit denen man es zu tun hat. In Färbereien werden Farbstofflösungen, sog. Färbebäder, mit einer bestimmten Menge Wasser bereitet. In diese Bäder werden die zu färbenden Stoffe eingelegt, die den Farbstoff der Lösung entziehen. Das erschöpfte Färbebad wird als Abwasser abgestoßen und enthält noch bestimmte kleine Mengen restlichen Farbstoffes, der nicht mehr ausgenutzt werden kann, neben etwaigen Zusatzstoffen, die zusammen mit den Farbstoffen gelöst worden sind. Auch hier kennt man im regelmäßigen Betriebe die Menge des Abwassers, die in einer Zeiteinheit anfällt und die Art und Menge der Verschmutzung. Wollwäschereien entfetten Wolle durch Waschen mit Sodalösungen u. dgl., wobei bestimmte Menge Wolle mit bestimmten Mengen der Entfettungsflüssigkeit behandelt werden. Das mit dem Wollschmutz beladene Abwasser ist demnach nach Menge und Schmutzgehalt nur geringen Schwankungen unterworfen. Im Bergbau werden Erze in geeigneten Behältern mit Wasser aufbereitet, wobei die schweren Erze von den leichteren, erdigen Verunreinigungen, geschieden werden. Die Mengen des Abwassers und der Verunreinigungen, die mit diesem abfließen, werden in ziemlich engen Grenzen schwanken. In Gaswerken und Kokereien wird vielfach das Gaswasser zwecks Gewinnung von Ammoniak unter Zusatz von Kalk erhitzt und das Ammoniak abgetrieben. Der erschöpfte Inhalt der Abtreibeapparate wird als Abwasser abgestoßen. Die Menge des Kalkes, der Flüssigkeit und der in letzterer noch verbliebenen restlichen Stoffe aus dem Gaswasser pflegt in demselben Betriebe im großen ganzen sich ähnlich zu bleiben. Metallwarenfabriken „beizen" Metallgegenstände, um ihre Oberfläche für die weitere Behandlung geeignet zu machen, in Säurelösungen. Die Beizenbäder reichern sich mit Metallsalzen an, die aus ihnen zum Teil zurückgewonnen werden. Der Rest der Flüssigkeit, aus der eine weitere Gewinnung der Metallsalze sich nicht mehr lohnt, wird als Abwasser abgestoßen und steht im bestimmten Verhältnis zur Menge der gebeizten Gegenstände und der zurückgewonnenen Metallsalze. Zellstoffabriken schließen in sog. Kochern Holz mit Lösungen schwefliger Säure auf. Nach Beendigung des Kochvorganges, durch den das Holz in Rohzellstoff verwandelt wird, gelangt die Kocherlauge als Abwasser zum Ablauf. Menge und Verschmutzung dieses Abwassers bleiben sich ungefähr gleich.

Derartige Beispiele ließen sich in großer Menge anführen. Gewiß können mitunter die Abwassermengen und ihr Schmutzgehalt größeren Schwankungen unterworfen sein. Dies pflegt namentlich vielfach im Bergbau der Fall zu sein, ferner anläßlich größerer Reinigungen von Maschinen, Kesseln, Behältern usw., wenn das hierbei anfallende Abwasser nicht mit dem eigentlichen Fabrikationsvorgange unmittelbar zusammenhängt. Letzteres ist indes nur als Ausnahmefall anzusehen.

Große Werke haben oft eigene Arbeitersiedlungen, deren häusliche Abwässer mit dem Fabriksabwasser in Kanälen vereinigt werden. Es entsteht dann eine Mischung von gewerblichem und häuslichem Abwasser. Es verdient hervorgehoben zu werden, daß auch das Abwasser von Arbeitersiedlungen nach Menge und Verschmutzung viel gleichmäßiger zu sein pflegt als städtisches Abwasser, da es sich bei solchen Siedlungen um eine in ihrer Lebenshaltung und Gewohnheiten sehr einheitliche Bevölkerung handelt, deren Wasserverbrauch und Abwassererzeugung demnach auch viel gleichmäßiger ist, als in der mehr gemischten und mit allerlei Gewerben durchsetzten Einwohnerschaft der Großstädte.

Ein weiteres wichtiges Merkmal verschiedener gewerblicher Abwasserarten ist ihr Gehalt an nutzbaren, oft recht wertvollen Stoffen, die aus den betreffenden Abläufen gegebenenfalls zurückgewonnen werden können. Die Behandlung der Abläufe zwecks Rückgewinnung derartiger Stoffe gehört in der Regel in den Fabriksbetrieb, fällt demnach nicht in den Rahmen der eigentlichen Abwasserbehandlung. Diese soll vielmehr erst diejenigen gewerblichen Abläufe übernehmen, aus denen sich die Gewinnung brauchbarer Abfallstoffe innerhalb der Betriebe nicht mehr lohnt. Nicht selten dürfte es aber vorkommen, daß im Zuge der Abwasserbehandlung sich noch Gelegenheit findet, nutzbare Stoffe aus dem Abwasser herauszuholen, deren Gewinnung werksseitlich vernachlässigt wurde.

In Werken, die so belegen sind, daß ihre Abwässer in
städtische Kanäle eingeleitet, demnach mit städtischen
Abwässern gemischt werden können, entfällt in der Regel die
Notwendigkeit besonderer Kläranlagen für die Fabriksabwässer,
da diese mitsamt den städtischen Abwässern in zentralen Kläranlagen behandelt werden können. Es handelt sich gegebenenfalls nur darum, ob sich das Fabriksabwasser nach Menge und
Beschaffenheit zur Mischung mit dem städtischen Abwasser eignet, d. h. ob die städtischen Kanäle so bemessen
sind, daß sie das Fabriksabwasser mit aufnehmen können,
und ob die Stoffe, die dieses enthält, dem Baustoff der städtischen Kanäle nicht etwa schädlich, sowie mit der für das
städtische Abwasser vorgesehenen Reinigungsart verträglich
sind. Schädlich für städtische Kanäle können Fabriksabwässer sein, die Säuren oder sonstige Stoffe enthalten, die
den Kanalbaustoff angreifen oder die so große Schlammmengen führen, daß Verschlammung der Kanäle befürchtet
werden muß, ferner solche, deren gelöste Stoffe in Mischung
mit städtischem Abwasser schon in den Kanälen starke
Schlammausfällungen bewirken, denen die Gefälleverhält-
nisse und die Spüleinrichtungen nicht gewachsen sind. Schädlich kann ferner für städtische Kanäle die Einleitung heißer
Fabriksabwässer sein, die das Kanalmaterial beschädigen, insbesondere die Dichtungen an den Stoßenden der Kanalrohre
aufweichen. In städtischen Kläranlagen können Fabriksabwässer Störungen verursachen, wenn sie Abfallstoffe führen,
für deren Behandlung die Kläranlage nicht eingerichtet ist
und die die Reinigung des städtischen Abwassers erschweren
oder gar vereiteln. Enthalten z. B. Abwässer aus Kohlen- oder
Erzwäschen viel mineralischen oder Steinkohlenschlamm, so
füllt dieser sehr bald die Absetzbecken an, verkleinert den
Absetzraum und beeinträchtigt dadurch die Klärwirkung. Ist
die Kläranlage auf Schlammfaulung eingerichtet, wie z. B.
die Emscherbrunnen, dann behindert derartiger Schlamm den
normalen Ausfaulungsvorgang sowie die selbsttätige Schlammentfernung unter Wasserdruck, wodurch Unzuträglichkeiten
im Betriebe entstehen. Zu besonders schweren Betriebs-
störungen in Kläranlagen mit Schlammfaulung sowie in biologischen Reinigungsanlagen führen Abwässer, die Teer oder

schwere Öle enthalten, da diese Stoffe die Kleinlebewesen im Wachstum behindern, betäuben oder töten und infolgedessen die Zersetzung des Schlammes und die biologische Reinigung des Abwassers vereiteln.

Vielfach wird in derartigen Fällen die Mischung von Fabriksabwasser mit städtischem Abwasser gleichwohl zu bewerkstelligen sein, wenn man ersteres vor der Übergabe an städtische Kanäle in geeigneter Weise vorbehandelt. Heißes Abwasser kann in Aufhaltebecken abgekühlt, der größte Teil des Schlammes kann abgefangen werden. Gelöste Stoffe, die Fällungen erzeugen, können durch Kalk oder in anderer Weise gebunden werden. Es hängt von den örtlichen Verhältnissen ab, ob es unter den gegebenen Umständen möglich ist und angezeigter erscheint, das Fabriksabwasser zur Aufnahme in städtische Kanäle geeignet zu machen oder es in einer selbständigen Anlage zu reinigen und gesondert dem Vorfluter zuzuführen.

Im allgemeinen dürften sich zum Mischen mit städtischen Abwässern vorzugsweise Abwässer von Nahrungsmittelgewerben, wie Schlachthöfen, Brauereien, Brennereien, Stärkefabriken, Molkereien, Zuckerfabriken u. dgl. eignen, wobei unter Umständen eine entsprechende Vorbehandlung bzw. Ausschaltung einzelner ungeeigneter Abläufe stattzufinden hat. Ungeeignet zum Mischen mit städtischen Abwässern bzw. zum Mitklären in städtischen Kläranlagen sind im allgemeinen Abwässer des Bergbaues, der chemischen Industrie, der Zellstoff- und Papierindustrie, der Metallindustrie, der Leder- und Faserstoffindustrie (Gerbereien, Wollwäschereien, Färbereien, Bleichereien). Dies ist aber so zu verstehen, daß nur bei überwiegendem oder doch bedeutendem Anteil dieser Abwässer im Verhältnis zum städtischen Abwasser die gemeinsame Behandlung Schwierigkeiten bietet, während für im Verhältnis zum städtischen Abwasser geringe Mengen, in der Regel eine gemeinsame Ableitung und Klärung sich ermöglichen läßt. Zudem werden gewisse Abläufe der genannten Gewerbe fast immer in städtische Kanäle mit aufgenommen werden können, wie z. B. Kondens- und sonstige Wässer, die mit den Abfällen des betreffenden Fabrikationszweiges nicht oder nur wenig beladen sind.

Kläranlagen für gewerbliche Abwässer kommen dann in Frage, wenn die Lage des Werkes eine unmittelbare Entwässerung zum Vorfluter erfordert, oder wenn das Abwasser vor Übergabe an städtische Kanäle bzw. an fremde Abwasserleitungen durchgreifend vorbehandelt werden muß. Die Gesichtspunkte für die Reinigung gewerblicher Abwässer sind dieselben wie für die Klärung städtischer Abwässer. Die Rücksichtnahme auf die Reinhaltung des Vorfluters und seine Leistungsfähigkeit im Verdauen zugeführter Schmutzstoffe bestimmt auch hier den anzustrebenden Grad der Reinigung. Auch die Mittel zur Reinigung sind vielfach ähnlich wie bei städtischen Abwässern, nur müssen sie der Eigenart des in Frage kommenden gewerblichen Abwassers angepaßt werden.

Die Abscheidung der ungelösten Stoffe bildet auch bei gewerblichen Abwässern den ersten und zumeist wichtigsten Schritt der Reinigung. Nicht selten wird Fabriksabwasser nach Beseitigung der ungelösten Stoffe ohne weiteres dem Vorfluter übergeben werden können. Als Hilfsmittel zum Ausfangen der Schwebestoffe werden bei gewissen gewerb-

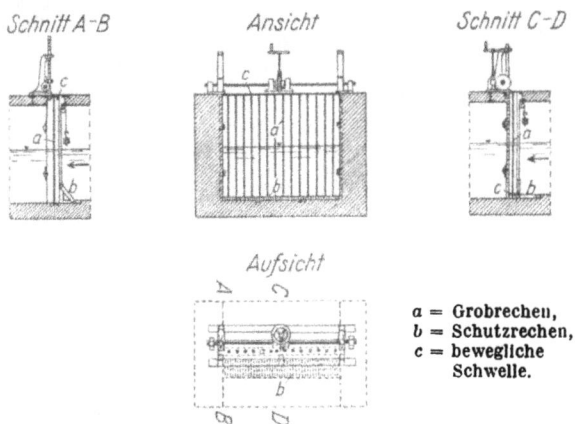

a = Grobrechen,
b = Schutzrechen,
c = bewegliche Schwelle.

Abb. 96. Lumpenfänger. (System Schäfer-Geiger.)

lichen Abwässern vielfach Siebe in besonderer Ausbildung angewendet, namentlich für Abwässer von Gewerben, die faserige Rohstoffe verarbeiten, deren Abwasser daher Fasern enthält, wie z. B. Wolle-, Baumwolle-, Jute- usw. -zurichtereien

sowie Zellstoff- und Papierfabriken. Die Siebe werden für diesen
Zweck als „Fasernfänger" ausgebildet. Die aus dem Abwasser zurückgewonnenen Fasern können mitunter im Betriebe
verarbeitet werden.

Abb. 96 zeigt einen sog. Lumpenfänger, Abb. 97 und
Abb. 98 zwei bewährte Bauarten von Fasernfängern.

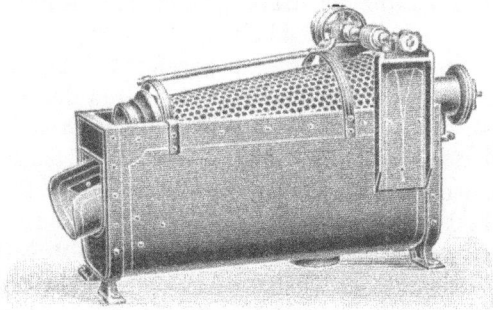

Abb. 97. Fasernfänger „Rollfof" der Maschinenbau und Metalltuchfabrik
vorm. Gottl. Heerbrandt in Raguhn.

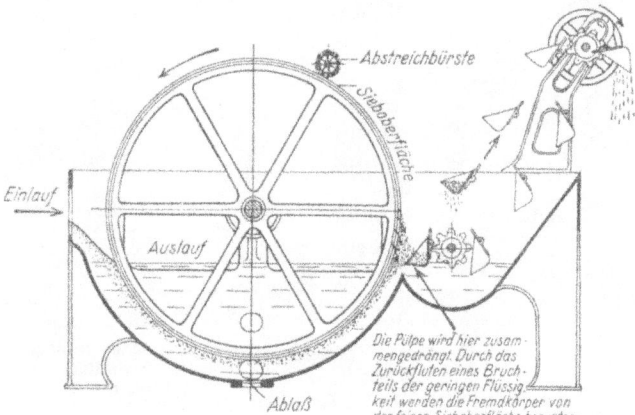

Abb. 98. Trommelfilter-Pülpefänger der Maschinenfabrik E. Babrowski
in Grünberg in Schlesien. (Patent Babrowski.)

Fettfänge spielen eine wichtige Rolle als Reinigungs-
mittel für Abwässer von Schlachthöfen, Wollwäschereien und
sonstigen Gewerben, die fettigen Unrat mit dem Abwasser

abstoßen. Die anfallenden fettigen Schmutzmassen werden
geeigneten Reinigungsverfahren zur Gewinnung und Verwertung des Fettes unterworfen.

Den Grundsatz der Fettabscheidung bei Beruhigung
fließenden Wassers zeigt Abb. 99. Auf die Fettabscheidung
aus Abwässern ist schon S. 70 u. 71 hingewiesen worden (vgl.
hierzu Abb. 37). Es wurden nun in der Nachkriegszeit Fett-
fanganlagen konstruiert, die besonders zur Entfettung großer

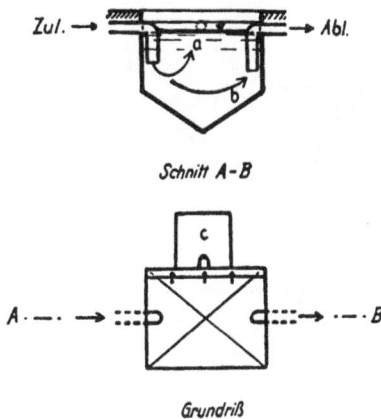

a = leichte Stoffe (Fett) nach oben, b = entfettetes Abwasser zum Ablauf. Geschwindigkeit muß so bemessen sein, daß sich möglichst kein Schlamm absetzt.
Das angesammelte Fett fließt in das Sammelgefäß c.

Abb. 99. Fettabscheider. Grundsatz.

Abwassermengen sowohl in städtischen wie auch gewerblichen
Kläranlagen geeignet sind. Die Emschergenossenschaft
hat Fettfangbecken zur Entteerung und Entölung von Abwässern aus Nebengewinnungsanlagen der Zechenkokereien
verwendet, in denen die leichteren Öle an der Wasseroberfläche,
die schwereren an der Sohle des Beckens zur Abscheidung gelangen. Abb. 100 zeigt schematisch Anlage und Wirkungsweise
eines solchen Entteerungsbeckens. Eine andere bewährte Art,
die nur für leichtere als Wasser, Öle und Fette in Betracht
kommt und im Anschluß an Sandfänge städtischer Kläranlagen
angewendet werden kann, zeigt Abb. 101. Hier wird das Fett
von der Oberfläche des Wassers abgenommen und gelangt durch

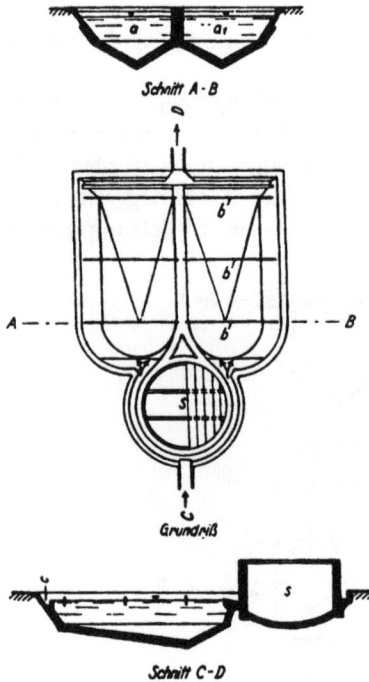

Schnitt A-B

Abb. 100. Entteerungsanlage (Emschergenossenschaft).

Das ankommende verteerte Abwasser fließt um den Sammelbehälter s in die Becken a und a_1, in denen sich die leichteren Öle oben zwischen den Tauchbrettern b abscheiden, während der schwerere Teer zu Boden fällt. Das entteerte Abwasser gelangt bei c zum Ablauf (nach einer weiteren Reinigungsstufe). Die angesammelten Teere werden nach s überführt (abgeschöpft bzw. ausgepumpt).

Grundriß

Schnitt C-D

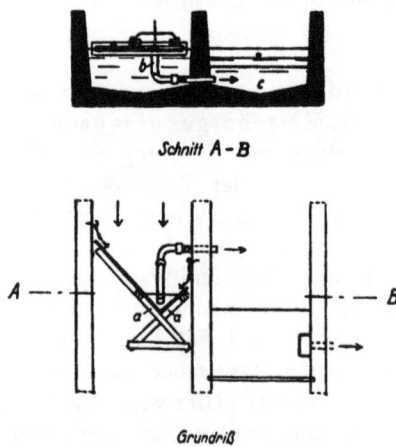

Schnitt A-B

Abb. 101. Abwasser-Entöler (Emschergenossenschaft).

Aus den auf dem Abwasser schwimmenden Balken a ist ein dreieckiger Stauraum für das auf der Oberfläche des Wassers herangeschwemmte Öl und Fett gebildet. Die angesammelte Öl-Fettschicht wird mittels des biegsamen Rohres b, das die Wand zu dem daneben ausgebauten Becken c durchsetzt, ins letztere überführt.

Grundriß

ein Rohr (Schlauch) in einen besonderen Sammelraum, aus dem
es weggeschöpft werden kann. Der Ruhrverband konstruierte
Fettfangbecken, die sowohl für städtische wie auch manche gewerbliche Abwässer in Benutzung sind, bei denen eine Abscheidung der fettigen und öligen Stoffe dadurch wirksam erzielt wird,

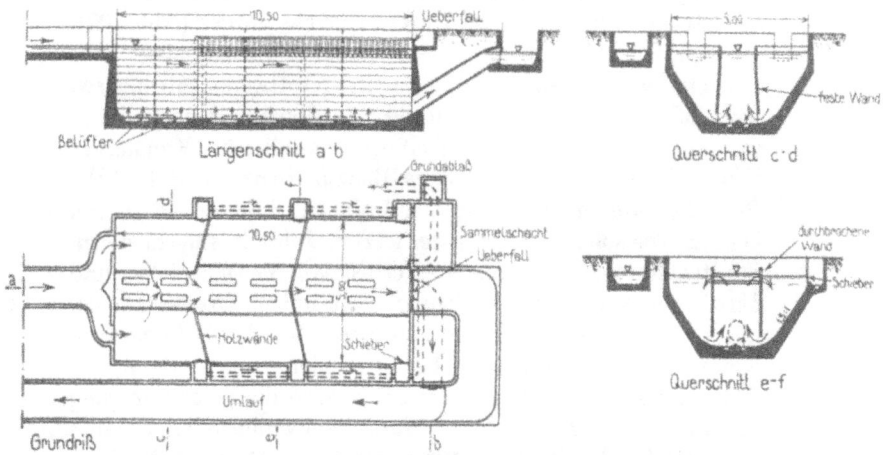

Abb. 102. Abwasserentölung nach Imhoff unter Anwendung von Druckluft
Grundriß, Schnitte und Ansicht.
(Ruhrverband, Kläranlage Essen-Rellinghausen.)

daß Luft in feiner Verteilung (ähnlich wie bei Belebtschlamm-
becken) von der Sohle des Beckens aus eingeblasen wird.
Dadurch werden die Öle und Fette an die Oberfläche getrieben,
wo sie meist einen Schaum bilden, der über Schwellen in besondere Abschöpfkammern gelangt. Bei gleichzeitiger Umwälzung des Wassers, kann auf diese Weise eine sehr weitgehende
Entfettung ohne erhebliche Kosten erreicht werden (Abb. 102).

Seitdem das Kraftfahrwesen einen so sprunghaften Auf-
schwung genommen hat, fallen in Kraftwagenhallen usw.
erhebliche Mengen verschmutztes Öl, Benzin, Benzol u. dgl.
an. Gelangen diese Flüssigkeiten in städtische Kanäle, so
bilden sie eine große Gefahr, da Benzin, Benzol und ähnliche
Betriebsstoffe in Mischung mit Luft zu Explosionen führen
können, wie solche im Laufe der letzten Jahre in verschiedenen
Städten stattgefunden und zu Verlust von Menschenleben und
Zerstörung von Kanalstrecken geführt haben. Außerdem bereitet stärkere Verölung des Abwassers bei der Reinigung in
Kläranlagen, insbesondere bei der biologischen Reinigung
Schwierigkeiten und beeinträchtigt ebenso die Selbstreinigung
der Flüsse, da die auf dem Wasser schwimmenden Ölhäute
(Ölfilme) den Zutritt des Luftsauerstoffs zum Wasser behindern.

Es wurden daher in den letzten Jahren zahlreiche Öl- und
Benzinfänger zum Einbau in die Ausgüsse der Krafthallen
vorgeschlagen und auf den Markt gebracht. Eine nach allen
Gesichtspunkten befriedigende Vorrichtung scheint jedoch bisher noch nicht gefunden worden zu sein. Sehr wichtig ist,
neben der regelmäßigen Überprüfung der Ölfänge in den
Krafthallen, eine wohlorganisierte, lückenlos durchgeführte Ein-
sammlung der abgefangenen Ölrückstände seitens der Stadt
usw., da sie sonst meist doch noch einen Weg in die Schwemmkanäle finden.

Die Beseitigung der Sinkstoffe, also der eigentlichen
Schlammbildner, erfolgt in Absetzbecken. Handelt es
sich um nicht fäulnisfähige Stoffe, so ist die Anlage der Absetzbecken für gewerbliches Abwasser meist viel einfacher
als solcher für städtische Abwässer. Oft genügen einfache,
teichartige Erdbecken. Derartige Becken kommen namentlich
für Abwässer mit schweren Sinkstoffen, die schnell zu Boden
fallen, in Betracht, also z. B. für Abläufe des Bergbaues,

Erzwäschen u. dgl. Wenn jedoch Flüssigkeiten dieser Art auch
Stoffe enthalten, die sich sehr langsam absetzen, so werden
besondere Vorkehrungen zu ihrer Abscheidung notwendig,
auf die ich weiter unten zurückkomme. Mitunter wird es
möglich sein, Dämme für Absetzbecken aus dem abgesetzten
Schlamm aufzuwerfen.

Die Schlammentfernung bereitet weniger Schwierigkeiten als in städtischen Kläranlagen, da nach Ausschaltung eines
Beckens, mineralischer Schlamm, ohne Geruchsbelästigung
zu verursachen, beliebig lange lagern kann, bis die Masse zum
Wegbringen geeignet worden ist. Es sind lediglich genügende
Reserven an Erdbecken usw. erforderlich. Bei geeigneten
Geländeverhältnissen kann man Schlammbecken auf Gelände-
stücken anlegen, deren Aufhöhung wünschenswert erscheint
und den Schlamm als Füllmaterial verwenden, so daß Weg-
schaffung des Schlammes für lange Zeit hinaus sich erübrigt.
Es können so ganze Täler mit Schlamm aufgefüllt werden
(,,Kolmationsverfahren'').

Bei beschränkten Geländeverhältnissen und wenn es er-
forderlich ist, den Schlamm in gewissen Zeitabständen herauszuholen, kommen längliche Flachbecken in Betracht, deren
Betrieb in der Regel umschichtig gehandhabt wird. Ist ein
Becken soweit mit Schlamm gefüllt, daß der Absetzraum
dadurch erheblich kleiner geworden ist, das Abwasser demnach
nicht mehr genügend geklärt werden kann, so wird dieses
Becken ausgeschaltet und das nächste in Betrieb genommen.
Es muß also stets eine Beckenreserve vorhanden sein, um die
Schlammausbringung zur rechten Zeit zu ermöglichen. Geschieht letzteres nicht, so wird nicht nur das Abwasser un-
genügend geklärt, sondern es können auch Teile des bereits
früher abgelagerten Schlammes in den Abfluß mitgerissen
werden.

Verschiedene gewerbliche Abwässer, namentlich solche aus
Kohlenwäschen, klären sich sehr schwierig, weil sie un-
gelöste Stoffe in sehr feiner Verteilung, wie feinst zerriebene
Kohlen, Lette u. dgl. enthalten. Es würden übermäßig lange
Klärzeiten zum Absetzen dieser Stoffe erforderlich sein.
Abwässer von Steinkohlenwäschen können sogar unter Um-
ständen nach 24 Stunden langer Absetzzeit noch schwarz

13*

Grundriß

Querschnitt

Längenschnitt

Querschnitt durch den Abfluß

Querschnitt durch den Zufluß

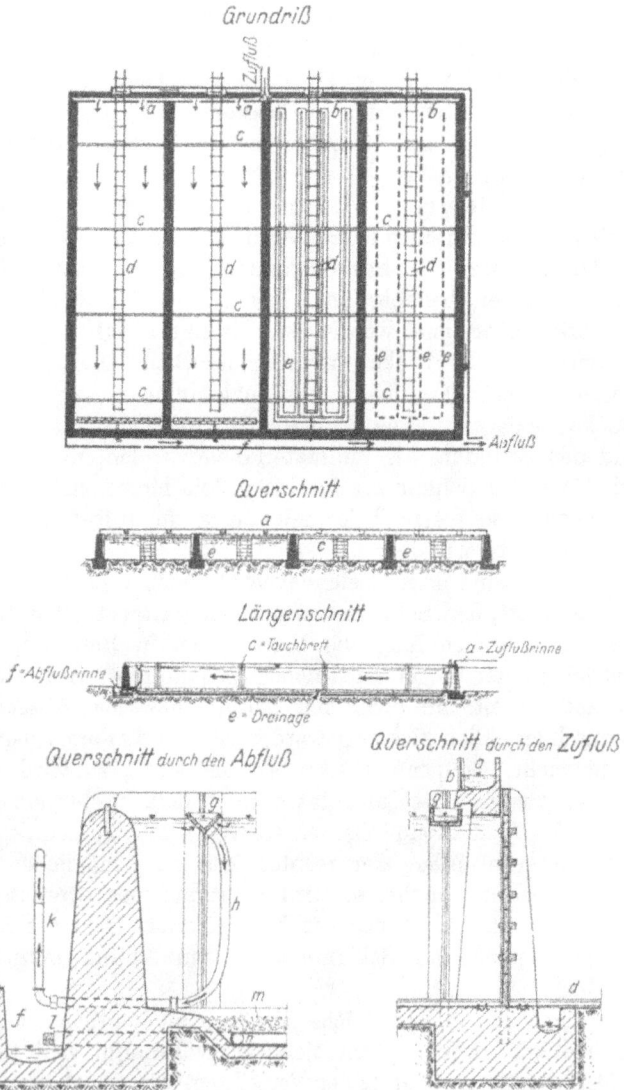

a = Zuflußrinne, b = Schieber, c = Tauchbrett, d = Gleis, e = Sohlensickerung, f = Abflußrinne, g = Schwimmrinne, h = Schlauch oder Gelenkrohr, i = Überfallbrett, k = Gelenkrohr, l = Eisenrohr mit Holzstopfen, m = Kesselasche als Sickerung, n = Dränrohr.

Abb. 103. Klärbecken mit verschließbarer Sohlensickerung. (Imhoff-Lagemann.)

sein, weil die geringen Mengen feinst verteilter Kohlenstäubchen durch Absetzen aus dem Abwasser nicht herauszubringen sind. Es ist indes oft möglich, auch derartige Abwässer befriedigend zu klären, wenn man hierzu Klärbecken benutzt, deren Sohle, in der schon beim Sandfang nach Imhoff (vgl. S. 69 u. Abb. 35) beschriebenen Weise, mit verschließbarer Sohlensickerung versehen ist. Ist genügende Klärung im Becken nicht zu erreichen, so wird das Abwasser bei geöffneten Dränrohrschiebern und abgestelltem Beckenabfluß gezwungen, durch den am Boden bereits abgelagerten Schlamm zu filtrieren, wobei auch die feinsten Schwebestoffteilchen zurückgehalten werden. Im übrigen gestatten derartige Becken rasche Entwässerung des Schlammes und sind daher bei allen nicht faulenden Schlammarten vorteilhaft anwendbar. Abb. 103 zeigt derartige Klärbecken nach Imhoff-Lagemann, die im übrigen mit den im Abschnitt XI beschriebenen „Sickerbecken" wesensgleich sind, von diesen sich lediglich durch größere Tiefe unterscheiden.

Handelt es sich darum, aus den Abläufen wertvolle ungelöste Stoffe zurückzugewinnen, so muß das Abwasser einem stufenweisen Absetzvorgange unterworfen werden, dergestalt, daß die verschiedenen Schwebeteilchen je nach ihren abweichenden Eigengewichten sich in gesonderten Abteilen absetzen. Einen Absetzvorgang dieser Art nennt man Scheidung („Separation", „Klassierung"). Sie wird erzielt durch steigende Querschnittsbemessungen des Absetzgerinnes, die bewirken, daß die schwersten Stoffe zu allererst zu Boden fallen, und die stufenweise leichteren sich in den folgenden Klärabschnitten bei verminderter Wasserbewegung nacheinander absetzen. Scheidung von Stoffen verschiedenen Eigengewichtes haben wir auch bei städtischen Kläranlagen in der Wirkungsweise der Sandfänge (S. 52) kennengelernt.

Daß die Unterbringung des Schlammes aus gewerblichen Anlagen sich in der Regel einfacher und ohne die Schwierigkeiten gestaltet, mit denen man bei städtischem Abwasserschlamm zu kämpfen hat, wurde schon oben erwähnt. Oft kann der Schlamm verwertet werden, so namentlich bei Kläranlagen für Kohlenwaschwässer, wenn der Rückstand genügend reich an Kohlen ist, um verfeuert zu werden, gegebenenfalls in Form von Preßlingen oder nach Austrocknung und Vermahlung in Kohlenstaubfeuerungen. Kalkschlamm kann unter Umständen nach Trocknung zurück zu Kalk gebrannt werden. Auch die Herstellung von Schwemmsteinen aus Kalkschlamm ist ins Auge gefaßt worden. Abwasserschlamm aus chemischen Fabriken enthält oft wertvolle Stoffe, deren Zurückgewinnung lohnt. Wertloser Schlamm wird in der Regel, sofern er nicht zur Auffüllung von Geländevertiefungen verwendet werden kann, in Haufen geschichtet und liegen gelassen („auf Halde gestürzt"). In großen Werken sammeln sich auch sonst noch unverwertbare trockene Abfälle (ähnlich wie in Städten Müll) an, mit denen der Schlamm vereinigt werden kann. Es können sich so mit der Zeit mächtige Abfällehalden bilden, wie solche in Industriebezirken zahlreich zu sehen sind. Es ist erwähnenswert, daß Abfällehalden bedenkliche Abwässer erzeugen können. Dies ist namentlich bei Halden der Fall, die schwefelhaltige Abfallstoffe beherbergen. Sie erwärmen sich oft im Inneren sehr stark und geraten ins Schwelen („brennende Halden"), wobei aus den schwefelhaltigen Stoffen, unter dem Einfluß der Niederschläge, die die nötige Feuchtigkeit bringen, Schwefelsäure bzw. schwefelsaure Salze entstehen. Werden diese durch Regen ausgelaugt, so können sie namentlich für Betonbauwerke, wie Kanäle u. dgl. gefährlich werden, da sie die Mörtelsubstanz zerfressen.

Die Entfernung gelöster und kolloider Stoffe aus gewerblichen Abwässern gestaltet sich in der Regel erheblich schwieriger als aus städtischen. Die biologischen Verfahren sind nur für gewisse wenige Arten gewerblicher Abwässer anwendbar, vor allem für Abläufe von Nahrungsmittelgewerben, von denen schon gesagt wurde, daß sie sich zum Mischen mit städtischen Abwässern eignen. In ungemischtem Zustande können sie jedoch oft nur schwierig gereinigt werden, es sei denn, daß man sie mit reinem Wasser verdünnt. Zur Behandlung durch Bodenfilter eignen sich mitunter z. B. Färbereiabwässer, deren restliche Farbstoffe im Boden zurückgehalten und zerstört werden. Statt Bodenfiltern können auch solche aus Braunkohlenschlacken zum Reinigen von Färbereiabwässern verwendet werden. Die Wirkung scheint hiebei z. T. biologisch zu sein.

Auch mittels Fällungsverfahren können gewisse gelöste Stoffe aus gewerblichen Abwässern entfernt werden. Hier
kommt namentlich die Ausfällung von Metallsalzen durch
Kalk in Betracht. Kalk als Fällungsmittel, sowie zur Abstumpfung von Säuren, spielt überhaupt bei der Behandlung
gewerblicher Abwässer eine viel größere Rolle als bei der
städtischen Abwasserreinigung, bei der die Kalkklärung im
großen ganzen der Vergangenheit angehört.

Neben Kalk, sowie zusammen mit diesem, ist schwefelsaure Tonerde (Alaun) als Fällungsmittel sehr wirksam. Abwässer aus Braunkohlengruben z. B., die oft viel kolloid
gelöste sowie sehr fein aufgeschwemmte Substanz enthalten,
lassen sich durch Absetzen allein nicht klären; nach Abscheidung
der Hauptmenge der ungelösten Stoffe verbleibt eine braune,
undurchsichtige Flüssigkeit. Diese läßt sich durch Zusatz von
Kalk und Alaun ausflocken, wobei nach Abscheidung des
Schlammes klares Wasser verbleibt, das gegebenenfalls sogar
zu Betriebszwecken verwendet werden kann (Abb. 104 u. 105).

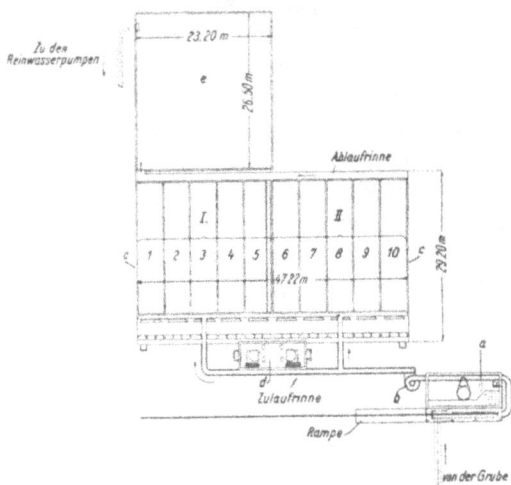

a = Raum für den Chemikalienzusatz, b = Mischschnecke, c = zehn in zwe
Gruppen zu je 5 nebeneinandergeschaltete „Neustädter Becken", d = Schlamm-
förderanlage, e = Sammel- und Ausgleichsbehälter.
Abb. 104. Kläranlage für Tagebauabwässer beim Braunkohlen- und Großkraft-
werk Böhlen bei Leipzig. Grundriß.
(Wasser- u. Abwasserreinigung G.m.b.H., Neustadt a. d. Haardt.)
(Aus „Die Braunkohle" Nr. 13, 1932.)

Abb. 105. Kläranlage für Tagebauabwässer beim Braunkohlen- und Großkraft-
werk Böhlen bei Leipzig. Ansicht.
(Aus „Die Braunkohle" Nr. 13, 1932.)

Neuerdings wurden zur rascheren Ausfällung feinst verteilter Schwebestoffe z. B. in Kohlenwaschwässern, Zusätze
pflanzlicher Schleime oder schleimbildender Stoffe, so u. a.
Kartoffelmehl vorgeschlagen und in einigen Fällen mit
Erfolg angewendet. Die Wirkung beruht auf elektrischen
Ladungserscheinungen der kleinen Stoffteilchen, auf die hier
nicht näher eingegangen werden kann.

Für verschiedene gelöste Stoffe, die in gewerblichen Abwässern vorkommen, sind noch leider keine geeigneten Be-
seitigungsverfahren bekannt oder genügend erprobt, und zwar
handelt es sich um mitunter sehr schädliche Stoffe, die schon
in großer Verdünnung auf Tier- und Pflanzenleben im Vorfluter giftig wirken und natürlich das Wasser für menschlichen
Gebrauch und zum Tränken der Nutztiere unbrauchbar machen. Stoffe dieser Art kommen namentlich in Abläufen chemischer Fabriken vor, insbesondere Ammoniakfabriken
und Fabriken der Teerverwertungsindustrie. In diesen
Abwässern sind Gifte, wie Verbindungen der Karbolsäure, der
Blausäure, freier Ätzkalk u. a. m. enthalten, die Kleinlebewesen sehr schädlich sind und daher die biologische Reinigung
nicht ohne weiteres zulassen. Mit dem starken Aufblühen
der genannten Gewerbe in den letzten Jahrzehnten haben
jedoch Bestrebungen und Versuche eingesetzt, die giftigen
Stoffe in den Abwässern unschädlich zu machen. Für Abwässer

von Ammoniakfabriken bei Kokereien und Gaswerken ist es bereits gelungen, geeignete Reinigungsverfahren unter Anwendung biologischer Körper zu finden, wobei es sich im wesentlichen darum handelt, die Kleinlebewesen an die Aufnahme und Verarbeitung jener giftigen Stoffe nach und nach zu gewöhnen. Hierzu erwiesen sich Tauchkörper (sog. „Emscherfilter") gut geeignet.

Abwässer des Kalibergbaues und der Kaliindustrie, die große Mengen gelöster Salze enthalten, sind schlechthin nicht reinigungsfähig. Es ist keine praktische Möglichkeit denkbar, wie man Kochsalz und diesem ähnliche, leicht wasserlösliche Salze, die nur durch Eindampfen zur Trockene erfaßt werden können, aus den Kalifabriksabwässern herausbringen soll[1]). Um Versalzung des Vorfluters durch derartige Abwässer zu vermeiden bzw. in erträglichen Grenzen zu halten, bleibt nichts anderes übrig, als eine möglichst gleichmäßige Verteilung des Abwassers im Vorflutwasser anzustreben und durch weitgehende Gewinnung der Salze in der Fabrikation dafür zu sorgen, daß möglichst wenig mit den Abwässern abgestoßen werden.

So mannigfaltig wie die gewerbliche Betätigung und ihre Erzeugnisse können auch die hierbei anfallenden Abwässer sein. Mit der Entstehung neuer Industrien oder Umgestaltung älterer Verfahren können auch neue Abwasserarten auftreten. Im vorstehenden konnten daher nur einige Beispiele gewerblicher Abwässer und der für sie in Betracht kommenden Reinigungsverfahren angeführt werden. Bei sehr vielen Abwasserarten fehlt noch sowohl die genaue Kenntnis ihrer Beschaffenheit, bzw. Zusammensetzung und Verhalten, wie auch geeigneter Behandlungsverfahren. Für solche ist in erster Linie anzustreben, einerseits nach Möglichkeit noch verwertbare Stoffe aus den Abwässern zu gewinnen und der Volkswirtschaft nutzbar zu machen und andererseits das gereinigte Wasser zu Betriebszwecken wiederzubenutzen, mithin die Menge des Abwassers letzten Endes einzuschränken.

---

[1]) Im kleinen Maßstabe ist die Entsalzung von Wasser durch die sog. „Elektroomose" möglich, die jedoch für Abwasserreinigung nicht in Betracht kommt.

XXX. Neuere Erkenntnisse und Fortschritte in der Aufarbeitung des Klärschlamms. Die Gasgewinnung aus Klärschlamm.

Das Grundsätzliche über die Behandlung des Klärschlamms, die den schwierigsten Teil in der Gesamtaufgabe der Abwasserreinigung bildet, wurde schon in den Kap. XII und XIII gesagt. Die Behandlung des Schlammes wurde in den letzten Jahren mit allen Mitteln zu verbessern gesucht, und es sind hierbei einige Erkenntnisse gewonnen und Fortschritte erzielt worden, die hier kurz zusammengefaßt werden mögen.

1. Überführung des Schlammes aus den Klärbecken in gesonderte Ausfaulbehälter. Verschiedene neuzeitige Kratzerkonstruktionen gestatten es, den an der Beckensohle liegenden Klärschlamm unter möglichst wenig Aufwirbelung nach vertieften Sümpfen zusammenzuscharren, aus denen der Schlamm nach den Ausfaulbehältern weggepumpt wird. Der an der Beckensohle liegende Schlamm soll hierbei möglichst „gerollt" werden, wobei die Masse auch etwas verdickt wird, also so wasserarm als eben möglich im Schlammsumpf anlangt. Mit den Schlammkratzern ist in jedem Falle auch eine geeignete Vorrichtung zum Zusammenschieben und Wegbringen der Schwimmdecke von der Oberfläche der Klärbecken verbunden.

In Deutschland hat Prüß einen Schlammkratzer für Klärbecken von rundem Grundriß konstruiert, wobei der Schlamm nach dem in der Mitte des Beckens angeordneten Sumpf zusammengescharrt wird (vgl. Abb. 29). Die Schwimmdecke wird mittels eines in gleichem Sinne mit dem Kratzer umlaufenden Tauchbretts zusammengeschoben und bei genügender Ansammlung durch eine Schleuse nach dem Schlammpumpensumpf entleert. Für Klärbecken von rechteckigem Grundriß hat Mieder eine Schlamm- und Schwimmschichträumungsmaschine erbaut (vgl. Abb. 27). In Amerika hatten schon früher Dorr & Co. ihre Schlammkratzerkonstruktionen (Schlammverdicker) sowohl für runde wie auch für Klärbecken von quadratischem Grundriß gebaut (vgl. Abb. 30). Andere amerikanische Bauarten (in Deutschland weniger vertreten)

scharren den Schlamm mittels an der Sohle des Beckens ge-
schleppter Ketten nach dem Pumpensumpf oder saugen ihn
unmittelbar von der Sohle mittels umlaufender mit einer Art
Saugnäpfchen versehener Rohre, nach der Pumpe ab. Letztere
Beseitigungsart hatte schon früher in Deutschland Prüß für
mehr mineralische Schlammassen (Kohlenwäscheschlamm) ausgebildet. Hierbei wird eine verfahrbare Pumpe benutzt, deren
beweglicher „Schlammrüssel" die Beckensohle bestreicht
(Abb. 106).

Abb. 106. Verfahrbarer Schlammausräumer nach Prüß.
(Emschergenossenschaft.)

2. Schwimmschichten in Faulräumen. In Schlammfaulräumen, und zwar sowohl in Emscherbrunnen wie auch
in getrennten Faulräumen, sondern sich oft Schwimmschichten
von dem übrigen Schlamm ab, die eine beträchtliche Stärke
erreichen können und im Betriebe sehr hinderlich sind, da sie
von der Zersetzung nicht in dem Maße ergriffen werden, wie
der schwerere Schlamm. Um diese meist viel Fett enthaltenden Schichten mit dem restlichen Schlamm zu vermengen
und zur Ausfaulung zu bringen, sind verschiedene Mittel versucht worden. Man kann die Schwimmschicht oben ab-
pumpen und an einer tieferen Stelle in den Schlamm drücken,

oder man kann durch Anordnung von Decken aus porigem Holz, Leichtbeton u. dgl., die den Gasdurchgang gestatten (Fries), die Schwimmschicht in Emscherbrunnen unter dem Wasserspiegel des Schlammraumes halten und dadurch ihre Zersetzung befördern. Auch Aufspritzen eines Wasserstrahls wird mitunter zum Versenken der Schwimmschicht in die Tiefe des Schlammfaulbehälters angewendet. Am wirksamsten scheinen jedoch mechanische Rührvorrichtungen zu sein, die in einem Schlammfaulbehälter den ganzen Inhalt in Bewegung bringen („Schlammumwälzung") und so eine innige Vermengung aller Bestandteile sicherstellen.

3. **Impfung des Schlammes.** Frischer Schlamm benötigt einige Zeit — in der Regel einige Wochen — bis darin diejenigen Bakterienarten die Oberhand gewonnen haben, die die günstige Zersetzung bewirken. Diese Zersetzung ist dadurch gekennzeichnet, daß hierbei Gas entwickelt wird, in dem neben Kohlensäure und Stickstoff, die insgesamt nicht mehr wie $\frac{1}{4}$ bis höchstens $\frac{1}{3}$ des Raumgehaltes zu betragen pflegen, im übrigen im wesentlichen Methan (Sumpfgas) enthalten ist. Diese Schlammzersetzung wird daher auch wohl als „Methangärung" bezeichnet. Die Methangärung findet nur in leicht laugigem (alkalischem) Schlamm statt. Umgekehrt beschleunigt eine milde Laugigmachung des Schlammes (z. B. durch Zusatz von Kalkmilch) die Entwicklung der Methangärung. Vor der Methangärung findet jedoch zunächst eine andersartige, nämlich „saure Gärung" des Schlammes statt, bei der wenig Methan und vorwiegend Kohlensäure und Wasserstoff entwickelt werden. Diese Art der Gärung ist nachteilig, weil hierbei das saure Gas Schwefelwasserstoff mit in die Luft entweicht und belästigenden Geruch verursacht, und infolge der starken Kohlensäureentwicklung der Schlamm zu schäumen pflegt („Spucken" der Faulräume).

Um nun die Zeit der sauren Gärung abzukürzen bzw. den Schlamm unmittelbar in Methangärung zu versetzen, kann man den frischen Schlamm mit schon gefaultem vermischen. Hierbei werden dem frischen Schlamm aus dem gefaulten sofort die erwünschten, die Methangärung bewirkenden Bakterien zugeführt, so daß diese günstige Gärung unmittelbar einsetzen kann. Man nennt dieses zuerst bei der Emscher-

genossenschaft (Imhoff, Spillner, Blunk) angewendete
Verfahren „Impfen" des Schlammes. Technisch kann es in
verschiedener Weise, z. B. durch regelmäßiges oder zeitweiliges
Zurückpumpen eines Bruchteils des ausgefaulten Schlammes
nach den Ausfaulbehältern, bewerkstelligt werden. In eingearbeiteten Emscherbrunnen (vgl. S. 89 ff. u. Abb. 44 u. 45)
findet eine „Selbstimpfung" des Schlammes statt, da die laufend
in den Faulraum herabrutschenden Satzstoffe einen bereits im
Zustande der Methangärung befindlichen Schlamm vorfinden.
Auch in getrennten eingearbeiteten Schlammfaulräumen sind die
Voraussetzungen für die Selbstimpfung der hereinkommennde
Schlammassen gegeben; da diese jedoch nicht wie in Emscherbrunnen laufend, sondern stoßweise hineingelangen, so empfiehlt es sich zwecks rascher und inniger Vermischung geeignete Mischvorrichtungen (Rührwerke, Schraubenschaufler)
anzuwenden.

Ist der frische Schlamm aus besonderen Gründen sehr
sauer oder neigt er stark zur Säuerung, dann kann es vorkommen, daß die Impfung mit ausgefaultem Schlamm allein
nicht ausreicht, um über den Zustand der sauren Gärung hin-
wegzukommen. In solchen Fällen bleibt nichts übrig, als dem
Schlamm soviel Kalk zuzusetzen, daß die vorhandenen und
entstehenden Säuren gebunden werden. Das Kalken des
Schlammes muß vorsichtig stattfinden, denn beim Überkalken
werden die Bakterien geschädigt bis abgetötet, und der Ausfaulvorgang wird dann naturgemäß behindert. In der Regel
ist die Kalkung des Schlammes nur ein Übergangszustand bis
zur „Einarbeitung" des Faulraums. Ihre Anwendung kommt
besonders dann in Betracht, wenn bei Inbetriebsetzung einer
neuen Anlage geeignetes Material zum Impfen des Schlammes
noch nicht vorhanden ist.

4. Schädliche Einwirkungen auf die Schlammausfaulung. Es ist zu beachten, daß die Schlammausfaulung
ein biologischer Vorgang ist. Die luftscheuen (anaëroben)
Bakterien zerlegen die organische Substanz und verbinden
die Spaltstücke mit Wasserstoff, während die geringen Mengen
Sauerstoff, die sie sauerstoffhaltigen Verbindungen entnehmen
können, zur Erhaltung der eigenen Lebenswärme verbraucht
werden. Alles, was die Bakterien schädigt oder in ihrer Wirk-

samkeit schwächt, muß daher notgedrungen auch die Ausfaulung des Schlammes verzögern oder ganz unterbinden. Praktisch kommen folgende Faktoren in Betracht:

a) Mangel an Wasser. Es ist noch nicht genau festgestellt, welchen Mindestwassergehalt Klärschlamm aufweisen muß, um überhaupt zu faulen. Sicher ist jedoch, daß der günstige Wassergehalt über 90% liegt, und daß bei einem Wassergehalt unter 80% die Schlammfaulung nur noch schwierig vor sich geht. Die Bakterien arbeiten eben nur in stark verdünnten Flüssigkeiten, und der hohe Wassergehalt des Schlammes ist auch notwendig, um die Ausscheidungsprodukte der Bakterien sofort zu verdünnen, damit sich in der Umgebung der Zellhülle nicht eine schädliche Anhäufung der ausgeschiedenen Stoffe bildet.

b) Ausscheidungsprodukte. Auch bei hohem Wassergehalt des Schlammes würden die, sich nach und nach anhäufenden Ausscheidungsprodukte der Bakterien deren Wirksamkeit hemmen. Für die Abführung dieser schädlichen Stoffe muß daher irgendwie gesorgt werden, soll die Ausfaulung gleichmäßig fortschreiten. In Emscherbrunnen geschieht dies in ausreichender Weise dadurch, daß an Stelle des vom Absetzin den Faulraum abrutschenden Schlammes, eine entsprechende Menge Flüssigkeit aus dem Faulraum in den Absetzraum tritt und zum Abfluß gelangt. In anderen, den Emscherbrunnen nachgeahmten Anlagen, hat man sogar eigens Einrichtungen getroffen, um eine größere Menge Wasser aus dem Absetzraum durch den Faulraum fließen zu lassen, damit die Ausscheidungsprodukte der Bakterien ausgespült werden. Es ist nicht bewiesen, daß eine solche Mehreinleitung an Wasser nennenswerte Vorteile bringt, hingegen kann der Betrieb dadurch umständlicher und die Beschaffenheit des geklärten Abwassers schlechter werden. In getrennten Schlammfaulräumen werden die Ausscheidungsprodukte der Bakterien jedesmal teilweise entfernt, wenn frischer Schlamm hinzukommt, da hierbei eine entsprechende Menge Flüssigkeit den Faulraum verlassen muß, um für den neu hinzukommenden Schlamm Raum zu schaffen.

c) Bakteriengifte. Solche pflegen besonders aus gewerblichen Abwässern zu stammen. Besonders Teer und Teerverarbeitungsprodukte aller Art, Chlorwässer, Metallbeizen, Mineralsäuren, starke Laugen, um nur einige wichtigere zu nennen, können, wenn sie in größeren Mengen in die Schlammfaulräume gelangen, das Bakterienleben schwer schädigen und dadurch die Schlammausfaulung unterbinden (vgl. S. 200). Man muß daher Sorge tragen, daß derartige bakteriengiftige Stoffe den Schlammfaulräumen ferngehalten werden oder nur in einer unschädlichen Verdünnung hineingelangen.

d) Salze[1]). Es sei auf das S. 108 u. 117 über „Turgor" und „Plasmolyse" gesagte verwiesen. Der Gehalt der Flüssigkeit im Faulraum an gelösten Salzen (in der Regel kommen Kochsalz, Chlormagnesium, Chlorkalzium, schwefelsaures Natron, schwefelsaure Magnesia in Betracht) darf eine gewisse Grenze nicht überschreiten, soll nicht Schrumpfung des Lebensschleims der Bakterien eintreten und damit ihre Wirksamkeit gestört werden. Es gilt demnach für die Salze, die meist aus gewerblichen Abwässern eingeschwemmt werden, sinngemäß dasselbe wie für die Bakteriengifte. Es ist für ihre Zurückhaltung oder Verdünnung zu sorgen. In Emscherbrunnen können außerdem ankommende Wellen salzreichen Abwassers dadurch zu Schwierigkeiten Anlaß geben, daß das schwerere Salzwasser in den Faulraum absinkt und eine größere Menge des Faulrauminhalts auf einmal verdrängt, wodurch der Ablauf vorübergehend eine schlechte Beschaffenheit annehmen kann. Das einmal in den Faulraum hineingelangte Salzwasser wird aber, eben wegen seiner Schwere, erst nach und nach aus dem Faulraum gedrängt, so daß eine kurze Salzwelle für längere Zeit die Schlammausfaulung stören kann.

e) Temperatur. Die Tätigkeit der Bakterien ist von der Temperatur abhängig (vgl. S. 112, 113). Unter 6° C wird sie nur noch so gering, daß die Ausfaulung des Klärschlamms praktisch aufhört. In der kalten Jahreszeit ist daher Sorge zu tragen, daß die Schlammfaulräume nicht auskühlen. Dies erfolgt durch

5. Künstliche Erwärmung der Schlammfaulräume. Es ist hierbei zu unterscheiden zwischen Erhaltung

---

[1]) Blunk (Emschergenossenschaft) hat in beachtenswerten Ausführungen (Ges.-Ing. 1926, Heft 26) auf die Gefährdung der Schlammausfaulung durch Versalzung aufmerksam gemacht.

der dem frischen Schlamm schon eigenen Wärme, d. i. „Isolierung" der Faulräume und der Zufuhr weiterer Wärme.

Die Isolierung der Faulräume, ist am besten bei Emscherbrunnen sowie überhaupt bei Bauformen, die tief ins Erdreich versenkt sind. Bei Emscherbrunnen kommt noch der Umstand dazu, daß der Absetzraum über dem Faulraum liegt und diesen daher auch nach oben zu gegen Wärmeausstrahlung schützt. Bei getrennten Faulräumen kann die Isolierung, abgesehen vom Versenken des Faulraums in den Boden auch durch Erdwälle sowie durch eine geeignete Abdeckung (Betondecke) bewirkt werden (Abb. 107). Mitunter wird auch eine Isolierung gegen kaltes Grundwasser erforderlich.

Die Wärmezufuhr zu Schlammfaulräumen kann sich auf die Erwärmung durch das wärmere Abwasser (in der

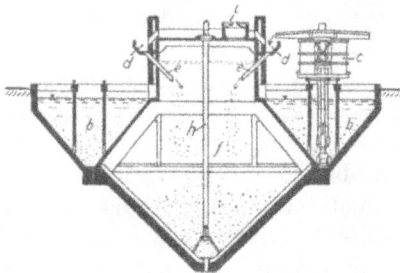

Schnitt A-B

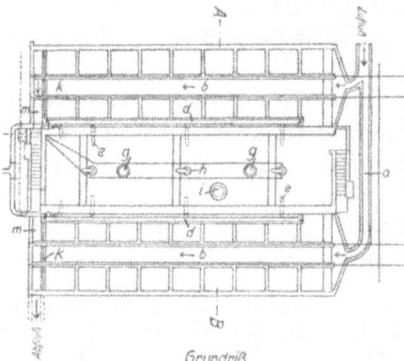

Grundriß

Abb. 107. Absetzanlage mit getrenntem, zwischen den Absetzgerinnen angeordnetem, mit Betondecke versehenen Schlammfaulbehälter, nach Prüß.

(Emschergenossenschaft, Kläranlage Essen-Frohnhausen.)

a = Zulauf, b = Absetzgerinne, k = Überfallwehr, l = Ablauf. Der in b anfallende Frischschlamm wird mittels der verfahrbaren Mammutpumpe c in die Rinnen d gepumpt und fließt durch die Rohre e in den Ausfallbehälter f. Dieser ist mit den Schraubenschauflern g für Umwälzung des faulenden Schlammes in senkrechter Richtung und mit der Mammutpumpe h zum Herausschaffen des reifen (ausgefaulten) Schlammes ausgerüstet. i ist die Haube zum Auffangen des Schlammgases. Das warme Abwasser in den Absetzgerinnen b bildet in der kühlen Jahreszeit einen wirksamen Wärmeschutz für den Schlammausfaulbehälter.

kalten Jahreszeit) beschränken, oder es können die Faulräume mittels eines Feuerbetriebes beheizt werden.

Die Erwärmung durch das Abwasser findet bei Emscherbrunnen selbsttätig statt, da das im Winter meist um einige Grade wärmere Abwasser über die Schlammfaulräume hinwegfließt und an diese von seiner Wärme abgibt. Auch bei getrennten Schlammfaulräumen kann man die Faulräume so zwischen Absetzräumen anordnen (Prüß), daß die Wärme des ankommenden Abwassers zumindest teilweise zur Erwärmung des Faulraums ausgenutzt wird (Abb. 107).

Die Heizung ist nur bei getrennten Schlammfaulräumen durchführbar. Es können hierbei sowohl die ortsüblichen Heizstoffe wie Stein- oder Braunkohlen oder Holz verwendet werden, oder — was aus naheliegenden Gründen am meisten geschieht — es wird ein Teil des bei der Schlammfaulung entwickelten brennbaren Gases zum Heizen des Faulraumes benutzt.

Die Erwärmung des Faulraumes auf die sog. „mesophile" Temperatur (vgl. S. 113) erfolgt zur Zeit meistens nach Art der Warmwasserzentralheizung, d. h. heißes Wasser wird in einem Kessel über der Feuerung bereitet und durch Rohre geführt, die in dem Faulraum angeordnet sind. Aus den Rohren kehrt das abgekühlte Wasser, das seine Wärme an den Schlamm abgegeben hat, nach dem Heißwasserkessel zurück.

Hinsichtlich der zweckmäßigsten Unterbringung der Heißwasserrohre im Faulraum besteht bis jetzt noch keine einheitliche Auffassung, weil die Erfahrungen noch zu kurz sind. Während der eine Fachmann (Heilmann) die Heißwasserrohre schlangenförmig auf die Sohle des Faulraumbehälters verlegt, in der Erwägung, daß der erwärmte Schlamm nach oben steigt, und so durch die Erwärmung zugleich eine Durchmischung des Faulrauminhaltes stattfindet, zieht es ein anderer (Prüß) vor, ein Heizschlangenbündel herausnehmbar (um es bequem entkrusten zu können) im oberen Teil des Faulraumes anzuordnen und die Durchmischung des Schlammes mittels Schraubenschauflern zu besorgen.

Man kann aber auch, statt den Schlamm im Faulbehälter zu erwärmen, die Erwärmung außerhalb desselben vornehmen, wie dies z. B. auf der Kläranlage der Emschergenossenschaft in Gelsenkirchen-Nord (Prüß) stattfindet. Der Schlamm wird dem Faulbehälter an einer Stelle oben entnommen, fließt durch ein mit Wassermantel versehenes Rohr (dessen Wasser im gasbeheizten Kessel heißgemacht wird und nach Abgabe der Wärme an den Schlamm in den Kessel zurückkommt) und wird in den unteren Teil des Faulraumes hineingedrückt.

In den letzten Jahren wurde ziemlich lebhaft die Frage erörtert, ob etwa der faulende Schlamm eigene Wärme entwickelt, ähnlich wie es bei einem lagernden Düngerhaufen oder faulendem Heu der Fall ist. Die von verschiedenen Seiten geführten Untersuchungen ergaben, daß der Betrag der Selbsterwärmung des Klärschlammes nur gering sein kann und praktisch genommen nicht ins Gewicht fällt.

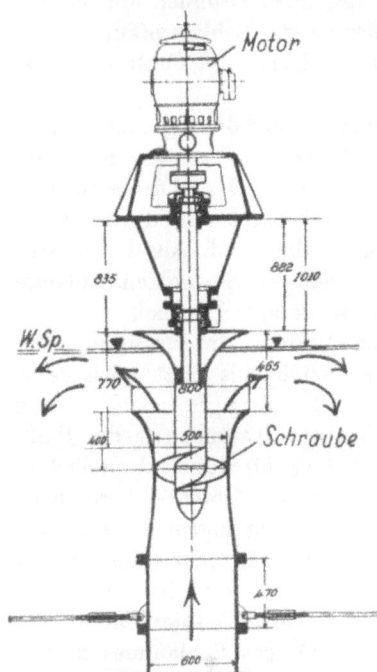

Abb. 108. Schraubenschaufler nach Prüß zum Umwälzen des Klärschlamms in Ausfaulbehältern (Bamag-Meguin A.G.). Die Bewegungsrichtung des Schlamms ist durch Pfeile angedeutet.

Die Unterhaltung der „thermophilen" Gärung des Klärschlamms (vgl. S. 113) erfordert auch im Sommer ständige Beheizung auf die gegenüber der „mesophilen" Gärung um 20 bis 25⁰ C erhöhte Temperatur und damit unverhältnismäßig höheren Brennstoffverbrauch. Es ist zur Zeit noch nicht entschieden, ob die „thermophile" Schlammausfaulung für die Praxis geeignet sein wird, weshalb längere Ausführungen über diesen Gegenstand sich hier erübrigen.

6. Schlammumwälzung. Diese soll den Inhalt des Faulraumes gleichmäßig durchmischen, der Bildung lästiger Schwimmdecken vorbeugen oder gebildete zerstören (vgl. oben unter 2. S. 204), bei Heizung des Faulraumes die Verteilung

der Wärme befördern (vgl. oben unter 4. e). u. 5.), mit dem Ziele, die Schlammausfaulung möglichst intensiv zu gestalten, mithin den Ausfaulvorgang abzukürzen und die Gasausbeute zu vermehren.

Die Umwälzung kann bewerkstelligt werden durch Um- pumpen des Faulrauminhalts (Imhoff, Ruhrverband) (von oben nach unten oder umgekehrt), oder durch Wirkung von sog. „Schraubenschauflern" (Prüß, Emschergenossenschaft), wenn die Bauachse der Faulbehälter senkrecht ist (Abb. 108) oder

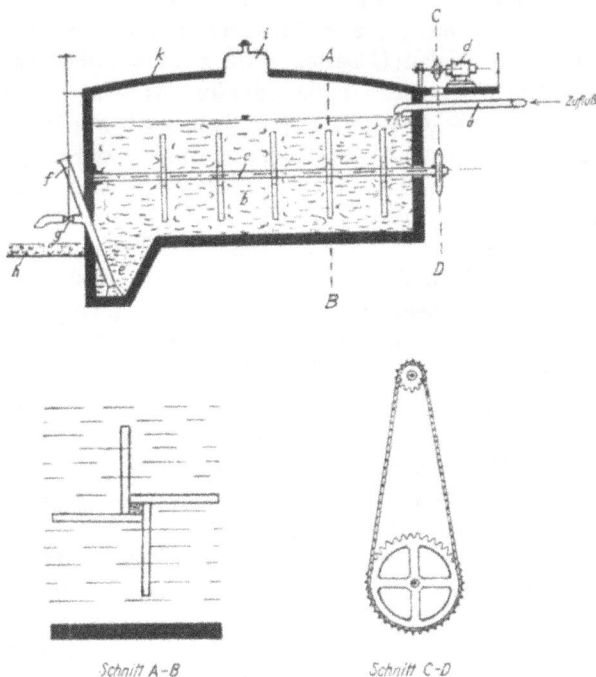

Schnitt A—B   *Schnitt C—D*

a = Schlammzulauf aus dem Klärbecken, b = Faulraum, c = mit Paddeln (Schnitt A—B) ausgerüstete Welle, d = Motor zum Antrieb der Welle mittels Zahnradgetriebe und Kette (Schnitt C—D), e = Sammelraum für den reifen (aus- gefaulten) Schlamm, f = Schlammablaßrohr, g = Ablaßschieber, h = Schlamm- entwässerungsbeet, i = Gashaube, k = Betondecke.

Abb. 109. Schlammfaulbehälter nach Kessener.

Der durch a ankommende frische Schlamm wird durch die Wirkung der Misch- welle sofort verteilt. Der Schlamm bewegt sich unter Umwälzen in der Rich- tung nach der Stirnwand des Behälters, der reifste Schlamm, der das höchste Eigengewicht hat, sammelt sich in e und wird durch g herausgeschafft.

14*

mittels auf einer Welle angebrachter Paddeln, wenn es sich um
einen liegenden Faulbehälter handelt (Kessener, holländische
Anlagen) (Abb. 109). Das Umpumpen kann auch bei Emscherbrunnen angewendet werden, die mechanischen Einrichtungen
kommen nur für getrennte Schlammfaulräume in Betracht.

7. Gasgewinnung. Die Entstehung von Gasen bei der
Schlammausfaulung ist schon S. 80 erwähnt worden. Bei
der Zersetzung der organischen Stoffe des Klärschlammes in
Faulräumen entsteht brennbares Gas (vgl. S. 204), das zum
überwiegenden Teil aus Sumpfgas, Methan) (etwa $3/4$ bis
$4/5$ der Gesamtmenge) zum kleineren Teil aus Kohlensäure[1])
nebst etwas Stickstoff besteht. Im gut eingearbeiteten Faulraum tritt Wasserstoff nicht oder in nur sehr geringfügiger
Menge auf, die Gegenwart von Sauerstoff würde anzeigen,
daß Luft in den Gassammelraum eindringt, weil im gärenden
Schlamm jede Spur Sauerstoff sofort aufgezehrt wird.

Aus je 1 kg organischer Schlammsubstanz in frisch anfallendem städtischem Klärschlamm, entstehen bei der Ausfaulung desselben etwa 400 l Schlammgas. Bezieht man die
entwickelte Gasmenge auf die zersetzte, d. i. beim Ausfaulen
verschwindende organische Substanz (etwa die Hälfte derselben
bleibt unverzehrt), so ergeben sich etwa 800 l. Die Beziehung
der Gasmenge auf den Kopf der an die Kläranlage durch das
Sielnetz angeschlossenen Bevölkerung führt wegen der ungleichen Abwassermengen und des verschiedenen Anteiles
gewerblicher Abwässer in verschiedenen Städten, zu mitunter
weit auseinanderliegenden Werten.

Die gewinnbare Gasmenge hängt von der Menge und Beschaffenheit der organischen Schlammsubstanz ab, die Voll-
ständigkeit der Gasgewinnung und das Zeitmaß derselben jedoch von den technischen Einrichtungen des Ausfaulbetriebes.

Die Verkürzung der Ausfauldauer bedeutet praktisch die
Verkleinerung der Ausfaulbehälter und damit der Baukosten.
Einrichtungen, die die Ausfauldauer verkürzen (Erwärmung

---

[1]) Die Kohlensäure entsteht bei der Schlammfaulung nicht
durch Oxydierung organischer Stoffe, sondern durch im Zuge der
Bakterientätigkeit stattfindende Abspaltung von Kohlensäuregrup-
pen, die in gewissen organischen Verbindungen (z. B. fettsauren
Salzen) enthalten sind.

der Ausfaulbehälter, Schlammumwälzvorrichtungen), und damit die Gasgewinnung und die Ausbringung gut ausgefaulten
Schlammes auf den Rauminhalt des Ausfaulbehälters
bezogen vermehren, verlohnen sich im Betriebe. Sie können
jedoch nur bei getrennten Schlammausfaulräumen, nicht bei
„zweistöckigen" Kläranlagen angewendet werden (vgl. S. 208 ff.).

Die Aufsammlung der aus dem gärenden Schlamm auf-
steigenden Gase geschieht in Hauben, die auf Trägern unter
dem Schlammspiegel fest aufsitzen oder durch den Druck des
Gases getragen werden (schwimmende Gashauben, Kessener).
Die Sammelhauben (deren es verschiedenartige Bauarten
gibt) sind in der Regel mittels Leitungsrohren mit einem
Hauptgassammler (Gasometer) verbunden, aus dem das
Gas für die Verwendungszwecke entnommen wird. Auf neu-
zeitigen Kläranlagen wird in der Regel ein Teil des gewonnenen
Schlammgases zur Beheizung der Ausfaulbehälter, ein weiterer
Teil zum Betriebe von Maschinen, wie Pumpen und Luft-
gebläsen, durch Vermittlung einer Gasmaschine, die den Wärme-

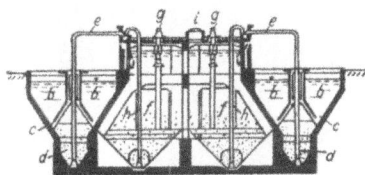

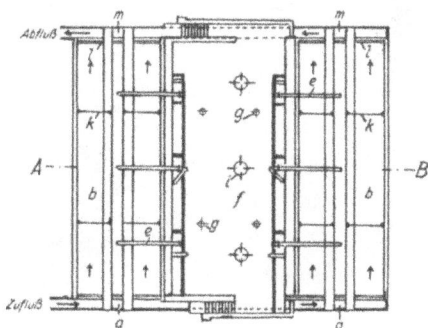

a = Zulaufrinne, b = Absetzgerinne mit Schlitzen c, durch
die die Schlammstoffe in die
Frischschlammkammern d rutschen. k = Tauchbretter, l =
Überfallbrett vor der Ablaufrinne m. Der Frischschlamm
wird mittels Mammutpumpen
durch die Rohre e in den Faulraum f überführt. g = Schraubenschaufler, h = Mammut-
pumpen zum Herausschaffen
des reifen (ausgefaulten)
Schlammes. i = Gashaube,
Wärmeschutz des Schlamm-
faulbehälters durch das warme
Abwasser in b.

Abb. 110. Absetzanlage mit
zwischen den Absetzgerinnen
angeordnetem getrennten
Schlammfaulbehälter nach
Prüß.
(Emschergenossenschaft,
Kläranlage Oberhausen.)

Schnitt A-B

Grundriß

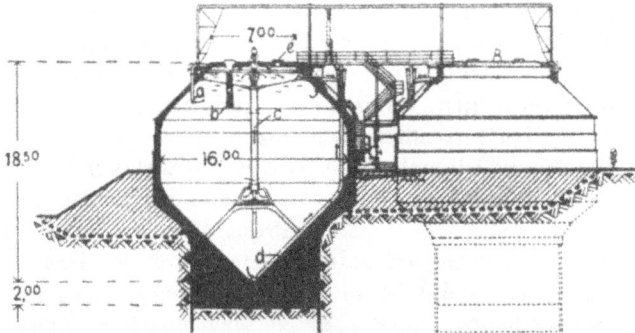

a = Einlauf des frischen Schlammes, b = herausnehmbares Bündel der Heizrohre, c = Schraubenschaufler zum Umwälzen des Schlammes, d = Schlammauslaßrohr, e = Gashaube. Durch Wirkung des Schraubenschauflers wird der Schlamm von unten nach oben bewegt und an den Heizrohren vorbeigeführt, wodurch Mischung und Erwärmung des ganzen Faulrauminhalts erzielt wird. Die Erwärmung des Wassers,'das in den Heizrohren umläuft, findet zwischen den beiden Faulbehältern in einem mit dem Schlammgas beheizten Kessel statt.

Abb. 111. Schlammausfaulbehälter (P r ü ß) auf der Kläranlage der Emschergenossenschaft in Essen-Nord.

Behälter links im Aufriß. Behälter rechts in der Ansicht.

Abb. 112. Schlammausfaulbehälter auf der Kläranlage der Emschergenossenschaft in Essen-Nord.

Außenansicht.

gehalt des Gases in Kraft umsetzt, verwendet. Das im eigenen Kläranlagenbetriebe nicht benötigte Gas wird oft an städtische Gaswerke abgegeben und dem Leuchtgas zugemischt. Ebenso wie dieses kann das Schlammgas gereinigt (durch ein Raseneisenerzfilter vom etwaigen Schwefelwasserstoffgehalt befreit) werden. Will man die Kohlensäure (deren Gehalt den Heizwert vermindert) beseitigen, so wird das Gas unter Druck mit Wasser gewaschen, das die Kohlensäure löst. Man gewinnt so fast reines Methangas.

Getrennte Schlammfaulbehälter werden vielfach statt mit aufgesetzten Gassammelhauben mit festen Betondecken versehen. In solchen Fällen ist für zuverlässige Abdichtung der betreffenden Decken zu sorgen, da durch Eintreten von Luft in den Gasraum zwischen Schlamm und Decke ein explosives Gasgemisch (entsprechend den „schlagenden Wettern" der Kohlenzechen) entstehen kann. Die Abdichtung der Betondecke kann bautechnisch auf verschiedene Weise geschehen, am sichersten wohl dadurch, daß man die Decke unter Wasser setzt.

Abb. 110 zeigt einen getrennten Schlammausfaulraum zwischen zwei Absetzbecken, aus denen der frische Schlamm in den Faulraum mittels Mammutpumpen befördert wird. Der Faulraum ist mit einer Heizanlage und Schraubenschauflern zur Umwälzung des Schlammes ausgerüstet, das Schlammgas wird zur Beheizung des Faulraums und zum Betriebe der Gasmaschine verwendet, die die Kraft für Betätigung der

Abb. 113. Mit Schlammgas betriebener Gasmotor und Elektrogenerator auf der Kläranlage des Lippeverbandes in Soest i. W.

Pumpen und Luftkompressoren liefert. In Abb. 111 u. 112 ist ein neuzeitiger Schlammausfaulbehälter dargestellt, bei dem u. a. die in die Betondecke eingebaute, herausnehmbare Heizvorrichtung, beachtenswert ist. Abb. 113 zeigt eine mit Schlammgas betriebene Gasmaschine.

8. **Klärschlamm als Dünger.** Von den dungwertigen Stoffen, die ins Abwasser gelangen, das sind Verbindungen des Kaliums (Kali, Kaliumsalze), des Stickstoffs (Ammoniak und Ammoniaksalze, salpetersaure und salpetrigsaure Salze) und des Phosphors (Phosphate), bleibt der weitaus größte Teil im Wasser gelöst, wodurch dieses seinen Wert für die Rieselwirtschaft erhält. Der Klärschlamm ist verhältnismäßig arm an eigentlichen dungwertigen Stoffen, und von diesen überwiegt der Stickstoff gegenüber dem Kali und den Phosphaten. So wurde z. B. seinerzeit festgestellt, daß das Abwasser der Stadt München an den drei dungwertigen Bestandteilen im Jahre in Tonnen (à 1000 kg) abführt:

	Stickstoff	Phosphorsäure	Kali
im Klärwasser. . . .	3200 t	600 t	600 t
im Klärschlamm . . .	400 t	200 t	100 t

Nach eigenen Untersuchungen des Verf. sind in 1 t (1000 kg) frischen städtischen Klärschlammes mit 95% Wassergehalt etwa enthalten:

Stickstoff	1,25 kg
Phosphorsäure . . .	0,35 „
Kali	0,15 „

so daß man beim Verbringen von 1000 kg höchstens insgesamt etwa 1,75 kg dungwertige Stoffe befördert. Das erklärt, weshalb die Verbringung frischen Schlammes auf weitere Entfernung schon wegen der Beförderungskosten nicht lohnen kann. Es kommt aber hinzu, daß, abgesehen von der Geruchsbelästigung, der frische Schlamm meist Bestandteile enthält, die dem Kulturboden nicht zusagen oder sogar schädlich sind, insbesondere Papier und andere faserige, fettige und ölige Stoffe, die den Boden verfilzen und den Zutritt der Luft behindern und — fast in der Regel — reichlich Unkrautsamen. Im Hinblick auf den Dungwert wird nun der Klärschlamm durch Ausfaulenlassen bedeutend verbessert. Hierbei geht zwar ein Teil der dungwertigen Bestandteile durch Auslaugung verloren (ein Teil des Stickstoffs kann im Gas erscheinen), was schließlich zurückbleibt ist aber mit weniger Wassergehalt belastet, und es sind die obengenannten schädlichen Stoffe und die Unkrautsamen durch den Ausfaulprozeß weitgehend zerstört worden.

Wird der Klärschlamm, dessen Dungstoffgehalt oben angeführt wurde, der Ausfaulung unterworfen und sodann auf Sickerbeeten entwässert, so daß sein Wassergehalt auf 60% zurückgeht, dann enthält eine Tonne dieses ausgefaulten, stichfest gewordenen Schlammes:

$$\begin{array}{ll} \text{Stickstoff} \ldots \ldots & 8{,}0 \text{ kg} \\ \text{Phosphorsäure} \ldots & 1{,}6 \text{ ,,} \\ \text{Kali} \ldots \ldots \ldots & 0{,}7 \text{ ,,} \end{array}$$

also insgesamt 10,3 kg Dungstoff, d. i. rd. 6 mal soviel wie der frische Schlamm vor dem Ausfaulen. Der ausgefaulte Klärschlamm ist aber für die Landwirtschaft weniger wegen des Gehaltes an dungwertigen Bestandteilen von Bedeutung, denn diese Bestandteile können in Kunstdüngern meist wohlfeiler beschafft werden, als vielmehr wegen der besonderen Beschaffenheit der Masse, die sich zur Auflockerung schwerer und zur Anreicherung magerer bis sandiger Böden eignet und die Tätigkeit der Bodenbakterien fördert. Es ist der Gehalt an biologischem „Humus", der dem ausgefaulten Schlamm seinen landwirtschaftlichen Wert verleiht (vgl. S. 91).

In Büchern, Fachzeitschriften usw. wird meist der Gehalt des Schlammes an den dungwertigen Bestandteilen auf die Trockenmasse bezogen. Dieser Bezug kann dann, wenn man nicht die Umrechnung auf den ja stets wasserhaltigen Schlamm vornimmt, zu Irrtümern bzw. falschen Einschätzungen Anlaß geben. Wird z. B. angeführt, daß der Schlamm „4% Stickstoff" enthält, wobei die Trockenmasse gemeint ist und dabei nicht betont, daß es sich um einen Schlamm von z. B. 96% Wassergehalt handelt, so könnte der Leser der Meinung sein, daß eine Tonne dieses Schlammes 40 kg Stickstoff enthält, während es in Wirklichkeit nur 1,6 kg sind.

9. Ausfaulung belebten Schlammes. Es handelt sich hierbei um Ausfaulung des „Überschußschlammes" aus den

Nachklärbecken der Belebtschlammanlagen (vgl. S. 158, 159). Da der belebte Schlamm unter ständiger Belüftung gebildet worden ist, also mit „aëroben" Kleinlebewesen durchsetzt ist, so müssen diese zuerst vernichtet werden, damit die „anaërobe" Zersetzung Platz greifen kann. Überläßt man den belebten Schlamm sich selbst, so erfordert diese Rückbildung aus dem „aëroben" in den „anaëroben" Zustand einige Zeit, während der überdies die unerwünschte saure Gärung als Übergangszustand sich einstellen kann. Es ist daher angezeigt, den belebten Überschußschlamm zwecks Ausfaulung mit den luftscheuen Bakterien der Methangärung zu impfen, was praktisch am besten durch Vermischung des Überschußschlammes mit dem Vorklärschlamm und gemeinsames Ausfaulenlassen geschieht (vgl. Abb. 78). Da der Überschußschlamm infolge hohen Wassergehalts (98 bis 99% mitunter auch darüber) in der Regel die mehrfache Menge des Vorklärschlammes ausmacht, so müssen die Ausfaulbehälter entsprechend vergrößert werden. Bei Anwendung von Erwärmungsvorrichtungen (vgl. oben S. 208) kann aber andererseits ihr Umfang in erträglichen Grenzen gehalten werden.

In Amerika wird belebter Überschußschlamm mitunter nach Entwässerung auf Filtermaschinen (vgl. S. 76 ff.) in Drehöfen getrocknet und zu streubarem Dünger vermahlen („Milorganite" der großen Belebtschlammanlage in Milwaukee) oder es werden die entwässerten Schlammkuchen unter Zusatz billiger Abfallkohlen verbrannt. Diese Verfahren kommen aus verschiedenen Gründen für deutsche Verhältnisse nicht in Betracht und mögen daher hier unbesprochen bleiben.

XXXI. Bemessungen der Kläranlagen.

Nach dem kurzen Überblick über die verschiedenen Möglichkeiten der Abwasserreinigung erscheint es zum Verständnis der Kläranlagen noch unerläßlich, sich in Kürze mit den Grundsätzen vertraut zu machen, nach denen die Ausmaße solcher Anlagen und ihrer einzelnen Teile bestimmt werden. Die folgenden Ausführungen betreffen Kläranlagen für städtisches (häusliches) Abwasser, sind aber sinngemäß auch für gewerbliches Abwasser anzuwenden.

Was zunächst die in der Absetzanlage zu behandelnde Abwassermenge anbetrifft, so ist sie durch die Abfluß-menge der Kanalisation gegeben. Die Kläranlage muß den ganzen Trockenwetterabfluß verarbeiten und darüber hinaus wenigstens einen Teil des Regenwetterabflusses. Wie groß dieser Teil sein soll, hängt von den örtlichen Vorflut-verhältnissen ab und muß fallweise entschieden werden. Eine gewisse Erleichterung der Entscheidung betreffend die aufzu-nehmenden Regenwassermengen bieten die Auslässe mit Regenwasserklärbecken, die das Regenwasser mit verhält-nismäßig geringen Kosten entschlammen (vgl. S. 96 ff.). Würde man beispielsweise eine Absetzanlage so bemessen, daß sie die vierfache Menge des Trockenwetterabflusses aufnehmen könnte, so käme der Bau einer solchen Kläranlage nicht nennenswert billiger zu stehen, als einer, die nur die dreifache Trockenwetter-abflußmenge aufnimmt, dafür aber noch eine ebenso große Menge Abwasser im Regenwasserklärbecken mit kurzer Durch-flußzeit klärt, im ganzen also die sechsfache Trockenwetter-abflußmenge in einer für die Vorflut ausreichenden Weise reinigt. Dies ergibt sich aus den zum Klären der einen und der anderen Abwassermenge erforderlichen Räumen, da man annehmen kann, daß die Baukosten der Absetzanlage in ungefähr gleichem Verhältnis zu den Größen der zu schaffenden Absetzräume stehen. Es betrage z. B. der Trockenwetterabfluß 1000 m³ in 24 Stunden und die zur Klärung dieses Abwassers erforderliche Zeit 2 Stunden. Für die weiteren Regenwassermengen seien fallende Klärzeiten, im Durchschnitt 1 Stunde, angenommen. Wenn demnach statt 1000 m³ die vierfache Menge, also 4000 m³, zu klären sind, so braucht man:

1. für 1000 m³ den 12. Teil, d. i. rund . . . . $83^1/_3$ m³
2. ,, 3000 ,, ,, 24. ,, ,, ,, ,, · · · · $125^1/_2$,,

,, zusammen 4000 m³ Abwasser . . . . . $208^5/_6$ m³ Klärraum.

Behandelt man aber in der eigentlichen Absetzanlage nur die dreifache Trockenwetterabflußmenge und im Regenwasser-klärbecken eine ebenso große Regenwassermenge mit einer Aufenthaltszeit von 15 Minuten, so gestaltet sich die Rech-nung wie folgt:

1. Absetzanlage: 1000 m³ erfordern . . . . . $83^{1}/_{3}$ m³
2.   2000 „   „   . . . rd. 84   „
3. Regenwasserklärbecken:
      3000 m³   „   . . . „ $31^{1}/_{3}$ „

demnach erfordern 6000 m³ Abwasser . . . $198^{2}/_{3}$ m³
Klärraum.

Man braucht also für 6000 m³ Abwasser in 24 Stunden etwas weniger Klärraum als für 4000 m³ in derselben Zeit. Hierzu kommt noch, daß der Bau von Regenwasserklärbecken im allgemeinen billiger sein dürfte als Vergrößerungen der eigentlichen Absetzanlagen um den entsprechenden Klärraum.

In dem soeben angeführten Beispiel wurde von der Klärzeit, d. i. der Durchflußzeit des Abwassers durch die Absetzräume oder Aufenthaltszeit in diesen, gesprochen. Die Wahl der Durchflußzeit ist bestimmend für die Größenbemessung der Absetzräume, da mit verlängerter Durchflußzeit auch der Absetzraum weitgehend vergrößert werden muß. Es könnte nun scheinen, daß je länger die Klärzeit dauert, desto besser geklärt das Abwasser sein muß, daß also möglichst große Absetzräume vorgesehen werden sollten. In Wirklichkeit liegen jedoch die Verhältnisse anders. Zunächst wird ja angestrebt, das Abwasser möglichst „frisch" zu erhalten und Fäulnis zu vermeiden. Das Abwasser soll so schnell wie es mit der Reinigung zu vereinbaren ist, den Vorfluter, bzw. die nächstfolgende Reinigungsstufe erreichen. Bei zu langem Aufenthalt im Klärbecken würde das Abwasser anfaulen. Damit ist schon der Klärzeit eine Grenze gezogen. Nur in Kläranlagen, in denen die Fäulnis des Abwassers nicht vermieden zu werden braucht, wie z. B. bei den Faulkammeranlagen von Einzelhäusern sowie bei gewerblichen Abwässern, die mineralischen Schlamm absetzen, kommt diese Rücksicht in Wegfall. Der Aufenthalt des Abwassers in Hauskläranlagen beträgt denn auch in der Regel ein Vielfaches der Aufenthaltszeit in Frischkläranlagen. Eine weitere Begrenzung für die Aufenthaltszeit des Abwassers ergibt sich aus der Erfahrung, daß die über eine gewisse Klärzeit hinaus noch weiter erzielbare Verbesserung der Abwasserbeschaffenheit, d. i. die Ausscheidung der ungelösten Stoffe, in Mißverhältnis gerät zu

dem Bedarf an Absetzraum, mit anderen Worten, daß sich
über eine gewisse Klärzeit hinaus das weitere Klären nicht
lohnt, da die hierzu aufzuwendenden Kosten in keinem Verhältnis zum erzielten Ergebnis stehen würden und daher nicht
verantwortet werden könnten.

Um dies richtig zu verstehen, genügt es, rohes Abwasser
in einen Glaszylinder oder Kelchglas (Absetzglas) einzufüllen
und den Klärvorgang mit der Uhr in der Hand zu beobachten.
Man bemerkt, daß meist schon in den ersten Minuten ein beträchtlicher Teil der ungelösten Stoffe zu Boden sinkt, und mit
fortschreitender Zeit die Ausscheidung immer geringfügiger
wird. Auf die Bemessung einer Absetzanlage übertragen, bedeutet dies eine Vervielfachung des Absetzraumes zum Zwecke
des Abfangens nur noch äußerst geringer Mengen ungelöster
Stoffe. Nun verhält es sich in den meisten Fällen so, daß
die Fließgeschwindigkeit des Wassers im Vorfluter ganz erheblich höher ist als im Klärbecken, so daß die Stoffe, die im
Klärbecken nicht zu Boden fielen, im Vorfluter sich erst recht
nicht absetzen und daher auch zu keiner Verschlammung
führen können. In besonderen Fällen können im schon geklärten Abwasser nachträglich noch Ausflockungen stattfinden,
oder solche können sich durch Vermischen mit dem Wasser
des Vorfluters, wenn dieses fällende Stoffe enthält, ergeben.
Bei solchen Erscheinungen hilft aber eine verlängerte Klärzeit
meist nicht wesentlich. Wo entsprechende Verhältnisse vor-
liegen oder wenn der Vorfluter durch ein stehendes Gewässer
gebildet wird (Teich), bzw. geeignete Vorflut mangelt, genügt
eben die mechanische Klärung nicht, und es muß zur biologischen Nachreinigung des Klärbeckenablaufes geschritten
werden.

Folgendes Beispiel mag das Verhältnis der Klärzeit zur
Menge der abgesetzten Stoffe näher beleuchten: Angenommen
sei ein Abwasser mit einem Gehalte von 1 g im Liter ungelöster Stoffe, hiervon 0,70 g absetzbarer Stoffe, d. h. solcher,
die man durch Absetzen abfangen kann und 0,30 g solcher,
die auch bei verlängerter Absetzzeit in Schwebe verbleiben,
also nicht abgefangen werden können. Die zu klärende Menge
Abwasser betrage in 24 Stunden 1000 m³, die also 1000 kg
ungelöster Stoffe, hiervon 700 kg absetzbarer und 300 kg

nicht absetzbarer, mit sich führen. Die Prüfung ergibt nun, daß aus 1 l dieses Abwassers in bestimmten Zeiten folgende Mengen ungelöster Stoffe zu Boden fallen:

Nach 10 Minuten insgesamt 0,30 g
,, 20 ,, ,, 0,40 g
,, 30 ,, ,, 0,45 g
,, 1 Stunde ,, 0,55 g
,, 2 Stunden ,, 0,60 g
,, 4 ,, ,, 0,65 g
,, 8 ,, ,, 0,68 g
,, 24 ,, ,, 0,70 g

Nachdem also in 2 Stunden schon 60 vH der ungelösten Stoffe abgefangen worden sind, müßte man, um nur noch 5 vH mehr abzufangen, noch weitere volle 2 Stunden klären, für die letzten 5 vH, die überhaupt noch abfangbar sind, kämen noch 20 Stunden zusätzlicher Klärzeit in Betracht.

Ein anschauliches Bild dieser Verhältnisse gewinnt man durch zeichnerische Darstellung des Absetzverlaufes, dergestalt, daß die Mengen der abgesetzten Schwebestoffe auf dem senkrechten („Ordinate"), die Zeiten, in denen diese Mengen sich abgesetzt haben, auf dem horizontalen („Abszisse") Arm eines Kreuzes abgeteilt werden, und durch die Schnittpunkte der auf beide Arme senkrecht geführten Linien eine zusammenhängende Krumme gezogen wird. Man erhält so die Absetzkrumme des Abwassers, aus der ohne weiteres

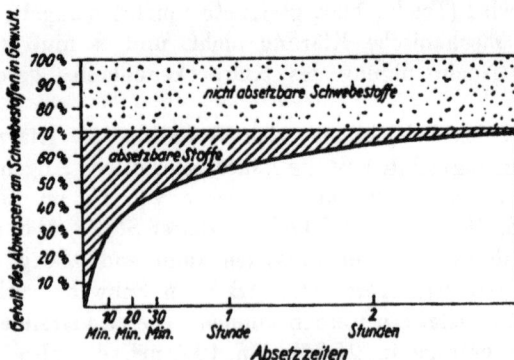

Abb. 114. Abwasserabsetzkrumme.

abgelesen werden kann, welche Klärzeit für den gegebenen Fall nach technischen und wirtschaftlichen Gesichtspunkten zu wählen ist. Abb. 114 zeigt die Absetzkrumme des in unserem Beispiel gewählten Abwassers.

Hierzu ergibt sich hinsichtlich der erforderlichen Absetzräume folgendes Bild:

Es sind erforderlich für 1000 m³ Abwasser in 24 Stunden:

Für ½ Stunde	Klärzeit rd.	21 m³ Absetzraum
,, 1 ,,	,, ,,	42 ,, ,,
,, 2 Stunden	,, ,,	84 ,, ,,
,, 4 ,,	,, ,,	167 ,, ,,
,, 8 ,,	,, ,,	334 ,, ,,
,, 24 ,,	,, ,,	1000 ,, ,,

Um also, nachdem in 2stündiger Klärzeit schon 60 vH der ungelösten Stoffe ausgefangen worden sind, noch weitere 5 vH abzufangen, müßte man die Kläranlage verdoppeln, um noch die letzten 5 vH abzufangen, mehr als verzehnfachen. Man müßte für derartige Erweiterungen der Absetzräume Mehrkosten aufwenden, die die Kosten biologischer Nachreinigung des Abwassers beträchtlich übersteigen dürften.

Es gibt demnach eine praktische Grenze der Beseitigung der ungelösten Stoffe in Absetzanlagen, die zu überschreiten unwirtschaftlich und technisch ungerechtfertigt wäre. Diese Grenze schwankt von Fall zu Fall und ist sowohl von der Klärfähigkeit des Abwassers, wie auch von den Vorflutverhältnissen, bzw. davon abhängig, ob das Abwasser nach der Ausscheidung des Schlammes direkt dem Vorfluter zugeführt oder noch biologisch gereinigt werden soll. Im allgemeinen dürften für städtische Abwässer in Deutschland Klärzeiten zwischen 1 und 2 Stunden erforderlich sein. Oft wird mit der Klärzeit ohne Schaden für die Beschaffenheit des Abflusses auf 45 Minuten, ausnahmsweise sogar bis auf eine halbe Stunde heruntergegangen werden können, eine Ausdehnung über 2 Stunden wird kaum vereinzelt nötig sein.

Man würde also, um bei dem angeführten Beispiele zu bleiben, für die in 24 Stunden anfallenden 1000 m³ Trockenwetterabfluß eine 1stündige Klärzeit vorsehen und hierzu

einen Absetzraum von 42 m³ brauchen. Um nun bei Regenwetter auch einen Teil des Regenwassers, z. B. 3000 m³, mit-
zuklären, müßte der Absetzraum größer vorgesehen werden.
Angenommen, daß von den 3000 m³ Regenwasser die ersten
1000 m³ ebenfalls 1 Stunde, die zweiten 1000 m³ ³/₄ Stunden
und das letzte Drittel ½ Stunde Klärzeit erfordern, so würde
im Durchschnitt die Klärzeit für die 3000 m³ ³/₄ Stunden
betragen, mithin der entsprechende Absetzraum zu 30 m³ zu
bemessen sein. Wenn außerdem noch z. B. weitere 3000 m³
Regenwasser in Regenwasserklärbecken mit 15 Minuten Klärzeit entschlammt werden sollen, so kämen hierfür rund 32 m³
in Betracht. Unsere Anlage wäre dann imstande, insgesamt
7000 m³ Abwasser in 24 Stunden zu entschlammen und
würde hierzu an Absetzräumen zusammen 104 m³ erfordern,
hiervon 72 m³ für die eigentliche Absetzanlage und 32 m³ für
Regenwasserklärbecken.

Für die Bemessung der Absetzräume sind demnach die
zu klärenden Abwassermengen und die Klärzeit maßgebend.
Die Bemessung wird in Wirklichkeit größer ausfallen müssen
als in dem angeführten Beispiel berechnet, da zu berücksichtigen sein wird, daß das Abwasser sich nicht gleichmäßig auf
die 24 Tag- und Nachtstunden verteilt, sondern die Hauptmenge am Tage anfällt, und zwar in gewissen Stunden, ferner,
daß Regenwassermengen nur in den seltensten Fällen gleichmäßig auf eine längere Stundenzeit verteilt sind, vielmehr in
der Regel innerhalb kurzer Zeiten stoßweise ankommen.
Schließlich wird auch der wahrscheinlichen Vergrößerung der
Abwassermenge in der Zukunft (Vergrößerung des betreffenden
Gemeinwesens, Hebung der Lebenshaltung der Einwohner und
damit im Zusammenhang stehender erhöhter Wasserverbrauch,
also auch vermehrte Abwassererzeugung) Rechnung getragen
werden müssen.

Was die Verteilung des städtischen Abwassers über den
Tag anbelangt, so lehrt die Erfahrung, daß es in Städten,
Siedlungen usw. in der Regel zwei Abwasserhöhepunkte,
„Wellen", gibt, eine vor- und eine nachmittags. Diese Erscheinung erklärt sich aus der Lebensweise der Einwohner,
da die größten Wassermengen am Morgen zum Waschen usw.
und am Nachmittage zum Spülen der Küchengefäße gebraucht

werden. Von der Länge des Sielnetzes hängt es ab, wann die genannten Wellen auf der Kläranlage ankommen. Je größer das kanalisierte Gemeinwesen, desto weniger ausgesprochen wird die Abwasserwellenerscheinung sein und desto gleichmäßiger wird sich die Abwassermenge auf den ganzen Tag verteilen, desto höher wird auch der Mengenanteil der eigentlichen häuslichen Abläufe im Abwasser sein.

In der Regel fallen die Höhepunkte der Abwassermenge auch mit denen der Abwasserverschmutzung zusammen, was aus dem oben Gesagten ohne weiteres verständlich ist. Bei Kläranlagen in Industriegebieten können sich durch stoßweises Ablassen großgewerblicher Abwässer ins städtische Sielnetz noch besondere „Wellen", mitunter auch bei Nacht, bemerkbar machen.

Wenn der Schlamm in kurzen Zeiträumen, etwa jeden Tag, in frischem Zustande aus den Absetzräumen herausgeholt werden soll, dann sind, mit Rücksicht auf den sich abscheidenden Schlamm, nur geringe Vergrößerungen der Absetzräume erforderlich. Anders verhält es sich, wenn der Schlamm zwecks Ausfaulens im Becken liegenbleiben soll. In diesem Falle muß der für die Aufnahme des Schlammes benötigte Raum besonders ermittelt und dem Absetzraume zugeschlagen, bzw., wenn die Schlammausfaulung gesondert erfolgt, für den Schlammfaulraum in Ansatz gebracht werden.

Die Berechnung der Schlammräume ist nun weit schwieriger als die der Absetzräume, weil Klärschlamm ein Gebilde ist, das sich mit der Zeit sehr verändert. Um der Berechnung der Schlammengen, also auch der Schlammräume, näherzukommen, müssen einige Erläuterungen über das Verhalten des Schlammes vorausgeschickt werden.

Klärschlamm ist ein inniges Gemenge der ungelösten Stoffe des Abwassers mit der Flüssigkeit selbst, und zwar besteht die Hauptmenge des Schlammes aus Wasser und nur ein geringer Teil aus festen Stoffen. Der „Trockenstoffgehalt" des frischen Schlammes ist das, was übrigbleibt, wenn man aus dem Schlamme das gesamte Wasser durch Hitze als Dampf austreibt. Der Trockenstoffg. des Schlammes steht nun zum Wassergehalt einerseits und zur Raummenge andererseits in einem eigenartigen Verhältnisse, wie folgendes Beispiel zeigt.

Angenommen sei frisch abgesetzter Schlamm mit 5 vH Gewichtsteilen Trockenstoffg. und 95 vH Wassergehalt. 1 m³ dieses Schlammes enthält 50 kg Trockenstoffe[1]) und 950 kg Wasser. Nun sei der Schlamm durch Entwässerung auf die Hälfte des Raumes vermindert worden, so daß nur noch ½ m³, also 500 l, Schlamm vorhanden sind. In diesen 500 l Schlamm sind nun nach wie vor 50 kg Trockenstoffe enthalten, jedoch nur noch 450 kg Wasser. Der Schlamm weist demnach jetzt einen Trockenstoffg. von 10 vH und einen Wassergehalt von 90 vH auf. Dem Schlamm werde nun weiter Wasser entzogen, so daß der ursprüngliche Kubikmeter auf 250 l zusammenschrumpft, in denen unverändert jene 50 kg Trockenstoffe, aber nur noch 200 kg Wasser enthalten sind, so daß der Trockenstoffg. nunmehr 20 vH und der Wassergehalt 80 vH beträgt. Schrumpft die Schlammenge durch weitere Wasserabgabe auf 100 l, also ein Zehntel der ursprünglichen Menge, zusammen, so enthalten diese 100 l 50 vH Trockenstoffe und 50 vH Wasser.

Diese einfache Berechnung zeigt, was aufs erste sonderbar anmutet, daß Schlamm mit 95 vH Wassergehalt beim Austrocknen auf die Hälfte seines ursprünglichen Raummaßes den Trockenstoffg. nur um 5 vH vermehrt, beim Einschrumpfen auf ein Viertel ihn auf nur 20 vH steigert und daß erst nach Eindickung auf ein Zehntel der Gehalt an Trockenstoffen dem an Wasser gleich wird.

Durch Feststellung des Wassergehaltes des Schlammes vor und nach dem Trocknen, kann man demnach die Verminderung der Schlammenge berechnen.

Hätte man z. B. 100 m³ Schlamm von 95 vH Wassergehalt auf Entwässerungsbeete gebracht, und die Prüfung des nach einiger Zeit stichfest gewordenen Schlammes hätte nur noch 60 vH Wasser, demnach 40 vH Trockengehalt, ergeben, so kann sofort ermittelt werden, welche Schlammengen nunmehr

---

[1]) Ich setze der Einfachheit der Rechnung halber das Eigengewicht der Trockenstoffe dem Eigengewichte des Wassers gleich. In Wirklichkeit sind die Trockenstoffe des Schlammes schwerer als Wasser, da sie ja im Klärbecken zu Boden gesunken sind.

abzubefördern sind. Denn da ursprünglich in den 100 m³ Schlamm 5000 kg Trockenstoffe enthalten waren, die 5 vH des Schlammes ausmachten, und diese Trockenstoffe jetzt 40 vH des Schlammes bilden, so ist das Verhältnis:

5000 : jetzige Schlammenge $= 40:100,$

also die jetzige Schlammenge $= \dfrac{5000 \cdot 100}{40} = 12,5 \text{ m}^3.$

Nach folgendem Ansatz kann man bei bekannter ursprünglicher Schlammenge und dem Gehalt an Trockenstoffen die entwässerte Schlammenge berechnen, wenn in dieser ebenfalls der Gehalt an Trockenstoffen festgestellt wird:

Gewicht des ursprünglichen Schlammes . . . $= S$
Gewicht des entwässerten Schlammes . . . . $= s$
Gewichts-vH der Trockenstoffe im
ursprünglichen Schlamm . . . . $= Tr$
Gewichts-vH der Trockenstoffe im
entwässerten Schlamm . . . . $= tr$

$$s = \frac{Tr \cdot S}{tr},$$

z. B.:

Die Menge des ursprünglichen Schlammes beträgt . . . . $= 220 \text{ m}^3,$
das Gewicht S also annähernd . . . . . $= 220\,000 \text{ kg}.$
Die Untersuchung dieses Schlammes hat ergeben, daß sein Gehalt an Trockenstoffen Tr . . . . $= 4 \text{ Gew.-vH}$
Der entwässerte Schlamm enthält Trockenstoffe tr . . . . $= 22 \text{ Gew.-vH}$
demnach:

$$s = \frac{4 \cdot 220\,000}{22} = 40\,000 \text{ kg, d. i. annähernd 40 m}^3.$$

In den Abb. 115 und 116 ist das Verhältnis der Schlammtrockenstoffe zum Wassergehalt an zwei Beispielen zeichnerisch erläutert.

Nun zurück zur Bemessung der Schlammräume. Für Absetzbecken, aus denen der Schlamm in kurzen Zeitabständen entfernt wird, sind, wie oben gesagt, nur geringe Schlammraumabmessungen nötig, die zu etwa dem zehnten Teil des

Annahme: *90 vH Wasser + 10 vH Trockenstoffe im frischen Schlamm.*

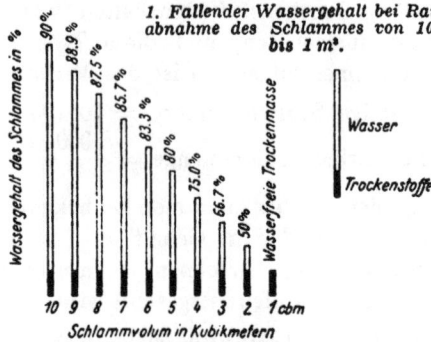

1. *Fallender Wassergehalt bei Raumabnahme des Schlammes von 10 m²
bis 1 m².*

2. *Krumme der Schlammabnahme bei fallendem Wassergehalt
von 9 vH Wasser bis zur wasserfreien Trockenmasse.*

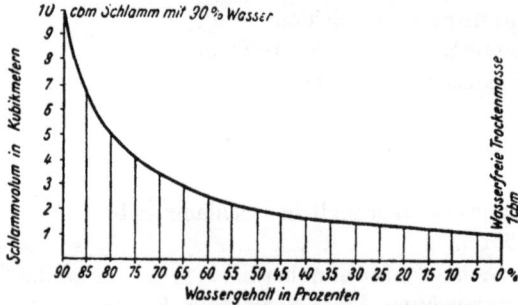

Abb. 115. Raumabnahme des Schlammes bei Abnahme des Wassergehaltes.

Absetzraumes zu veranschlagen wären. Für Schlammräume,
die den Schlamm längere Zeit speichern sollen, ist zweierlei
zu berechnen. Zunächst die Menge frischen Schlammes, die
in dieser Zeit anfällt, und sodann die Schlammverminderung in diesem Zeitraume, verursacht durch die Veränderung,
die der Schlamm erleidet (Ausfaulen und Wasserabgabe). Der
Unterschied zwischen beiden Zahlen ergibt den erforderlichen
Schlammraum.

Die Menge des anfallenden frischen Schlammes hängt
nun von der Verschmutzung des Abwassers ab. Je dünner
das Abwasser, d. h. je höher der Wasserverbrauch der Stadt,
desto geringer ist die Schlammenge im Verhältnis zur Abwassermenge. Die Schlammenge ist also abhängig von der

Annahme: *95 v H Wasser + 5 v H Trockenstoffe im frischen Schlamm.*

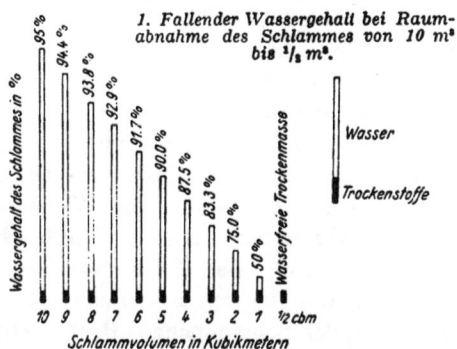

1. *Fallender Wassergehalt bei Raumabnahme des Schlammes von 10 m³ bis ¹/₂ m³.*

2. *Krumme der Schlammabnahme bei fallendem Wassergehalt von 95 v H Wasser bis zur wasserfreien Trockenmasse.*

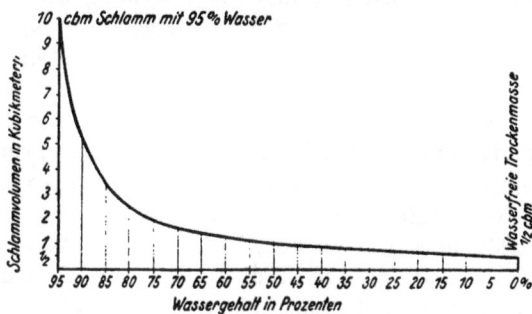

Abb. 116. Raumabnahme des Schlammes bei Abnahme des Wassergehaltes.

Menge der Schmutzstoffe, die aus der Stadt abgeschwemmt werden.

Die im Abwasser befindliche Menge Schmutzstoffe muß demnach zunächst bekannt sein, insbesondere muß festgestellt werden, wieviel ungelöste Stoffe als Trockenstoffe in einer bestimmten Menge Abwasser enthalten sind. Würde z. B. die Prüfung ergeben, daß aus 1 l Abwasser, ½ g ungelöste Stoffe (im getrockneten, wasserfreien Zustand gewogen) absetzbar sind, so könnte die Höchstmenge der im Schlamm aus 1000 m³ Abwasser anfallenden ungelösten Stoffe 500 kg betragen. Hiermit ist aber erst die Trockenmenge der ungelösten Stoffe gegeben, und die Schlammenge hängt davon ab, mit wieviel Wasser diese Trockenstoffe zu Schlamm vereinigt sind. Bildet sich ein Schlamm mit 95 vH Wasser, dann beträgt die gesamte Schlammenge 10 m³, bei einem Gehalt von nur 90 vH Wasser jedoch nur 5 m³. Der Wasserreichtum des anfallenden Schlammes ist aber von verschiedenen, schwer zu bestimmenden Umständen abhängig, von dem Wasserbindungsvermögen der Schmutzstoffe, von der Eigenart des Abwassers und der gelösten Stoffe, von Wärmeverhältnissen, von der Tiefe der Absetzräume u. a. m. Hierbei sind einfache Absetzverfahren gemeint, bei Fällungsverfahren sind die Schlammengen an und für sich bedeutend größer. Um sich über die zu erwartenden Schlammengen Rechenschaft zu geben, genügt es daher nicht, die Gewichtsmenge der ungelösten Stoffe im Abwasser zu ermitteln, sondern es gehört dazu noch eine längere Beobachtung und Untersuchung des aus dem Abwasser der betreffenden Stadt entstehenden Schlammes. Wenn derartige eingehende, über eine längere Zeit sich erstreckende Beobachtungen nicht möglich sind, muß der Ausweg beschritten werden, die Erfahrungen in Kläranlagen anderer Städte mit ähnlichen Abwasserverhältnissen zu verwerten.

Wenn nun in unserem Beispiel 10 m³ Schlamm von 95 vH Wassergehalt täglich anfallen, und wenn wir die Lagerung dieses Schlammes im Schlammfaulraume mit 60 Tagen annehmen, so zwar, daß nach dieser Zeit der Schlamm nur 80 vH Wasser enthält, seine Menge daher auf 2½ m³ zusammengeschrumpft ist, so gestaltet sich die Bemessung des Schlammraumes wie folgt:

60 Tage zu 10 m³ . . . . = 600 m³
ab 60 Tage Schlammschwund zu
    7½ m³ . . . . = 450 „
                        Verbleibt 150 m³.

Da aber am 60. Tage noch nicht der ganze im Schlammraume befindliche Schlamm sich auf 80 vH vermindert hat, sondern vom 60. Tage an jeden Tag Schlammanteile vorhanden sind, deren Wassergehalt zwischen 95 vH und 80 vH liegt, so käme für den Schlammraum etwa die Mittelzahl zwischen 150 und 600, also 375 m³ in Betracht, vorausgesetzt, daß nach dem 60. Tage jeden Tag 2,5 m³ ausgefaulten Schlamm

abgelassen werden, um für die zukommenden 10 m³ frischen
Schlamm Raum zu schaffen. Da dies aber in der Regel nicht
möglich sein wird, der Schlamm aus Faulräumen vielmehr in
längeren Zeitabständen herausgeholt wird, so muß die Schlamm-
raumabmessung weiter erhöht werden. Wie groß schließlich
der Schlammraum sein muß, hängt von der Eigenart und
Wirksamkeit des betreffenden Schlammausfaulverfahrens sowie von den örtlichen Möglichkeiten der weiteren Schlammunterbringung ab. Das angeführte Beispiel soll lediglich
zeigen, daß in Absetzanlagen, in denen der Schlamm nicht in
ganz kurzen Zeitabständen im frischen Zustande ausgelassen,
sondern der Ausfaulung unterworfen wird, für die Schlammfaulräume bedeutend größere Abmessungen in Frage kommen
als für die Absetzräume. Beim Herausbringen des frischen
Schlammes in kurzen Zeitabständen werden Schlammfaulräume
entsprechender Größe außerhalb der Klärbecken erforderlich.

In ähnlicher Weise erfolgt die Berechnung der Sandfänge, Nachklärbecken der biologischen Körper,
Schlammsümpfe, kurz sämtlicher zur Aufnahme von
Abwasser und Schlamm dienender Behälter. Stets handelt es
sich darum, zu ermitteln, welche Massen diese in bestimmten
Zeiträumen aufzunehmen haben, und welche Veränderungen
mit ihrem Inhalt vor sich gehen werden. Stets muß zu den ge-
fundenen Zahlen für die einzelnen Raumgrößen eine „Sicherheitszahl" zugeschlagen werden, um allen Möglichkeiten zu begegnen.

Die Berechnung der für Schlammentwässerungs-
beete erforderlichen Flächen ist einfach, sobald erst feststeht,
welche Schlammengen zu trocknen sein werden. Will man
z. B. ausgefaulten Schlamm auf Sickerflächen in Schichten
von 20 cm Höhe entwässern, und nimmt man eine Trock-
nungszeit von höchstens 30 Tagen an, so gestaltet sich bei einer
anfallenden Menge von 25 m³ ausgefaulten Schlammes in
30 Tagen die Rechnung wie folgt:

$$1 \text{ m}^3 \text{ in } 20 \text{ cm Höhe erfordert an Fläche} \quad 5 \text{ m}^2,$$
$$25 \text{ „ „ } 20 \text{ „ „ „ „ „ } 125 \text{ m}^2,$$

d. i. eine Fläche von 12½ m Länge und 10 m Breite.

Nun zur Berechnung der Ausmaße biologischer Körper.
Bei der Berechnung der Füll- und Tropfkörper sowie
Tauchkörper setzt man die Menge des zu reinigenden Ab-

wassers in Kubikmetern, in Verhältnis zu der erforderlichen Menge Brockenmaterial, ebenfalls in Kubikmetern. Die Menge des Abwassers, die 1 m³ Material in gewisser Zeit reinigen soll, bildet die „Belastung" des biologischen Körpers.

Die dem Material zuzumutende Belastung hängt nun, gute Beschaffenheit dieses Materials und richtige Konstruktion des Körpers vorausgesetzt, von der Verschmutzung des Abwassers ab. Namentlich ist es sehr wesentlich, ob das Abwasser für die biologische Behandlung gut vorgereinigt ist, d. i. die ungelösten Stoffe weitgehend herausgefangen worden sind. Gut vorgereinigtes Abwasser mit nur wenig Schwebestoffen gestattet eine höhere Belastung der biologischen Körper als ein minder gut gereinigtes, das Material rasch verschlammendes. Die Belastung ist auch im gewissen Grade von den Jahreszeiten abhängig, da im Sommer die biologischen Vorgänge lebhafter verlaufen als in der kühlen Jahreszeit.

Die Feststellung der für ein bestimmtes Abwasser erforderlichen Materialmengen für die biologische Reinigung kann auf Grund von Reinigungsversuchen erfolgen, indem man die Belastungen stufenweise durchprobiert, bis man eben das richtige Verhältnis von Abwassermenge zu Materialmenge findet. Aus den jedoch bereits vorliegenden zahlreichen Erfahrungen für städtische Abwässer und verschiedenes Brockenmaterial kann man für den gegebenen Fall eine Auswahl treffen und die Annahme durch einige Versuche nachprüfen und berichtigen.

Während Absetzanlagen zur Aufnahme eines Mehrfachen des Trockenwetterabflusses eingerichtet zu werden pflegen, ist es bei biologischen Anlagen nicht nötig soviel Regenwasser mitzureinigen, da in der Regel stark verdünntes Mischwasser aus Abwasser und Regen, sobald es entschlammt ist, kaum noch faulen kann und daher mit Rücksicht auf den Vorfluter häufig unbedenklich erscheint. Hierzu kommt, daß dünneres Abwasser geringere Ansprüche an die Reinigungskraft der biologischen Körper stellt als dickes. Die Belastung des Körpers mit dünnem Abwasser kann daher höher gehalten werden als mit dickem. Man kann bei Regenwetter eine größere Menge Abwasser in derselben Zeit in den biologischen Körpern reinigen, indem man einfach die Verteilungsvorrichtungen in rascherer Folge arbeiten läßt bzw. die Ruhepausen des Körpers kürzt. Unter den obigen Gesichtspunkten kann man wohl annehmen, daß die Bemessung der biologischen Körper für die 1½ fache Trockenwetterzuflußmenge zumeist ausreichen wird.

Für Füllkörper, die erfahrungsgemäß nach nicht zu langer Zeit verschlammen und dann zum Zwecke der Reinigung des Materials ausgeschaltet werden müssen, muß eine gewisse Reserve vorgesehen werden, um den Betrieb ungeschmälert aufrecht erhalten zu können. Diese Reserve dürfte für Füllkörper mit einem Drittel nicht zu hoch bemessen sein. Für Tropfkörper, bei denen ja die Schlammstoffe laufend ausgespült werden, erscheint eine Reserve nicht unbedingt erforderlich. Indessen wird es zweckmäßig sein, eine solche in geringem Umfange auch bei Tropfkörpern vorzusehen, um für alle Fälle gerüstet zu sein.

Hätten nun z. B. Versuche ergeben, daß zur Reinigung von 1 m³ Abwasser auf Tropfkörpern in 24 Stunden 1 m³ Schlackenmaterial erforderlich sind, so würde sich die Rechnung für 1000 m³ Abwasser im Tage etwa wie folgt gestalten:

1000 m³ Abwasser Trockenwetterabfluß erfordern	1000 m³ Schlackenmaterial,	
500 „ Regenabfluß „	200 „	„
Reserve (reichlich bemessen)	300 „	„
1500 m³ erfordern zusammen	1500 m³ Schlackenmaterial.	

Nun baut man z. B. aus den 1500 m³ Schlacke 5 Tropfkörper auf, indem man den Betrieb so plant, daß 4 Tropfkörper ständig Abwasser reinigen und 1 zur Reinigung, Ausbesserung der Verteilungsvorrichtungen oder aus sonstigen Gründen ausgeschaltet ist[1]. Jeder der Tropfkörper erhält dann also 300 m³ Schlacke. Angenommen die Tropfkörper wären rund (also z. B. mit Drehsprengern betrieben) und 1 m 80 cm hoch, von der Form eines abgestumpften Kegels, so würde der Durchmesser der Grundfläche dieses Kegels rd. 15½ m, der

---

[1] Auch der Reservetropfkörper wird jedoch zeitweise oder mit beschränkter Belastung im Betriebe zu halten sein, damit er im Bedarfsfalle rasch auf die volle Belastung eingearbeitet werden kann.

Durchmesser der oberen Fläche rd. 14 m betragen. In Anbetracht des etwas breiter ausladenden Unterbaues und der um den Fuß des Tropfkörpers umlaufenden Sammelrinne, ergibt sich für jeden Tropfkörper ein Bedarf von rd. 300 m² Grundfläche. Rechnet man dazu noch halbmal soviel Gelände für Abstände zwischen den Tropfkörpern, Wege usw., so würde diese Anlage für die 10 Tropfkörper allein rd. 2300 m² Gelände, d. i. etwas weniger als $^1/_4$ ha, beanspruchen.

Bei der Berechnung der Becken für Behandlung des Abwassers mit belebtem Schlamm ist die Menge des Abwassers, die erforderliche Belüftungsdauer, sowie die Menge des anzuwendenden belebten Schlammes zu berücksichtigen. Außerdem hängen die Raummaße aber auch von dem gewählten System ab (ob einfache Preßluftbehandlung oder mechanische Zusatzeinrichtungen, wie Paddeln, Wurfkreisel, Bürstenwalzen usw. vgl. S. 154 ff.). Bei Annahme von Belüftungsbecken ohne mechanische Zusatzeinrichtungen, in denen die Luft von der Sohle aus durch Filterplatten eingepreßt wird (das ursprüngliche, besonders in Gestalt der Hurdbecken (s. S. 155, Abb. 80) meist angewendete Verfahren), wird die Berechnung etwa wie folgt aussehen. Die zuvor gut geklärte Abwassermenge betrage 300 l/s (d. i. 25900 m³/Tag) und zur Reinigung sei bei Zusatz von soviel Rücklaufschlamm, daß der Gehalt an den wirksamen Flocken im Becken 15 Raum-vH der anwesenden Wassermenge beträgt, eine 6 stündige Belüftung (Druckluftbehandlung) erforderlich, wobei auf je 1 m³ des Abwasser-Flockenschlammgemisches 10 m³ Luft (angesogene Luft) durch den Beckeninhalt gedrückt werden sollen.

Da der Rücklaufschlamm alsbald nach dem Absetzen zurückgepumpt wird, bevor die Flocken sich noch verdichten konnten, so pflegt diese Flüssigkeit dem Rauminhalt nach etwa doppelt soviel zu betragen, wie der nach 1 Stunde abgesetzte Flockenbrei, dessen Menge gemeint ist, wenn man von seinem Verhältnis zu der zu reinigenden Abwassermenge spricht. Nun bildet sich aber während der Belüftung eine gewisse Menge zusätzlichen belebten Schlammes, während andererseits auch eine gewisse Menge der Verzehrung unterliegt und verschwindet. Die Verhältnisse ändern sich von Fall zu Fall und müssen durch Versuche geklärt werden, wobei man schließlich am sichersten die Mengenverhältnisse Abwasser: Belebtschlamm auf den Gehalt an organischer Trockenmasse bezieht. Angenommen nun, daß es sich erwiesen hätte, daß es genügt, 80 l/s dünnen Rücklaufschlamm in den Zulauf zum Belüftungsbecken zu pumpen, so erhöht sich der sekundliche Zufluß auf 380 l/s oder 1370 m³/h. Für 6 stündigen Aufenthalt in Belüftungsbecken kommt also ein Fassungsraum derselben von rd. 8200 m³ in Betracht. Wegen Unzuverlässigkeit betr. Zusammensetzung des Rücklaufschlammes, Konzentration des Abwassers usw., wird man wohl mindestens 20% Sicherheit zuschlagen, so daß schließlich insgesamt etwa rd. 10000 m³ Beckenraum erforderlich werden. Wählt man Becken von 5 m Breite und eben soviel Tiefe, dann sind 4 Becken zu je 100 m Länge erforderlich, um als „Belebungsbecken" das Abwasser zu reinigen. Der quadratische Querschnitt der Becken wird gewählt, wenn mittels der seitlichen Luftzuführung nach Hurd das Umwälzen des Wassers angestrebt wird. Tiefer als 5 m werden Belüftungsbecken dieser Art in der Regel nicht gebaut, weil die Kosten für die Luftzusammenpressung bei erhöhtem Wasserwiderstand zu hoch werden und auch andere Nachteile sich ergeben würden, auf die hier nicht näher eingegangen werden kann.

Eine besondere Raumreserve für die Erhöhung der Abwassermenge bei Regenwetter kommt für Belebungsbecken nicht in Betracht. Bei Regenwasseranfall wird sich die Aufenthaltszeit des (dünneren) Abwassers im Becken entsprechend verkürzen. Über eine gewisse Verdünnung hinaus wird man aber das Abwasser nicht durch die Belebungsbecken leiten können, weil sich eine Verschiebung des gesamten biologischen Zustandes, des Flockenschlammgehaltes usw., im Beckeninhalt ergeben könnte, die die Wirkungsweise der Anlage erheblich zu stören geeignet wäre. Bei Belebtschlammanlagen wird daher zur Schonung der Vorflut eine Regenwasserkläranlage besonders der Art wie in Abb. 47 dargestellt, sehr am Platze sein.

Der Luftbedarf für eine Belebtschlammanlage nach obigem Beispiel wird 3,8 m³/s, d. i. rd. 330000 m³ in 24 Stunden betragen. Von entsprechender Leistungsfähigkeit wird demgemäß der Luftverdichter zu wählen sein. Bei Nacht wird

wegen der geringen Abwassermenge und dünnerem Abwasser
in der Regel weniger Luft eingeblasen werden dürfen. Unter
eine gewisse Grenze darf aber die Luftzufuhr auch bei Nacht
nicht herabgesetzt werden, weil sonst die Flocken nicht mehr
in Schwebe bleiben, sondern sich absetzen würden und in
Fäulnis übergehen könnten.

Bei der Landbehandlung, also Rieselfeldern, Bodenfiltration, Untergrundrieselung, handelt es sich im wesentlichen
darum, die erforderlichen Flächen festzustellen. Dies ist einfach, sobald man weiß, wieviel des betreffenden Abwassers sich
auf einer Flächeneinheit des Bodens reinigen läßt, bzw. wieviel
Abwasser für eine bestimmte Bodenfläche zur Erzielung des
gewünschten landwirtschaftlichen Erfolges erforderlich ist.

Bei der Berechnung der Kläranlagen für städtische Abwässer ist es zweckmäßig und üblich, die anfallenden Ab-
wasser- und Schlammengen sowie die Bemessungen der einzelnen Einrichtungen, schließlich auch die Ermittelung der
Kosten der Anlage und des Betriebes, auf die Anzahl der an
die Kläranlage mittels der Kanalisation angeschlossenen Einwohner zu beziehen. Man findet dann, wieviel für jeden einzelnen Einwohner Abwasser und Schlamm anfällt, wie groß
die Absetz-, Schlamm- usw. -räume sein müssen, wieviel Liter
Material der biologischen Körper für den Kopf erforderlich
sind, wieviel jeder Einwohner für den Grunderwerb und für
den Bau der Kläranlage einmalig zu bezahlen, und wieviel er
jährlich für die Kosten des Betriebes usw. beizusteuern hat.
Die Ermittelung sämtlicher in Betracht kommender Zahlen
für den Kopf der angeschlossenen Bevölkerung gestattet die
Erfahrungen, die man an einem Orte macht, für andere Städte
in klar faßlicher Weise nutzbar zu machen, Erweiterungen
von Kläranlagen bei Bevölkerungszuwachs unter Zugrunde-
legung dieses Zuwachses einfach zu berechnen, sowie schließlich eine gerechte Kostenverteilung vorzunehmen.

Grobe Fehler können jedoch begangen werden, wenn
der planende Ingenieur seinen Entwürfen lediglich die
angeschlossene Kopfzahl zugrunde legt und neben einer Reihe
anderer, örtlich bedingter Faktoren, vor allem die chemische
Zusammensetzung des Abwassers, d. i. Menge, Art und Verhalten der in der Flüssigkeit enthaltenen Stoffe nicht gebührend

berücksichtigt. Denn abgesehen davon, daß die soziale Schichtung und die damit, sowie mit den klimatischen Verhältnissen in Verbindung stehende Ernährungsweise der Bevölkerung, auch die Art des Trink- und Brauchwassers, auf die Beschaffenheit des Abwassers von Einfluß ist, üben die Abläufe etwaiger an das Sielnetz angeschlossener Gewerbe, die nicht ohne weiteres zur Kopfzahl der Bevölkerung in Beziehung gebracht werden können, auf die Menge und Beschaffenheit des Abwassers oft einen entscheidenden Einfluß aus. Fehlen daher beim Entwurf einer Kläranlage ausreichende Unterlagen betreffend die wahre Menge und die Zusammensetzung des Abwassers, besonders auch darüber, wie die gewerblichen Abläufe nach Vermischung mit dem häuslichen Abwasser sich hinsichtlich der Schlammbildung, der Fäulnisfähigkeit u. a. m. auswirken dürften, dann können nach Inbetriebnahme der fertigen Anlagen unangenehme Überraschungen vorkommen, die schon die erwartete Wirkung so mancher Kläranlage geschmälert, mitunter auch ganz vereitelt haben.

In einer schwierigen Lage befindet sich allerdings der Ingenieur, wenn er eine Kläranlage entwerfen und berechnen soll, noch bevor das Abwasser gegeben ist, also wenn z. B. für eine im Entstehen begriffene oder erst geplante Siedlung, nebst der Kanalisationsanlage auch die Kläranlage gebaut, oder eine Stadt, die bis dahin den Inhalt der Abortgruben abfahren ließ, nunmehr zur Schwemmkanalisation überzugehen wünscht, dies aber mit Rücksicht auf die Reinhaltung des Vorfluters die Errichtung einer Kläranlage voraussetzt. Muß in solchen Fällen die Kläranlage ohne Kenntnis der wahren Menge und der Zusammensetzung des Abwassers, gewissermaßen ,,blind" entworfen werden, so erscheint es ratsam, den Entwurf zunächst so einfach wie möglich zu halten, damit später Berichtigungen und Erweiterungen leicht ausführbar sind und ihn auf den mechanischen Teil der Anlage, d. i. auf die Zurückhaltung der ungelösten Stoffe (des Schlammes) zu beschränken, den biologischen Teil aber, (sofern im Hinblick auf die Vorflut eine biologische Reinigung in Betracht kommen sollte), einem späteren Entwurf vorzubehalten, wenn nach Inbetriebnahme der Entschlammungsanlage die Menge und Beschaffenheit der biologisch zu reinigenden Flüssigkeit bekannt sein wird. Erscheint es aber unzulässig, das lediglich vorgeklärte Abwasser ohne weitere Reinigung solange in den Vorfluter einzuleiten, bis die biologische Anlage erbaut ist und in Betrieb genommen werden kann, dann wird wohl in den meisten Fällen ein Ausweg durch Anwendung der Chlorung (vgl. S. 182) gefunden werden können. Es werden allerdings dem vorgeklärten städtischen Abwasser je nach seinem Verschmutzungsgrad und der Wasserführung des Vorfluters etwa 10—30 g/m³ Chlor zugesetzt werden müssen, um die Fäulnisfähigkeit des Abwassers zu beseitigen bzw. genügend lange hinauszuschieben; doch dürften die Kosten eines solchen Zwischenverfahrens sich immerhin billiger erweisen als diejenigen, zu welchen eine wegen Unkenntnis der Abwasserbeschaffenheit verfehlte biologische Anlage schließlich führen könnte.

Außer des Raumbedarfes für die einzelnen Kläranlagenbauwerke nach Flächen und Rauminhalt und der sich hieraus ergebenden Kosten für Grunderwerb, Baumaterial, Erdbewegungen, Bauausführungen usw., werden auch in jedem Falle mehr oder weniger umfangreiche Berechnungen des Kraftbedarfes für Betrieb der in Betracht kommenden Maschinen, wie Pumpen, Schlammkratzer, Luftverdichter (Kompressoren), Förderanlagen usw. erforderlich. Auf neuzeitlichen Kläranlagen wird der Kraftbedarf meist durch zentrale Elektrizitätswerke gedeckt, und es werden auf den Kläranlagen zum Betrieb der einzelnen Maschinen elektrische Motore angeordnet. Seitdem aus Schlammfaulräumen brennbares Gas gewonnen wird (s. S. 212), benutzt man dieses im steigenden Maße, um damit Gasmaschinen zu betreiben, die die Kraft zum Betriebe der Arbeitsmaschinen liefern. Hierbei wird meist die Gasmaschine mit einem Elektrogenerator gekuppelt, der den Strom erzeugt, der dann zum Betriebe der einzelnen Motore dient (vgl. Abb. 113).

Die Berechnung des Kraftbedarfes und der mechanischen Anlagen bildet einen Bestandteil der Maschineningenieurkunde und kann hier nicht näher behandelt werden.

Hauskläranlagen erfordern auf den Kopf gerechnet unverhältnismäßig mehr Grundfläche als Kläranlagen der Städte. Es wurde jedoch schon erwähnt, daß dieser Umstand

weniger in Gewicht zu fallen pflegt. Die für Untergrund-
berieselung erforderlichen Flächen gehen nicht verloren, ihr
Nutzungswert für Pflanzenbau wird im Gegenteil erhöht.

Beispiele für Bemessungen von Kläranlagen enthält Imhoffs „Taschenbuch der Stadtentwässerung" (Verlag R. Oldenbourg, München, VI. Aufl. 1932, S. 131 ff.).

XXXII. Messungen und Untersuchungen im täglichen Betriebe städtischer Kläranlagen.

Zum Verständnis der Kläranlagen und ihres Betriebes
dürfte es von Nutzen sein, zum mindesten diejenigen Messungen und Prüfungsverfahren kennenzulernen, die im täglichen Betriebe zur Kontrolle der Wirkungsweise der Kläranlage dienen und die Möglichkeit an die Hand geben, etwaige
Betriebsunregelmäßigkeiten zu erkennen und Übelstände ab-
zustellen. Untersuchungen höherer Art, zu denen gründliche
wissenschaftliche Vorkenntnisse gehören, sollen hier nicht
erst beschrieben werden, da sie in Händen von Laien wertlos
sind und unter Umständen zu groben Irrtümern führen
können.

Zunächst ist die Messung der ankommenden Abwassermengen von Belang. Um zu ermitteln, wieviel Maß-
einheiten Wasser in einer Zeiteinheit zufließen, müssen bekannt
sein: Profil des Gerinnes, in dem das Wasser fließt, soweit es
vom durchfließenden Wasser erfüllt ist, d. i. der „benetzte
Querschnitt" und die Geschwindigkeit des Wassers beim
Durchströmen dieses Querschnittes, d. i. die Weglänge die
ein Wasserteilchen in einer Zeiteinheit in dem Gerinne zu-
rücklegt. Der benetzte Querschnitt, vervielfacht mit der
Geschwindigkeit, ergibt die Wassermenge in der Zeiteinheit.
Wenn z. B. in einem Gerinne mit rechteckigem Profil, das 1 m
breit ist, der Wasserspiegel 50 cm hoch steht, so beträgt der
benetzte Querschnitt des Wassers an dieser Stelle 0,5 m².
Fließt nun das Wasser durch dieses Profil mit einer Geschwindigkeit von z. B. 1 m in der Sekunde, so beträgt der
Wasserzufluß $1 \cdot 0,5 = 0,5$ m³ in der Sekunde. Die Er-
mittlung des benetzten Querschnittes ist auch bei

runden oder unregelmäßigen Profilen einfach, sie setzt nur die Kenntnis der Flächenmessung voraus. Eine Schwierigkeit ergibt sich jedoch dadurch, daß in Abwasserkanälen der benetzte Querschnitt nur selten kurze Zeit ganz gleich bleibt, da die Höhe des Wasserstandes im Gerinne zu schwanken pflegt. Es bleibt demnach nichts übrig, als eine größere Anzahl von Messungen der jeweiligen benetzten Querschnitte und der Geschwindigkeiten vorzunehmen und aus den erhaltenen verschiedenen Zahlengrößen das Mittel zu ziehen. Die Bestimmung der Geschwindigkeit ist besonders schwierig, weil das Wasser nicht durch den ganzen Querschnitt mit gleichmäßiger Geschwindigkeit fließt, vielmehr durch Reibungswiderstände an den Wänden des Gerinnes sowie durch andere mechanische, hier nicht näher zu erörternde Einflüsse, Verzögerungen erleidet, die sich oft sehr ungleichmäßig über den Querschnitt verteilen. Eine nur ungefähre Geschwindigkeitsmessung kann vermittelst des Schwimmers ausgeführt werden, d. i. eines beliebigen im Wasser schwimmenden und über den Wasserspiegel hinausragenden Gegenstandes, z. B. eines unten beschwerten Holzstäbchens. Es wird im Gerinne eine Schwimmbahn abgesteckt, so zwar, daß der ausgemessene Querschnitt genau in der Mitte der Strecke zu liegen kommt, und es wird nun mit der Stoppuhr in der Hand beobachtet, welche Zeit der Schwimmer braucht, um die abgesteckte Strecke zurückzulegen. Man wiederholt die Messung mehrmals, unter gleichzeitiger Nachprüfung der Höhe des Wasserstandes im Profil und läßt den Schwimmer nach Möglichkeit nicht nur in der Mitte des Wasserstromes, sondern auch eine gleiche Anzahl von Schwimmtouren rechts und links der Mittellinie, in gleichen Abständen von letzterer ausführen, wobei das Mittel aus den drei verschiedenen Gesohwindigkeiten gezogen wird. Von dieser Mittelzahl muß noch ein Bruchteil für die Verzögerungen durch Reibungswiderstände, die auf den Schwimmer ohne Einfluß sind, abgesetzt werden. Der abzusetzende Bruchteil hängt von der Form des Profiles, vom Gefälle des Gerinnes und vom Material ab, aus dem das Gerinne erbaut ist, oder vielmehr von der Rauhigkeit der Wandungen. Je tiefer das Profil, glatter die Wandungen und besser das Gefälle, desto geringer ist die

Verzögerung der Geschwindigkeit, desto weniger ist von der festgestellten Schwimmergeschwindigkeit abzuziehen.

Es geht aus dem Gesagten hervor, daß zur Messung der Wasserzuflußmengen durch Schwimmermessungen, Übung und Erfahrung gehört, will man nicht zu groben Irrtümern gelangen. Das folgende Beispiel gibt nur einen einfachen Fall wieder:

Es sei zu ermitteln, wieviel Wasser in der Zeit von 13 bis 14 Uhr ein rechteckiges Profil von 60 cm Breite durchfließt. Wir stecken die Schwimmerbahn 10 m lang ab und befestigen am 5ten m, also genau in der Mitte, einen in Zentimeter geteilten Holzstab, „Pegel" genannt, an der Seite senkrecht im Wasser, so daß wir jederzeit die Höhe des Wasserstandes ablesen können. Den Schwimmer setzen wir jedesmal 1 m vor dem Anfang der Meßstrecke ins Wasser, gehen am Ufer des Gerinnes mit dem Schwimmer mit, beobachten genau den Zeitpunkt (am besten mit einer Sekundenstoppuhr, die auch Bruchteile einer Sekunde angibt), wann der Schwimmer den Anfangspunkt der Meßstrecke durchschwimmt, vermerken dann beim Weitergehen, in demselben Augenblick, als der Schwimmer am Pegel vorbeischwimmt, die Höhe des Wasserstandes und schließlich den Zeitpunkt des Durchschwimmens des Endpunktes der Meßstrecke, worauf wir den Schwimmer aus dem Wasser herausfischen. Wir lassen den Schwimmer je einmal in der Mitte (M), einmal zwischen Mitte und rechtem Ufer (R) und einmal zwischen Mitte und linkem Ufer (L) schwimmen und ziehen das Mittel aus diesen drei Messungen: Die Ergebnisse unserer Messungen stellen wir in einer Tafel zusammen (S. 242).

Von der Mittelzahl = 0,918 m³/s (s. Tafel) setzen wir nun schätzungsweise für die Verminderung der Wassermenge durch nicht gemessene Reibungswiderstände[1] 10 vH ab, d. h. vervielfachen mit 0,9. Wir erhalten dann 0,918 · 0,9 = 0,826 m³/s bzw. in einer Stunde 0,826 · 3600 = rd. 2974 m³/st, die in der Zeit von 13—14 Uhr durch den gemessenen Querschnitt flossen. Wie aus der Tafel ersichtlich, schwankte während dieser Zeit die durchfließende Wassermenge beträchtlich;

---

[1] Die Berechnung der für Reibungswiderstand usw. abzusetzenden Wassermengen wird durch Krummentafeln erleichtert, z. B. in Imhoffs „Taschenbuch".

Ergebnisse einer Schwimmermessung.

Zeitpunkt der Messung Uhr	Höhe des Wasserstandes cm	Hieraus berechnet der benetzte Querschnitt im 60 cm breiten Gerinne m²	Im Mittel m²	Schwimmermessung: Die 10-Meterstrecke wurde zurückgelegt in Sekunden R	M	L	Im Mittel:	Geschwindigkeit in der Sekunde m	Die in 1 Sekunde durchfließende Wassermenge betrug m³/s
13	0,38	0,228		52	50	48			
13⁰⁵	0,40	0,240	0,240				50	10:50 = 0,200	0,240 · 0,200 = 0,480
13¹⁰	0,42	0,252							
13¹⁵	0,44	0,246		49	43	40			
13²⁰	0,46	0,276	0,280				44	10:44 = 0,227	0,280 · 0,227 = 0,636
13²⁵	0,50	0,300							
13³⁰	0,55	0,330		31	22	25			
13³⁵	0,62	0,372	0,354				26	10:26 = 0,385	0,354 · 0,385 = 1,363
13⁴⁰	0,60	0,360							
13⁴⁵	0,59	0,354		27	29	31			
13⁵⁰	0,58	0,348	0,346				29	10:29 = 0,345	0,346 · 0,345 = 1,194
13⁵⁵	0,56	0,336							

Im Mittel   0,918 m³/s

sie war am geringsten um 13 Uhr und am höchsten um 13 Uhr 35 Min., worauf sie wieder stetig fiel.

Die Wassermessung mittels Schwimmers kann, wie bereits erwähnt, nur in den Händen eines geübten und erfahrenen Beobachters zuverlässige Ergebnisse liefern. Immerhin ist sie, da verhältnismäßig einfach ausführbar, in vielen Fällen geeignet, die Wassermengen wenigstens annähernd zu bestimmen.

Bequemer wird die Messung, wenn man das im Gerinne ankommende Wasser in einem Behälter von bekanntem Inhalte aufnimmt und die Zeit vermerkt, die nötig ist, um den Behälter zu füllen. Derartige Messungen eignen sich jedoch nur für kleine Wassermengen. Gewisse Verteilungsvorrichtungen, z. B. Kippmulden für Tropfkörper, können zugleich zu Wassermessungen nach diesem Grundsatz verwendet werden.

Genaue Messungen der in verschieden profilierten Kanälen, offenen Gerinnen, Bächen und Flüssen sich bewegenden Wassermengen erfordern wissenschaftliche Arbeit unter Benutzung eigens dazu gebauter Geräte. Hierauf kann in diesem Buche nicht näher eingegangen werden. Wenn es darauf ankommt, z. B. in großen Kläranlagen die ankommenden Wassermengen stets genau zu erfahren, so pflegen an geeigneten Stellen der Zulaufgerinne Pegelapparate mit Uhrwerk und selbsttätiger Aufzeichnungsvorrichtung angebracht zu werden, die die Wasserstandswechsel im Zeitraum von 24 Stunden angeben. Aus dem bekannten benetzten Querschnitt bei jeder Wasserstandshöhe und den ein- für allemal an den Meßstellen sorgfältig ermittelten Reibungsverzögerungen, ist die in jedem Zeitpunkt durchfließende Wassermenge einfach zu berechnen, bzw. aus der für jede Wasserstandshöhe ausgerechneten Tafel sofort abzulesen.

Von den die Beschaffenheit des Abwassers betreffenden Untersuchungen wird vor allem der Gehalt des Abwassers an ungelösten Stoffen regelmäßig sowohl im rohen Abwasser, als auch in den geklärten, bzw. biologisch gereinigten Abläufen zu prüfen sein, und zwar wird sich diese Prüfung nur auf Feststellung der Menge der absetzbaren Stoffe beschränken, während die Gesamtmenge der Schwebestoffe meist in einer wissenschaftlichen Untersuchungsstelle

16*

bestimmt wird. Es ist nun nicht einerlei, ob man die Messung des Gehaltes an absetzbaren Schwebestoffen vornimmt, um zu ermitteln, wie lange die Absetzzeit sein muß, um diese Stoffe möglichst vollständig abzuscheiden, also z. B. als Unterlage zur Bemessung der Absetzräume vor Errichtung einer Kläranlage, oder ob man die Absetzwirkung einer bereits im Betriebe befindlichen Kläranlage feststellen will. Im ersten Falle verfolgt man das Absetzen der Sinkstoffe bis zu dem Zeitpunkt, nach dem sichtlich weitere Abscheidungen in keinem Verhältnis zur Zeitverlängerung stehen und vermerkt zugleich die Mengen der in den einzelnen Zeitspannen abgesetzten Schwebestoffe (vgl. S. 222), im zweiten Falle mißt man im Rohwasser (Zulauf) die Menge der Sinkstoffe, die sich in einem gewissen Zeitraum, der größer zu wählen ist als die Absetzzeit in der Kläranlage, absetzt und stellt dann im geklärten Abwasser (Ablauf) die Menge des Bodensatzes fest, der sich in der gewählten Zeit, vermindert um die Dauer der Klärung, abgesetzt hat. Wenn z. B. die Klärzeit auf 2 Stunden bemessen ist, so mißt man im Zulauf die in 3 Stunden abgesetzten Stoffe und im Ablauf die in 3 weniger 2, also in einer Stunde sich noch absetzenden Reste. Der Unterschied zwischen den beiden Messungen ergibt die Klärwirkung, d. i. die Menge der in den Schlamm übergegangenen, ungelösten Stoffe.

Nun sei aber gleich darauf hingewiesen, daß bei Beurteilung der Wirkungsweise einer Absetzanlage es mit Rücksicht auf den Vorfluter gleichgültig ist, wieviel Schwebestoffe im Zulauf enthalten sind, sondern es einzig und allein darauf ankommt, daß im Ablauf die Menge der absetzbaren Schwebestoffe nur noch sehr gering ist. Bei dünnem Abwasser, das wenig Schwebestoffe enthält, wird die Unterschiedszahl des Schwebestoffgehaltes zwischen Zulauf und Ablauf stets niedrig sein, da nur wenig Schlamm abgeschieden werden kann, bei dickem schwebestoffreichem Abwasser aber hoch, da viel Schlamm zur Abscheidung gelangt, ohne daß in dem einen wie in dem anderen Falle die niedrige, bzw. hohe Wirkungszahl von der Bauweise der Absetzbecken abzuhängen braucht. Die Messung der absetzbaren Schwebestoffe im Zulauf und im Ablauf hat demnach lediglich den Zweck, die zur Abscheidung gelangenden Schlammengen zu überblicken. Handelt es sich jedoch nur darum, zu prüfen, ob die Absetzanlage ausreichend klärt, so genügt es festzustellen, ob aus den geklärten Abläufen nach einer willkürlich zu wählenden Zeit, z. B. nach 2 Stunden, noch nennenswerte Mengen ungelöster Stoffe zur Abscheidung gelangen.

Werden beispielsweise in einer Absetzanlage an einem Tage, an dem dickeres Abwasser ankommt, im Zulauf 15 cm³, im Ablauf 1,5 cm³ absetzbare Schwebestoffe im Liter festgestellt, so beträgt der Wirkungswert $\frac{13,5 \cdot 100}{15} = 90$ vH. Finden wir in derselben Kläranlage an einem anderen Tage, an dem dünneres Abwasser ankommt, im Zulauf nur 4 cm³, im Ablauf 1 cm³ absetzbare Schwebestoffe im Liter, so ist der Wirkungswert nur noch $\frac{3 \cdot 100}{4} = 75$ vH. Trotz des besser geklärten Ablaufes errechnet sich also ein niedrigerer Wirkungswert der Absetzanlage. Es ist klar, daß derartige Wirkungswertrechnungen irreführend sind. Es kommt nur darauf an, daß die Menge der absetzbaren Stoffe im Ablauf möglichst niedrig ist. Von gut wirkenden Absetzanlagen für städtische Abwässer darf man im allgemeinen fordern, daß die Menge der in 2 Stunden in 1 l des geklärten Ablaufes noch absetzbaren Schwebestoffe nicht mehr als ½ cm³ beträgt.

Zur Messung der absetzbaren Schwebestoffe dienen sektglasförmige Gläser von bestimmten Inhalt, z. B. 1 l, oder nach unten zu ausgezogene Glaszylinder, deren zur Aufnahme der abgesetzten Stoffe, des Schlammes, bestimmte Räume mit Einteilung in Kubikzentimeter (bzw. Bruchteile eines Kubikzentimeters) versehen sind. Gleichartige Ausbildung dieser Gläser ist erforderlich, um die Messungen zuverlässig zu gestalten, da bei ungleichen Neigungen der Glaswände oder bei verschiedener Höhe der Gläser, die gemessenen Schlammengen starke Abweichungen aufweisen können. Das Abwasser muß vor der Einfüllung in die Meßgläser, „Absetzgläser", in einer geschlossenen Flasche stark geschüttelt werden, um die gröberen Bestandteile der ungelösten Stoffe zu zertrümmern und fein zu verteilen, da sonst die engen Meßräume durch Klumpen verlegt werden und die Messung erschweren können. Es empfiehlt sich Papierstückchen, Fasern u. dgl. sperrige Stoffe, zuvor aus dem Abwasser herauszufischen. Die einmal für die Absetzmessung gewählten Zeiten müssen für die Folge stets genau eingehalten werden, da sonst infolge des ungleichmäßigen Zusammensackens des Schlammes in verschiedenen Zeiten, Zahlen erhalten werden würden, die miteinander nicht vergleichbar sind.

Abb. 117 u. 118 zeigen zwei Arten Absetzgläser nach Imhoff und nach Spillner.

Abb. 117. Absetzgläser
nach Imhoff.

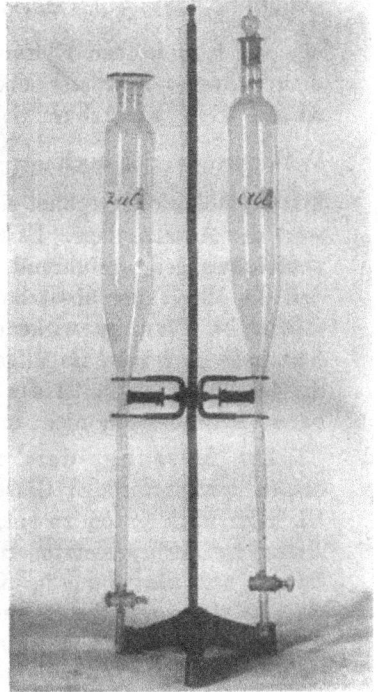

Abb. 118. Absetzgläser
nach Spillner.

Oft wird es erwünscht sein, den Zustand des ankommenden Abwassers und des geklärten Ablaufes zu prüfen. Der Zustand des Abwassers kann „frisch" oder „faulig" sein. Die Übergangsstufe zwischen „frisch" und „faulig" bildet

„schales" Abwasser. „Frisch" ist Abwasser, wenn die Tätigkeit der Fäulnisbakterien noch nicht eingesetzt oder doch noch nicht nennenswert vorgeschritten ist. In diesem Zustande enthält das Abwasser noch gelösten Sauerstoff aus dem ursprünglichen Reinwasser. Es weist wohl den dumpfen, faden Geruch der Kanalwässer auf, nicht aber den ekelerregenden Gestank nach faulen Eiern, der dem fauligen Abwasser eigen ist. Die Farbe frischen Abwassers ist in dicker Schicht betrachtet in der Regel hellgrau, oft mit mehr oder weniger bräunlicher Tönung, von der Farbe der zerriebenen Kotmassen. Die schwebenden Stoffe sind, zum großen Teil noch wenigstens, ziemlich scharf begrenzt, d. h. Flüssigkeit und ungelöste Stoffe noch mit freiem Auge deutlich auseinander zu halten.

„Faulig" wird Abwasser, wenn die Tätigkeit der Fäulnisbakterien soweit vorgeschritten ist, daß nach Erschöpfung des gesamten gelösten Sauerstoffes, der die Ausbreitung der Fäulnisvorgänge behindert, die Zersetzung das Abwasser in der ganzen Masse ergriffen hat, d. h. sobald die im Abwasser befindlichen ungelösten und gelösten organischen Stoffe dem biologischen Abbau durch Fäulnisbakterien, unter Entwicklung stinkender Gase, verfallen sind. Fauliges Abwasser fällt ohne weiteres durch den widerwärtigen Geruch auf, der in der Regel schon auf einige Entfernung belästigt. Es ist ferner, im Gegensatz zu frischem Abwasser, stets dunkler bis schwarzgrau gefärbt, und zwar durch fein verteiltes kolloides Schwefeleisen. Dieses entsteht im faulenden Abwasser, infolge der Umsetzung von Schwefelwasserstoff mit gelösten Eisenverbindungen. Schließlich ist, namentlich in schon stark faulendem Abwasser, die Begrenzung zwischen ungelösten Stoffen und der Flüssigkeit verschwommen, da die ungelösten Stoffe sich bereits zum großen Teil im Zustande der Zersetzung und Verflüssigung befinden und an den Oberflächen vielfach schleimige, allmählich in Flüssigkeit übergehende Beschaffenheit aufweisen. Der Gegensatz zwischen frischem und fauligem Abwasser zeigt sich besonders auffallend, wenn man das Abwasser durch Fließpapier von den ungelösten Stoffen abzufiltrieren versucht. Filtriertes frisches Abwasser wird noch, sofern es nicht etwa viel Seifen oder Farbstoffe, Chemikalien oder Fette enthält, recht durchsichtig sein und, abgesehen von einer gelblichen Färbung, doch noch den Eindruck von „Wasser" machen. Filtriertes fauliges Abwasser dagegen ist fast undurchsichtig und von schwärzlich-grauer Farbe, da kolloides Schwefeleisen auch durch dichtes Filtrierpapier durchgeht. Die schleimig-trübe Lösung wird das natürliche Empfinden kaum mehr als „Wasser" bezeichnen.

Es gehört keine lange Übung dazu, um auf Grund der angegebenen Unterscheidungsmerkmale frisches und fauliges Abwasser auseinanderzuhalten. Der Befund durch Nase und Auge kann noch durch folgende einfache Prüfung vervollständigt werden. Das filtrierte Abwasser wird in einem Glaskölbchen über einer Spiritusflamme oder über dem Gasbrenner gekocht, wobei die Halsöffnung des Kölbchens mit einem Stück Fließpapier (Filtrierpapier) bedeckt wird, das zuvor mit einem Tropfen Bleiessiglösung befeuchtet wurde. Das Abwasser wird etwa 2 Minuten im leichten Sieden erhalten. Frisches Abwasser verursacht keine oder nur leichte Bräunung des Fließpapiers, während fauliges Abwasser einen tiefbraunen bis schwarzen Fleck (Schwefelblei) hervorruft.

Ist im Abwasser der gelöste Sauerstoff erschöpft, stinkende Fäulnis jedoch noch nicht eingetreten, so bezeichnet man diesen Zustand als „schal". Schales Abwasser kann noch vor Fäulnis bewahrt werden, wenn durch reichliche Sauerstoffzufuhr, etwa durch Verdünnung mit sauerstoffreichem Wasser oder längere Belüftung, die Widerstandsfähigkeit gegen Angriff der Fäulnisbakterien neu gestärkt wird. Die Erkennung des „schalen" Zustandes des Abwassers ist nur im Zusammenhange mit gewissen wissenschaftlichen Untersuchungen von Bedeutung und erfordert u. a. die Feststellung des Gehaltes an gelöstem Sauerstoff im Wasser. Diese Bestimmung dürfte mittels eines verhältnismäßig einfachen Verfahrens (nach Miller-Bach)[1]), auch vom chemisch nicht Vorgebildetem recht genau auszuführen sein, kann hier jedoch aus Raumgründen nicht näher erläutert werden.

---

[1]) Gerät hiezu samt Lösungen und Beschreibung zu beziehen von W. Feddeler, Labor.-Bedarf, Essen, Wächtlerstr. 39.

Abwasser gut erhaltener Schwemmkanäle mit Anschluß der Kotmassen von Spülaborten soll stets frisch sein. Ist dies nicht der Fall, dann liegt in der Kanalisation offenbar ein Mißstand vor, sei es, daß faulende Schlammassen in den Sielen lagern oder, wie es in bergbaulichen Gebieten vorkommen kann, Teilstrecken von Kanälen infolge Bodensenkungen ihr Gefälle eingebüßt haben und zu Ablagerungen mit anschließender Fäulnis des Abwasserschlammes Anlaß geben. In der Regel pflegt das Kanalwasser dann faulig zu sein, wenn keine direkten Anschlüsse der Spülaborte an die Kanäle vorhanden, sondern die Häuser mit Kotgruben versehen sind, deren Inhalt in fauliger Zersetzung begriffen ist, und die faulige Jauche durch Überlaufrohre in die Kanäle gelangt. Dieser Zustand ist verwerflich; schwemmkanalisierte Städte sollten mit Überläufen versehene Abortgruben nicht dulden.

In Absetzbecken ist der Zustand des Abwassers im Zulauf und im Ablauf zu prüfen. Ist das Abwasser im Zulauf „frisch", so darf es beim Absetzvorgange nicht faulig werden, es muß vielmehr in möglichst unverändert frischem Zustande zum Abfluß gelangen. Ist dies nicht der Fall, dann arbeiten die Klärbecken fehlerhaft, und es muß der Ursache der Anfaulung des Abwassers nachgegangen werden. Eine Ausnahme bildet das Faulverfahren, bei dem die Fäulnis des Abwassers mit Absicht herbeigeführt wird.

In biologischen Reinigungsanlagen jeder Art sind die Abläufe daraufhin zu prüfen, ob sie noch fäulnisfähig sind, da ja biologische Anlagen die Fäulnisfähigkeit des Abwassers beseitigen sollen. Die einfachste und zuverlässigste Prüfungsart des Abwassers auf Fäulnisfähigkeit besteht in der Aufbewahrung von Abwasserproben und Beobachtung, ob und wann diese in stinkende Fäulnis verfallen. In eine $3/4$ bis 1 l fassende Glasflasche (aus weißem Glase) füllt man etwa $1/2$ l Abwasser ein und verkorkt die Flasche. Zwischen Korkstopfen und Flaschenhals klemmt man einen Streifen in Bleiessiglösung getauchten weißen Fließpapiers, derart, daß dieser Streifen frei in den Luftraum der Flasche über dem Abwasser hineinragt. Man vermerkt auf der Flasche den Tag, an dem das Abwasser eingefüllt wurde und läßt sie an einem mäßig warmen

Orte möglichst im Dunklen stehen. Jeden Tag wird nun durch Geruch geprüft, ob Fäulnis eingesetzt hat. Bilden sich sehr geringe Mengen Schwefelwasserstoffgas, dann bräunt sich der Fließpapierstreifen leicht, als faulig darf man indes das Abwasser erst dann bezeichnen, wenn es deutlich faulig riecht, was durch die Geruchsprobe nicht zu verkennen ist. Das Abwasser hat dann auch in der Regel eine schwärzlichgraue Farbe angenommen, und der Bleipapierstreifen ist braun bis glänzend schwarz. Ist innerhalb 10 Tagen Fäulnis nicht eingetreten, so kann man mit Sicherheit annehmen, daß die Abwasserprobe fäulnisunfähig ist.

Oft handelt es sich darum, zu prüfen, ob das geklärte Abwasser im Verhältnis, in dem es durch das Vorflutwasser verdünnt wird, noch fäulnisfähig ist, mit anderen Worten, ob im Vorfluter nach Aufnahme dieses geklärten Abwassers Fäulniserscheinungen auftreten können. Man mischt das Abwasser mit dem Vorflutwasser, das oberhalb der Zulaufstelle des Abwassers zu schöpfen ist, in dem in Betracht kommenden Verhältnisse und führt die Prüfung auf Fäulnisfähigkeit wie oben aus. Ergibt diese Prüfung ein verneinendes Ergebnis, so ist anzunehmen, daß bei Beibehaltung des geprobten Mischungsverhältnisses auch im Vorfluter keine Fäulnis eintreten wird, zumal im Vorfluter die Bedingungen für Fäulniserscheinungen in der Regel ungünstiger sind als in der Flaschenprobe.

Was den Klärschlamm betreffende Messungen und Prüfungen anbelangt, so ist zunächst die Feststellung der Menge des unter Wasser abgesetzten Schlammes wichtig. Diese Messung ist mit Schwierigkeiten verknüpft, weil die Grenze zwischen Schlamm und Abwasser stets mehr oder weniger verschwommen, und die Ablotung der Schlammoberfläche daher unsicher ist. In flachen Klärbecken ist daher direkte Messung der Schlammengen, die sich ungleichmäßig über die ganze Beckenlänge verteilen, meist ausgeschlossen, ausführbar dagegen in Klärbrunnen, da diese bei kleinen Grundflächen mehr gleichmäßige Raumerfüllung mit Schlamm aufweisen. Die Feststellung der Höhe, zu welcher der Schlamm im Klärbrunnen ansteht, erfolgt vermittelst einer Peilvorrichtung, bestehend aus einer dünnen und leichten Blechtafel, die

waagerecht an einem Bindfaden aufgehängt ist. Die Blechtafel
wird ins Abwasser gesenkt und langsam heruntergelassen, bis
das Nachlassen der Spannung des Bindfadens anzeigt, daß die
Tafel die Oberfläche des Schlammes erreicht hat und weiter
in die Tiefe nicht eindringen kann. Man mißt nun am Bindfaden ab, wieviel die Wasserhöhe über dem Schlamm noch
beträgt und berechnet aus der bekannten Tiefe des Brunnens,
nach Abzug der Höhe des über dem Schlamm stehenden Wassers, den schlammerfüllten Inhalt. In der Regel bezweckt
jedoch die Peilung des Schlammes nicht die Berechnung der
im Brunnen vorhandenen Schlammengen, sondern lediglich
die Feststellung der Höhe, zu der der Schlamm im Brunnen
bereits angewachsen ist, um den Zeitpunkt für das erforderliche Ablassen des Schlammes zu ermitteln[1]).

Zwecks Untersuchung des Schlammes gilt es zunächst
eine Probe zu entnehmen, die möglichst der Durchschnitts-
beschaffenheit der ganzen in Betracht kommenden Masse
entspricht. Aus offenen Behältern, wenn der Schlamm zu
Tage liegt, auch von Schlammentwässerungsbeeten, entnimmt
man an möglichst vielen Stellen Einzelproben, wobei man dafür sorgt, daß auch die senkrechte Schichtung des Schlammes
erfaßt wird. Geeignet hierzu ist ein sog. „Schlammstecher“,
den man aus einem Messingrohr herstellen kann. Die ent-
nommenen Proben werden sodann zu einer Durchschnittsprobe zusammengemischt. Handelt es sich darum, Schlamm-
proben unter Wasser, z. B. aus einem Klärbecken oder Klärbrunnen im Betriebe zu entnehmen, so kommen besondere
Geräte in Anwendung, die es gestatten, in einer bestimmten
Tiefe die Probe zu erfassen und unvermischt mit dem darüber
befindlichen Schlamm oder Wasser ans Tageslicht zu fördern.

Die Prüfung der Beschaffenheit des Schlammes
umfaßt als wichtigstes Merkmal den Wassergehalt, dann die
Zusammensetzung der Trockenmasse, Grad der Ausfaulung
und Sickerfähigkeit. Der Wassergehalt des Schlammes
wird gefunden, indem eine genau abgewogene Menge der sorg-

---

[1]) Verschiedene andere, mehr zusammengesetzte und daher
teurere Vorrichtungen zur Messung der Schlammspiegelhöhe, weisen
m. E. gegenüber dem beschriebenen einfachen Verfahren keinen
nennenswerten Vorteil auf.

fältig gemischten Durchschnittsprobe in einem geeigneten
Gefäße, z. B. einer Porzellanschale, auf siedendem Wasserbade so lange getrocknet wird, bis das ganze Wasser aus dem
Schlamm ausgetrieben ist, die Schale mit dem Inhalt daher
nicht mehr an Gewicht verliert. So einfach scheinbar diese
Bestimmung an sich ist, so wird sie doch in der Regel, soll sie
genau sein, in einer chemischen Untersuchungsstelle ausgeführt
werden müssen, desgleichen die anderen die Zusammensetzung
der Trockenmasse betreffenden Prüfungen. Die Erkennung
des Grades der Ausfaulung dagegen ist Sache der Übung
und Vertrautheit mit dem auf der Kläranlage regelmäßig anfallenden Schlamm und ergibt sich aus dem Vergleiche des
frischen mit dem gefaulten Schlamme. Frischer Schlamm
hat zähe, schleimige Beschaffenheit, weitgehend ausgefaulter
dagegen ist mehr körnig, breiartig beschaffen und weist stets
viel dunklere Farbe als frischer Schlamm auf. In der Regel
ist ausgefaulter Schlamm in feuchtem Zustande schwarz, vom
Gehalt an Schwefeleisen her. Die Verschiedenheit frischen
und ausgefaulten Schlammes fällt vor allem auf, wenn man
die Schlammprobe mit einer reichlichen Menge frischen Wassers in einem Glasgefäße aufschlämmt. In frischem Schlamm
sind die verschiedenen Bestandteile desselben, namentlich
Kot, Papier, Fasern aller Art, Abfälle von Nahrungsmitteln
usw., deutlich unterscheidbar, während ausgefaulter Schlamm
Einzelstoffe zum größten Teile nicht mehr erkennen läßt, da
sie durch Zersetzung auseinandergefallen und zerstört worden
sind. Wenn man ferner eine Probe Schlammes auf einem
Teller, Blechtafel od. dgl., in dünner Lage ausbreitet und etwa
eine Viertelstunde lang in leicht geneigter Lage beläßt, so
merkt man bei frischem Schlamm keine Veränderung. In
ausgefaultem Schlamm dagegen bilden sich alsbald Risse
und Rinnsale, die dadurch entstehen, daß sich das Wasser
von der Masse leicht trennt und, nachdem es abgeflossen ist,
Lücken zurückläßt. Schlamm, der sich so verhält, ist sicker-
fähig geworden und kann auf Entwässerungsbeeten, die mit
Sickerleitungen versehen sind, rasch in stichfesten Zustand
überführt werden.

Alle eingehenderen Prüfungen der Beschaffenheit und
des Verhaltens des Abwassers und des Schlammes erfordern

wissenschaftliches Rüstzeug und bilden die Aufgabe einer abwasserchemischen Untersuchungsstelle, die auch das Vorflutwasser mit in den Bereich der Untersuchungen einbeziehen wird. Allenfalls kommt für den Betrieb noch die Messung der Säurestufe („Wasserstoffionenkonzentration") des Klärschlammes (gegebenenfalls auch des Abwassers) in Betracht. Die „Säurestufe" bezeichnet einen gewissen aus Anwesenheit gelöster saurer oder laugiger Stoffe sich ergebenden Zustand der Flüssigkeit, zu dessen Verständnis chemische Vorkenntnisse erforderlich sind, und auf dessen nähere Darlegung daher hier verzichtet werden muß. Nur vergleichsweise sei angeführt, daß z. B. Salzsäure stärker sauer ist als Essigsäure und diese stärker als Kohlensäure, so daß es offenbar verschiedene Stufen der Säurestärke gibt. Die laugigen Flüssigkeiten (Sodalösung, Pottaschelösung) sind zwar scheinbar den Säuren entgegengesetzt, jedoch bilden sie in Wirklichkeit nur eine weiter entfernte „Säurestufe", ähnlich wie Grade „Kälte" und „Wärme" nicht grundsätzlich entgegengesetzt sind, sondern nur willkürlich durch den „Nullpunkt" nach Celsius getrennt sind (während z. B. die englische Temperaturskala nach Fahrenheit den Schmelzpunkt des Eises mit 32⁰ angibt).

Ähnlich nun wie die Wärme nach Graden gemessen wird (wobei für die Ablesung der Thermometerteilung keine näheren Kenntnisse der Bedeutung dieser Werte erforderlich sind), wird die Säurestufe einer Flüssigkeit, ihr „pH-Wert" (peha-Wert) mittels bestimmter Geräte festgestellt, von denen für Zwecke der Abwasser- und Schlammprüfung in der Regel solche verwendet werden, die auf Änderung der Färbung einer Anzeigeflüssigkeit (Indikator)[1] oder mit derartigen Flüssigkeiten getränkter Papierstreifen, oder „Folien" beruhen[2]). Aus der Farbänderung bzw. Farbtontiefe, die der „Indikator" erleidet oder annimmt, wenn die geprüfte Flüssigkeit darauf einwirkt, erfährt man beim Vergleich mit einer bekannten Farbtonstufe den entsprechenden pH-Wert. Bei pH = 7,0 ist die Flüssigkeit „neutral", über 7 liegt das laugige (alkalische),

---

[1]) Empfehlenswert z. B. „Universal-Indikator" von Merck, Darmstadt.

[2]) Besonders geeignet „Folienkolorimeter" nach Wulff (F. & M. Lautenschläger G. m. b. H., München, Lindwurmstr. 29—31).

unter 7 das saure Gebiet. Bei städtischem Abwasser und daraus
anfallendem Klärschlamm kommt im allgemeinen der pH-Meß-
bereich von 5,0 bis 8,5 in Betracht, gewerbliche Abwässer
können oft stärker sauer oder alkalisch sein.

Die genaue Kenntnis und regelmäßige Prüfung des Abwassers einerseits und der Vorflut andererseits ist vor dem
Bau von Kläranlagen nötig, um die Unterlagen für Art und
Umfang der Abwasserreinigung in dem in Betracht kommenden Falle zu erlangen, und während des Klärbetriebes,
um nachzuprüfen, ob die Reinigung den durch die Vorflut
gegebenen Erfordernissen tatsächlich gerecht wird. Laufende
Untersuchungen sind ferner erforderlich, um den Betrieb den
sich etwa ändernden Verhältnissen anzupassen, Verbesserungen
anzubringen, auftretende Schwierigkeiten zu beseitigen usw.
Man muß sich dessen bewußt sein, daß städtisches Abwasser
nach Menge und Beschaffenheit sehr veränderlich sein kann,
und daß namentlich mit der Entwicklung der Städte, ihrem
Wachstum, dem Zuwachs an Gewerben, auch das Abwasser
sich mitunter stark ändert. Hierzu kommen die Beschaffen-
heitsschwankungen, die das Abwasser in den verschiedenen
Jahreszeiten, ja in verschiedenen Tagesstunden aufweisen kann,
die plötzlichen Veränderungen infolge von Regengüssen,
Schneeschmelzen usw. Das Wasser des Vorfluters ist im allgemeinen geringeren Veränderungen unterworfen, sind doch
Flüsse u. dgl. in den meisten Fällen natürliche Gebilde, nicht
wie Abwässer künstliche. Die Zeiten der Hoch- und Niedrig-
wasserstände pflegen namentlich bei größeren Wasserläufen
ziemlich regelmäßig wiederzukehren, und die Wassermenge,
die diese Wasserläufe zu verschiedenen Zeiten führen, pflegt
bekannt zu sein. Werden vor der Errichtung einer Abwasser-
kläranlage die Vorflutverhältnisse eingehend geprüft und in
Rechnung gezogen, so wird später während des Betriebes der
Kläranlage die Beobachtung der Vorflut sich im wesentlichen
darauf beschränken können, festzustellen, ob die Erwartungen
hinsichtlich der Schonung der Vorflut durch das gereinigte
Abwasser befriedigend erfüllt werden oder ob wider Erwarten,
etwa infolge unvorhergesehener örtlicher Umstände, eine weiter-
gehende Reinigung des Abwassers erforderlich wird, ob nicht
etwa bei längerer Trockenheit, wenn der Wasserstand des Vor-

fluters erheblich sinkt, die sonst erträgliche Menge des zugeführten Abwassers zeitliche Mißstände verursacht und was ähnliche Fragen sein mögen. Die Vorflutverhältnisse werden daher in der Regel vor Erbauung einer Kläranlage sehr eingehend zu prüfen, während des Betriebes dagegen nur in gewissen Zeitabständen oder aus besonderen Anlässen zu untersuchen sein. Die Untersuchung des rohen und geklärten Abwassers, des Schlammes, sowie der einzelnen Stufen des Reinigungsvorganges, wird hingegen regelmäßig ausgeführt werden müssen als wichtigstes Kontroll- und Hilfsmittel der Betriebsleitung, sowie gegebenenfalls zwecks Bereitstellung der Unterlagen für die weitere technische Ausgestaltung der betreffenden Anlage.

XXXIII. Betrieb der Kläranlagen.

Der Betrieb der Kläranlagen ist von den vorhandenen Einrichtungen und verfügbaren Mitteln sowie von dem erstrebten Grade der Reinigung des Abwassers abhängig. Es kann hier demnach keine Anleitung für die Betriebsführung gegeben, es sollen vielmehr lediglich einige allgemeine Gesichtspunkte für den Betrieb von Kläranlagen angedeutet werden.

Vor allem ist hervorzuheben, daß die gute Wirkungsweise einer Kläranlage sehr von der Sorgfalt abhängt, mit der die mit dem Betrieb betrauten Personen sich der Sache widmen. Der befähigte und gewissenhafte Betriebsführer oder Klärmeister, der sämtliche technischen Einrichtungen seines Aufgabenbereiches beherrscht und die besonderen örtlichen Verhältnisse zu ergründen und zu meistern versteht, wird auch mit einer veralteten oder sonst nicht ganz auf der Höhe stehenden Anlage noch leidliche Reinigungsergebnisse erzielen, während die neuzeitigste, technisch weitgehendst durchgebildete Anlage, ohne die erforderliche Sorgfalt im Betriebe, keine befriedigenden Leistungen aufweisen kann. Der Betrieb städtischer Kläranlagen sollte daher in Händen liegen, die sich hauptberuflich damit befassen und darf nicht etwa im Nebenamte erledigt werden. Der Klärmeister, Klärwärter oder wie sonst die ausführende Person des Betriebes heißen mag, sollte den Wohnsitz auf oder doch sehr nahe der Kläranlage haben, um diese zu jeder Tageszeit beobachten, die Erfordernisse des Betriebes wahrnehmen, bei besonderen Vorfällen stets zeitgerecht zur Stelle sein zu können.

Jedes Teilstück einer Kläranlage hat eine bestimmte Leistung zu vollbringen, und die Betriebsführung hat dafür zu sorgen, daß die betreffende Arbeit zweckmäßig verrichtet wird. Vor allem muß die Aufrechterhaltung des Klärbetriebes auch bei eintretenden Schwierigkeiten angestrebt werden, wobei unter Umständen für versagende oder ausbesserungsbedürftige Einzelteile der Kläranlage zeitweise behelfsmäßige Vorrichtungen in Betracht kommen. Auf etwaige Mißstände im Betriebe muß die technische Oberleitung von dem mit der Wartung der Kläranlage betrauten Manne rechtzeitig aufmerksam gemacht werden, bevor die Schwierigkeiten so groß geworden sind, daß erhebliche Kosten zur Behebung erforderlich werden und inzwischen die Vorflut geschädigt wird.

Die Führung von Betriebs- und Tagebüchern ist erforderlich, um die laufenden Betriebsarbeiten und die Kosten, die sie verursachen, übersehen und die gesammelten Erfahrungen verwerten zu können. Einzutragen wären die täglichen Messungen und Prüfungen des Abwassers, die Wetterverhältnisse, die mit Thermometer gemessene Wärme des Abwassers und der Luft, Zeit und Dauer der Tätigkeit der Regenauslässe, das Ablassen, bzw. Pumpen des Schlammes nach Zeit und Menge, die Dauer der Schlammentwässerung, die Arbeiten der Schlammunterbringung, Beschäftigung und Löhnung der Arbeiter, Menge und Kosten der verwendeten Materialien, Beschaffung und Abnützung der Arbeitsgeräte, besondere Vorkommnisse und Beobachtungen u. a. m. Die zu führenden Bücher sollen Vordrucke enthalten, die einerseits aufzeigen, was täglich zu machen ist, so daß nichts vergessen wird, und auf Grund welcher andererseits geprüft werden kann, ob die betreffenden Arbeiten zeitgemäß und richtig ausgeführt worden sind.

Sauberkeit auf der Kläranlage und bei allen Betriebsarbeiten ist in jeder Weise anzustreben. Eine musterhaft geführte Kläranlage soll einen durchaus freundlichen Eindruck machen, alles Unerquickliche und Ekelerregende ist soweit wie nur möglich zu vermeiden. Gerade in dieser Hinsicht wird oft viel gesündigt, und man kann in der Regel schon beim

Betreten einer Kläranlage aus der äußeren Verfassung derselben erkennen, ob der Betrieb mit Sorgfalt oder nachlässig
geführt wird. Das regelmäßige Reinigen der über Wasser befindlichen Einrichtungsteile, Erneuerung der Anstriche, Instandhaltung der Bedienungsstege usw., ist ebenso notwendig,
wie das Putzen der mechanischen Bestandteile, der Pumpen,
Verteilungsvorrichtungen usw. Da Kläranlagen äußerst un-
sauberes, ekelerregendes Material aufzuarbeiten haben, so ist
desto größere Sorgfalt nötig, um trotzdem den Geboten der
Reinlichkeit gerecht zu werden. Schwierigkeiten bietet in
diesem Zusammenhange namentlich die Handhabung des
Schlammes, doch läßt sich auch bei den Schlammarbeiten
durch Überlegung und richtige Einteilung der Arbeit eine
reinliche Behandlungsweise durchführen.

Sauberkeit bei allen Arbeiten auf Kläranlagen ist zugleich
das sicherste Mittel zur Verhütung gesundheitsschäd-
licher Einwirkungen auf die im Betriebe beschäftigten
Leute. Abwasser kann stets Krankheitskeime enthalten, ebenso
Schlamm, namentlich frischer. Man soll daher, soweit als nur
möglich, es vermeiden, mit Abwasser und Schlamm körperlich
in Berührung zu kommen. Es wird nun kaum immer möglich sein, namentlich die Hände vor der Berührung mit Abwasser zu bewahren. Es ist aber ein Leichtes, die Hände hinter-
her gründlich mit Bürste und Seife zu reinigen, namentlich
ist dies vor Einnahme von Speisen unbedingt erforderlich.
Öfteres Baden sowie Auswaschen des Arbeitsanzuges ist zu
empfehlen, womöglich sollte, zumindestens auf größeren Kläranlagen, Badegelegenheit auf der Anlage selbst vorhanden
sein. Es ist ferner empfehlenswert, stes Kalkmilch oder besser
Chlorkalklösung bereitzuhalten, um in dieser die Arbeitsgeräte
wie Harken, Drahtbürsten, Besen u. dgl., nach getaner Arbeit
einzutauchen, wodurch etwaige Krankheitskeime abgetötet und
übler Geruch beseitigt wird. Bei Beobachtung dieser einfachen
Vorsichtsmaßregeln ist die Arbeit auf Kläranlagen von keinerlei
gesundheitlichen Gefahren begleitet. Bei Ausbruch etwaiger
Seuchen wird die Gesundheitsbehörde die nötigen Anordnungen
treffen. Es wird dann möglicherweise die Entkeimung des gesamten Abwassers in der Kläranlage vorgeschrieben werden. Die
Entkeimung dürfte, wie bereits S. 181 ff. erwähnt, in den meisten

Fällen durch Zusatz von Chlorkalklösung oder Chlorgas zum
Abwasser ausgeführt werden. Für Betriebsunfälle soll stets,
bis zum Eintreffen ärztlicher Hilfe, ein Verbandskasten
bereitgestellt sein.

Besondere Vorsicht ist zu beobachten bei den Arbeiten
an Behältern, in denen sich Schlammgase befinden, sowohl
wegen der Gefahr von Explosionen, die durch Funken ausgelöst
werden können (strenges Rauchverbot, nur elektrische, wohl-
gesicherte Lampen, Vermeidung von Aneinanderschlagen
oder -reiben von Metallgegenständen, wobei Funken entstehen
können), wie auch wegen der Vergiftungsgefahr, die namentlich
durch Gehalt der Gase an Schwefelwasserstoff und an Kohlensäure herbeigeführt werden kann. Nie dürfen Behälter,
welcher Art auch immer, Einsteigschächte, Senkgruben, Siel-
strecken, betreten oder begangen werden, bevor nicht nach
gründlichster Lüftung des betreffenden Raumes die Sicherheit
gegeben ist, daß explosive oder gesundheitsschädliche Gase
sich darin nicht mehr befinden.

Die Bedienungsstege, die über Klärbecken, offenen
Schlammbehältern u. dgl., angebracht sind, sollten durch
Geländer gesichert sein. Es ist zu beachten, daß auch im
Falle völliger Schwindelfreiheit, durch die aus dem Abwasser
oder Schlamm aufsteigenden Dünste plötzliches Übelsein hervorgerufen werden, und in solchem Zustand das körperliche
Gleichgewicht abhanden kommen kann. In den Kläranlagen
der Emschergenossenschaft sind quer über die Klärbecken
starke Drähte über der Wasserfläche gespannt, die im Notfalle
zum Festhalten bis zum Eintreffen der Hilfe dienen.

Zur Verschönerung des äußeren Bildes von Kläranlagen
trägt viel die Bepflanzung und gärtnerische Ausschmük-
kung bei. Neben Kläranlagen verfügbare, für Erweiterungs-
zwecke vorgesehene Flächen, können nutzbringend zum Gemüsebau Verwendung finden, wobei oft Klärschlamm zum
Düngen bzw. Aufbessern des Bodens benutzt werden kann.
Alte Ablagerungen von stichfestem Schlamm sind ebenfalls
bereits vielfach zu Anpflanzungen von Gemüsen mit gutem
Ertragserfolge ausgenutzt worden.

Die Bepflanzung der Kläranlagen, möglichst auch Anordnung hoher und dichter Hecken, Umrankung der Tropf-

körper mit wildem Wein oder Epheu, bringt aber auch den praktischen Vorteil mit sich, daß Fliegen, deren Brutstätten namentlich in Tropfkörpern schwer zu vermeiden sind, nicht nach auswärts ausschwärmen, sondern innerhalb der Kläranlage verbleiben. Ihre Vernichtung oder doch Einschränkung kann durch Ansiedlung der Vogelwelt auf dem Kläranlagengelände (Nistungsgelegenheit und Fütterung im Winter) sehr gefördert werden. Abbild. 119 und 120 zeigen entsprechende Vorsorgen auf Kläranlagen der Emschergenossenschaft.

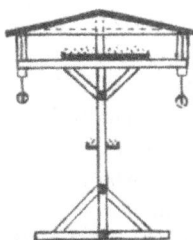

Querschnitt

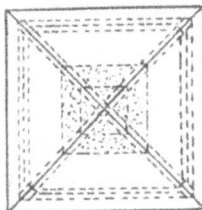

Grundriß

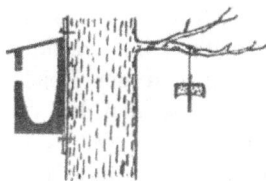

Abb. 119. Nistgelegenheit
und Futterglocke.

Abb. 120. Futterhäuschen
für Vögel.

XXXIV. Fortbildung und Schrifttum.

Nach dem Versuch, dem Neuling auf dem Gebiete des Abwasserbeseitigungswesens in kurzen Zügen die wichtigsten Grundsätze für die Reinigung von Abwasser vor Augen zu führen und einen Einblick in die hierzu gebräuchlichen Einrichtungen zu geben, möchte ich für diejenigen, die ihr Wissen auf diesem Gebiete auf eine breitere Grundlage zu stellen wünschen, einige Winke zur Weiterbildung anschließen.

Wir besitzen im deutschen Schrifttum eine Anzahl guter Bücher über die Gesamtheit und einzelne Gebiete des Abwasserreinigungswesens, die aber meist beim Leser ein be-

trächtliches Maß von naturwissenschaftlichen und technischen
Kenntnissen voraussetzen. Ohne die genannten Kenntnisse,
die in der Regel nur auf höheren bzw. auf Hochschulen vermittelt werden, müssen wichtige Abschnitte dieser Werke
zunächst unverstanden bleiben. Indes kann der mit Fleiß
und guter Auffassung begabte Leser die betreffenden Wissens-
lücken auf dem Gebiete der Chemie, der Physik, der Pflanzen-
und Bakterienkunde, des Wasserbaues und des Maschinen-
wesens u. a. m., im Maße, als er beim Lesen ihm nicht ver-
ständlicher Abschnitte darauf gestoßen wird, aus Schul- oder
volkstümlichen Büchern so weit nachholen, daß er die betreffenden wissenschaftlichen Erörterungen verdauen können
wird. Unter den genannten Voraussetzungen nenne ich einige
Werke, die mir zur Weiterbildung geeignet und empfehlenswert erscheinen.

In erster Linie kommt m. E. in Betracht: Dunbar: „Leitfaden für die Abwasserreinigungsfrage". 2. Auflage. 1912. Verlag R. Oldenbourg, München und Berlin.

Das Buch, das vielleicht das beste des ganzen einschlägigen Weltschrifttums genannt werden kann, zeichnet sich
neben der übersichtlichen Anordnung und der Reichhaltig-
keit des Stoffes insbesondere dadurch aus, daß der Verfasser
das, was er niedergeschrieben, zum großen Teile selbst erprobt oder erforscht hat. Die jetzt üblichen Verfahren der
Abwasserreinigung sind zum beträchtlichen Teil, namentlich
was die biologische Abwasserreinigung anbelangt, erst durch die
Arbeiten Dunbars, der Direktor des Hygienischen Instituts
in Hamburg war, auf eine wissenschaftliche Grundlage gestellt
und erprobt bzw. verbessert worden. Als Niederschlag persön-
licher Erfahrungen liest sich daher das Buch besonders inter-
essant und anregend und ist ungeachtet des Umstandes, daß
es die späteren wissenschaftlichen und technischen Ergebnisse
nicht enthält, als Grundlage für den Abwasserfachmann sehr
zu empfehlen. Es ist mit vielen lehrreichen Abbildungen ausgestattet.

Eine gleichfalls gute, sehr vollständige Darstellung der
Abwasserreinigungsfrage und der verschiedenen Verfahren
bietet: „Handbuch der Hygiene", herausgegeben von Rub-
ner, von Gruber und Ficker, 2. Band, 2. Abteilung,

Verlag S. Hirzel, Leipzig 1911. Das Buch enthält drei Abschnitte: 1. Die Wasserversorgung von O. Spitta, 2. Beseitigung der Abwässer und ihres Schlammes von A. Schmidtmann, K. Thumm und C. Reichle, 3. Biologie des Trinkwassers, Abwassers und der Vorflut von R. Kolkwitz. Dieses von namhaften Fachleuten in amtlicher Stellung, Mitgliedern der Landesanstalt für Wasser-, Boden- und Lufthygiene in Berlin-Dahlem, geschriebene Werk, ist mit reichlichem Material an Abbildungen versehen und eignet sich auch als Nachschlagebuch zur Unterrichtung über einzelne Zweige des Wasserversorgungs- und Abwasserbeseitigungswesens sowie über die einschlägigen gesetzlichen Bestimmungen.

Ein anderes „Handbuch der Hygiene", das von Weyl (2. Auflage, 1914, Verlag Johann Ambrosius Barth, Leipzig), enthält wertvolle Abschnitte über Abwasser, nämlich: „Die Reinigung städtischer Abwässer von C. Zahn, „Die gewerblichen Abwässer" und „Verunreinigung und Selbstreinigung der Gewässer", beides von A. Pritzkow. Die Verfasser sind ebenfalls Mitglieder der obengenannten „Landesanstalt". Die drei Abschnitte sind mit sehr gut ausgewählten Abbildungen ausgestattet.

Wer sich eingehender über die technischen und wirtschaftlichen Verhältnisse bei biologischen Anlagen unterrichten will, dem sei empfohlen: Imhoff: „Die biologische Abwasserreinigung in Deutschland", Verlag von August Hirschwald in Berlin, 2. Auflage, 1909. Der Verfasser schrieb die Arbeit als Reiseergebnis der Besichtigung biologischer Anlagen, im Auftrage und als Mitglied der „Landesanstalt". Obschon Einzelheiten des Inhaltes vielfach überholt sind, und die neuere Entwicklung, so z. B. die Reinigung mit belebtem Schlamm, die damals noch unbekannt war, in dem Buche nicht enthalten ist, so bietet doch dieses in mancher Beziehung grundsätzlich Belangreiches und noch heute gültiges. Das Buch ist auch für den weniger vorgebildeten verständlich geschrieben, da es sich der Erörterung wissenschaftlicher Streitfragen enthält. Zur Zeit scheint es leider im Buchhandel vergriffen zu sein.

Neuere Errungenschaften der Abwasserreinigungstechnik behandelt desselben Verfassers: „Fortschritte der Abwasserreinigung", 2. Auflage, Carl Heymanns Verlag, Berlin 1926.

Das Buch setzt indes eingehende Vorkenntnisse voraus und ist namentlich denen zu empfehlen, die im Abwasserbeseitigungswesen schon etwas bewandert sind. Es wird zweckmäßig im Anschluß an z. B. das Buch von Dunbar zu lesen sein. Ausführliches über die Schlammfrage findet man in Elsner: „Die Behandlung und Verwertung von Klärschlamm", Verlag Wilhelm Engelmann, Leipzig 1910, sowie Prüß: „Fortschritte in der Ausfaulung von Abwasserschlamm", Verlag R. Oldenbourg, München, 1928. Rieselfelder behandelt die ausgezeichnete Schrift von König und Lacour: „Die Reinigung städtischer Abwässer in Deutschland nach dem natürlichen biologischen Verfahren", Berlin, Verlag Paul Parey, 1915.

Die wertvollsten Ausführungen betreffend Beurteilung der Leistungen und die Kontrolle von Abwasserreinigungsanlagen liefert die Schrift von Thumm: „Abwasserreinigungsanlagen, ihre Leistungen und ihre Kontrolle vom chemisch-praktischen Standpunkt", Verlag August Hirschwald, Berlin 1914. Desselben Verfassers, Abteilungsdirektors an der „Landesanstalt", „Abwasserbeseitigung bei Gartenstädten, bei ländlichen und bei städtischen Siedlungen" und „Über Anstalts- und Hauskläranlagen", beide im Verlag August Hirschwald, Berlin, seien für eingehenderes Studium der einschlägigen Gebiete besonders empfohlen.

In ganz kurzer, alles Wesentliche nur zusammenfassender Weise, ist die Abwasserbeseitigung in Imhoffs: „Taschenbuch der Stadtentwässerung", Verlag R. Oldenbourg, München und Berlin, 6. Auflage, 1932, dargestellt. Für die beim Entwurf, Bau und Betrieb von Kläranlagen erforderlichen Berechnungen enthält es klar gefaßte, auch dem technisch weniger Vorgebildeten verständliche Anleitungen. Das „Taschenbuch" sollte jedem, der sich mit Abwasserbeseitigung praktisch befaßt, zum ständigen Gebrauch in die Hand gegeben werden.

Das weit ausführlichere Buch „Kanalisation und Abwasserreinigung" von Geißler, Verl. J. Springer, Berlin 1933, das ebenfalls in erster Linie für Bauingenieure geschrieben ist, zeichnet sich durch gute Auswahl des Materials und unvoreingenommene Darstellung sowie eine Fülle klarer Abbildungen aus. Das Buch kommt zur allgemeinen Unterrichtung und als Nachschlagewerk (gutes Schrifttums- und Sachverzeichnis) in Betracht.

Schon während der Drucklegung dieser 2ten Auflage erschien das umfängliche zweibändige Werk von Brix, Imhoff und Weldert: „Die Stadtentwässerung in Deutschland", Verlag G. Fischer in Jena, 1934, auf das hier nur hingewiesen werden kann.

Mit dem gewerblichen Abwasser und seiner Reinigung befaßt sich sehr eingehend Schieles: „Abwasserbeseitigung von Gewerben und gewerbereichen Städten unter hauptsächlicher Berücksichtigung Englands", Heft 11 der Mitteilungen der „Landesanstalt" (früher Kgl. Prüfungsanstalt für Wasserversorgung und Abwässerbeseitigung), Verlag August Hirschwald, Berlin 1909. Schiele schrieb das Buch als Ergebnis von Besichtigungsreisen in England. Das Buch, das auch allgemeines über die Abwasserverhältnisse in England sowie über die dortige Gesetzgebung bringt, kann demjenigen, der sein Wissen auf diesem Gebiete zu vertiefen wünscht, empfohlen werden.

Eine neuere Darstellung der für gewerbliche Anlagen in Betracht kommenden Abwasserreinigungsverfahren sowie der einschlägigen deutschen behördlichen Bestimmungen bietet B. Böhms: „Gewerbliche Abwässer", Otto Elsner Verlagsges. m. b. H., Berlin 1928.

Wer ein tieferes Verständnis für die Bedeutung und das Wesen der Abwasserreinigungsfrage gewinnen möchte, der kann an ihrer geschichtlichen Entwicklung nicht vorbeigehen. Diese hat in verdienstlicher Weise M. Strell in dem sehr lesenswerten Buche „Die Abwasserfrage", Verl. F. Leineweber, Leipzig 1913, anschaulich dargestellt.

Eine gute Einführung in die von Zeit zu Zeit immer wieder erörterte und umstrittene Frage der Verwertung der Abwässer und des Klärschlammes bietet die Schrift von E. Degen: „Die städtischen Abwässer in ihrer volkswirtschaftlichen Bedeutung", Bad Wörishofen, 1926.

Das „klassische Land" der Abwasserreinigung ist England. Dort liegt infolge des Mangels an größeren wasserreichen Strömen in Verbindung mit sehr dichter Besiedelung gewisser Landesteile, vor allem aber der industriereichen Großstädte einerseits und des Zusammenhanges verschiedener Wasserläufe mit der Trinkwasserversorgung, sowie der wertvollen und sportlich sehr beliebten Fischerei andererseits, der Zwang zu sehr weitgehender Reinigung städtischer und gewerblicher Abwässer vor. Die Kosten, die zu diesem Zwecke England auf den Kopf der Bevölkerung bezogen aufwendet, übersteigen die betreffenden Aufwendungen in Deutschland um das Mehrfache. Das englische Schrifttum über Abwasserreinigung hat sich besonders unter dem Einfluß der im Jahre 1898 eingesetzten „Königlichen Kommission für Abwasserbeseitigung" entwickelt. Ein außerordentlich reiches Tatsachen- und Erfahrungsmaterial enthalten vor allem die Berichte dieser Kommission. Unter diesen ist besonders der 5. Bericht, der sich mit den Abwasserreinigungsverfahren befaßt, von grundlegender Wichtigkeit: Royal Commission on Sewage Disposal. Fifth Report. Methods of treating and disposing of sewage. London, Wyman and Sons Ltd., 1908.

Dem der Sprache kundigen Leser wären ferner aus dem umfangreichen englischen Schrifttum besonders folgende neuere Werke zu empfehlen: S. H. Adams: „Modern sewage disposal and hygienics", London, E. & F. N. Spon, Ltd. 1930 und T. P. Francis: „Modern sewage treatment", London, The Contractors Record & Municipal Engineering 1933, sowie betreffend die Reinigung gewerblicher Abwässer: H. Maclean Wilson and T. H. Calvert: „Trade wastes waters", London, Charles Griffin & Co. Ltd., 1913. Spezielles über die Abwasserreinigung mit belebtem Schlamm enthält das ausführliche Werk von A. J. Martin: „The activated sludge process", London, Macdonald and Evans, 1927.

In neuerer Zeit tritt neben Deutschland und England auch Amerika (Vereinigte Staaten) auf dem Gebiete der Abwasserreinigungsanlagen, zu deren Entwicklung es durch eifrige Ingenieur- und Forschungsarbeit beigetragen hat, mächtig auf den Plan. Die größten Kläranlagen der Welt besitzen verschiedene amerikanische Riesenstädte, wie z. B. die Belebtschlammanlagen in Chicago, Milwaukee, Indianapolis, New York u. a. m. Eine zusammenhängende Darstellung amerikanischen Abwasserreinigungswesens in deutscher Sprache besitzen wir bislang noch nicht. Die wichtigsten technischen Neuerungen sind indes in dem oben angeführten Buch von Imhoff: „Fortschritte der Abwasserreinigung" enthalten. Demjenigen, der der englischen Sprache mächtig ist, seien die Bücher von Fuller: „Sewage disposal", 1912, Metcalf: „American Sewerage Practice. Vol. III. Disposal of Sewage", 1916, sowie Fuller and Mc Clintock: „Solving Sewage Problems", 1926, sämtlich aus dem Verlage Mc Graw-Hill Book Co., New York, empfohlen. Sie setzen in verschiedenen Abschnitten ein bedeutendes Maß wissenschaftlicher und technischer Vorbildung voraus.

Eine hervorragende Darstellung des Abwasserbeseitigungswesens in holländischer Sprache unter besonderer Berücksichtigung der Verhältnisse in Holland und Niederländisch-Indien bietet das Buch von J. Smit: „De hedendaagsche stand van het vraagstuk der zuivering van huishoudelijk en industrieel afvalwater", Verlag Nijgh & van Ditmar, Rotterdam 1925. Die schönen Abbildungen dieses Buches seien besonders hervorgehoben.

Eine Fülle belangreichen Materials aus der umfangreichen Praxis des niederländischen Reichsinstituts für Abwasserreinigung im Haag und der reichen Erfahrung dessen Leiters Kessener bringen die meist mit lehrreichen Abbildungen versehenen Jahresberichte dieser Anstalt ('s-Gravenhage, Algemeene Landsdrukkerij).

Wer nun tieferen Einblick in die mannigfaltigen Einzelheiten der Abwasserbeseitigungstechnik und die zahlreichen damit zusammenhängenden Streitfragen zu gewinnen wünscht, wer besonders in den Fortschritten dieses Faches sich auf dem laufenden halten möchte, der kann nicht umhin, dem einschlägigen Zeitschriftenwesen die Aufmerksamkeit zu widmen. Als die seit langer Zeit führende deutsche Zeitschrift auf dem Gebiete des Abwasserreinigungswesens ist der „Gesundheits-Ingenieur", Verlag R. Oldenbourg, München und Berlin, anzusprechen. Daneben bringt auch das „Technische Gemeindeblatt", Carl Heymanns Verlag, Berlin, öfters wichtige Aufsätze aus unserem Fachgebiete. In anderen technischen Zeitschriften findet die Abwasserreinigung nur mehr gelegentliche Behandlung. Die Sammelzeitschrift „Wasser und Abwasser" (herausgegeben in Verbindung mit der Landesanstalt für Wasser-, Boden- und Lufthygiene in Berlin-Dahlem, durch einige Mitglieder dieser

Anstalt) bemüht sich, die in zahlreichen Zeitschriften, Büchern, amtlichen Berichten usw. des In- und Auslandes zerstreuten Mitteilungen, in Auszügen dem Leser näherzubringen oder ihn auf die betreffenden Arbeiten hinzuweisen. Sie vermittelt so einen laufenden Überblick über das gesamte einschlägige Weltschrifttum. Den Mitgliedern des „Vereins für Wasserversorgung und Abwasserbeseitigung", dem viele größere Städte und zahlreiche Werke angehören, sind ferner zugänglich die „Kleinen Mitteilungen" der Landesanstalt für Wasser-, Boden- und Lufthygiene in Berlin-Dahlem, die u. a. auch wertvolle Abhandlungen aus dem Gebiete des Abwasserbeseitigungswesens in zwangsloser Folge bringen. Im Zusammenhange damit mag auch an dieser Stelle auf die Unterweisungslehrgänge im Wasserversorgungs- und Abwasserbeseitigungswesen hingewiesen werden, die die „Landesanstalt" für interessierte Personen eingerichtet hat.

Seit dem Jahre 1927 gibt die Fachgruppe für Wasserchemie des Vereins Deutscher Chemiker durch den Verlag Chemie G. m. b. H., Berlin, die Jahrbücher „Vom Wasser" heraus, in denen auch Aufsätze (Vorträge) aus dem Gebiete des Abwasserreinigungsfaches, aus der Feder nahmhafter Fachleute zur Veröffentlichung gelangen.

Eine wichtige Rolle in der künftigen Entwicklung des deutschen Abwasserbeseitigungswesens dürfte die im Jahre 1932 begründete Fachgruppe für Abwasser der Deutschen Gesellschaft für Bauwesen spielen. Veröffentlichungsorgan der F. f. A. ist die schon genannte Zeitschrift „Der Gesundheits-Ingenieur", außerdem gibt die Fachgruppe eine eigene Zeitschriftenreihe heraus (Verlag R. Oldenbourg, München und Berlin), die sich mit den allgemeinen und besonderen Aufgaben der Fachgruppe befaßt. Der Abwasserfachmann wird der Tätigkeit der F. f. A. künftig die größte Beachtung zu widmen haben.

Von Zeitschriften englischer Zunge möchte ich hier nur zwei nennen: „The Surveyor", London, St. Bride's Press, Ltd., die führende britische Zeitschrift, die das Abwasserreinigungswesen besonders aufmerksam pflegt und „Sewage Works Journal", Federation of the Sewage Works Ass., Easton, Pa., U.S.A. (Schriftleiter Dr. F. W. Mohlmann,

Chicago), eine hervorragende, ausschließlich der Abwasserreinigung gewidmete Zweimonatsschrift, die auch die deutschen
Fortschritte aufmerksam verfolgt und eingehend berücksichtigt.
Viel belehrendes Material ist auch in veröffentlichten
Berichten größerer Verwaltungskörper oder Städte enthalten,
welche größere Kläranlagen betreiben. Besonders möchte ich
hier nennen die Denkschrift „25 Jahre Emschergenossenschaft", samt Nachtrag „Emschergenossenschaft und
Lippeverband in den Jahren 1925 bis 1930" herausgegeben von H. Helbing und „Der Ruhrverband" III. Aufl.
1930, Carl Heymanns Verlag, Berlin, herausgegeben von K.
Imhoff, ferner „50 Jahre Berliner Stadtentwässerung",
Verlag Jul. Springer, Berlin 1928, S. Kurzmann: „Kläranlage und Fischteiche für die Münchener Abwässer", Verlag R. Oldenbourg, München und Berlin 1933.
Auch sei auf die „Beihefte zum Gesundheits-Ingenieur"
des Verlags R. Oldenbourg, München und Berlin, verwiesen,
in denen einige wichtige Arbeiten aus dem Abwasserfache im
Zusammenhang veröffentlicht worden sind.

Ich kann nicht die obigen Hinweise beschließen, ohne zu
bemerken, daß wohl auf nur wenigen anderen technischen
Gebieten mehr Vorsicht in der Beurteilung des Inhaltes von
in Zeitschriften usw. erscheinenden Veröffentlichungen geboten
ist, wie im Abwasserbeseitigungswesen. Dies betrifft namentlich Anpreisungen von Abwasserreinigungsverfahren. Hier
die Spreu vom Weizen zu sondern und beurteilen zu lernen,
was möglich und erreichbar, was aber aussichtslos und zweck-
los, unwirtschaftlich oder technisch verkehrt ist, erfordert
viel Erfahrung und technischen sowie wirtschaftlichen Überblick. Diese können meist nur in praktischer Betätigung, zumindest aber durch öftere Besichtigungen von Abwasserreinigungsanlagen verschiedener Bauarten und in verschiedenen
örtlichen Verhältnissen gewonnen werden, die die kritische
Betrachtungsweise zu schärfen geeignet sind. Verwaltungen
deutscher Städte sowie der großen Abwassergenossenschaften
kommen in der Regel dem Ansuchen ernster Interessenten um
Besichtigungen von Kläranlagen zuvorkommend entgegen.

Die Abwasserreinigung dient dem öffentlichen Wohle,
und sie bildet ein wichtiges Glied des heimatlichen Natur-

schutzes, da sie der Verschmutzung und Verunstaltung der öffentlichen Gewässer eine Schranke setzen soll. Ersprießliche Tätigkeit auf diesem Teilgebiete der Kultur setzt Verständnis für die Grundsätze und Maßnahmen voraus, aus denen die neuzeitige technische Abwasserreinigung beruht und bei deren Anwendung die gesteckten Ziele in wirtschaftlich tragbarer Weise erreicht werden können. Wenn diese knappe Einführung in bescheidenem Maße dazu verhelfen sollte, jenes Verständnis zu wecken und zu fördern, so wäre ihr Zweck damit erfüllt.

Sachverzeichnis.

Bearbeitet von Karl Gläser.

— 276 —

Taschenbuch der Stadtentwässerung
Von K. Imhoff. 6. Aufl. 1932. 158 S., 44 Abb., 17 Taf. Kl.-8⁰. Kart. M. 5.20

Abwasserfachgruppe der Deutschen Gesellschaft für Bauwesen *Schriftenreihe Heft 1: Wollen, Werden und Wirken. 68 S. 4⁰. 1933. Brosch. M. 3.50.*

Die Hausentwässerung
Von Max Albert. 2. Aufl. 150 S., 82 Abb. Kl.-8⁰, 1917. Geb. M. 3.60.

Logarithmographische Tabellen für Kanalisation
Von Alfred Judt. 9 Taf. Format 37 : 47 cm. 1912. M. 4.90.

Die Berechnung von Regenwasserabflüssen
Von Dietrich Kehr. 71 S., 24 Abb., 10 Zahlentaf. 8⁰. 1933. Brosch. M. 4.—.

Kläranlage u. Fischteiche für die Münchener Abwässer
Von Oberreg.-Rat Kurzmann. 43 S., 85 Abb. 4⁰. 1933. Brosch. M. 4.—.

Mechanische Kläranlagen für Städte und Gemeinden
Bauelemente und betriebliche Maßnahmen auf Grund der Abwasserzusammensetzung und des Verhaltens der verschiedenartigen Schmutzstoffe. Von O. Mohr. 46 S., 29 Abb. 8⁰. 1931. Brosch. M. 2.—.

Fortschritte in der Ausfaulung von Abwasserschlamm
Eine ausführliche Anleitung zur Berechnung der technischen und wirtschaftlichen Leistungsfähigkeit der Faulbehälter bei Verwertung der Faulgase. Von Max Prüß. 35 S., 19 Abb., 15 Tab. DIN-A 4. 1928. Brosch. M. 5.40.

Gesundheits-Ingenieur Zeitschrift für die gesamte Städtehygiene
Organ der Versuchsanstalt für Heiz- und Lüftungswesen der Technischen Hochschule Berlin, des Reichsverbandes des Zentralheizungs- und Lüftungsfaches e. V., der Vereinigung behördlicher Ingenieure des Maschinen- und Heizungswesens und des Vereins Deutscher Heizungsingenieure e. V., Bezirk Berlin, Organ der Abwasserfachgruppe der Deutschen Gesellschaft für Bauwesen e. V., Berlin. Herausgegeben von: Geh. Ober-Med.-Rat Prof. Dr. med. R. Abel, Geh. Reg.-Rat v. Boehmer, Direktor G. Dieterich, Stadtbaurat Dr.-Ing. A. Heilmann. 57. Jahrgang. 1934. Erscheint wöchentlich. Bezugspeis vierteljährlich M. 5.50. Probeheft kostenlos.

R. Oldenbourg / München 1 und Berlin